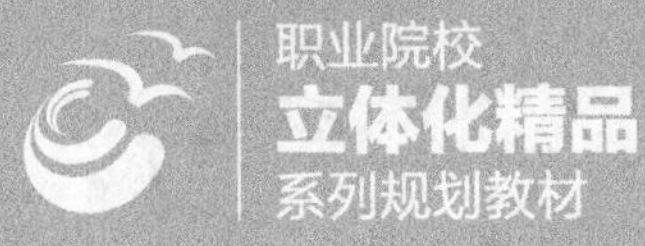

计算机组装与维护立体化教程

谢峰 路贺俊 ◎ 主编
褚梅 杨雨帆 ◎ 副主编

人民邮电出版社
北京

图书在版编目（CIP）数据

计算机组装与维护立体化教程 / 谢峰，路贺俊主编
. -- 北京 : 人民邮电出版社，2014.7(2017.9重印)
职业院校立体化精品系列规划教材
ISBN 978-7-115-35446-4

Ⅰ. ①计… Ⅱ. ①谢… ②路… Ⅲ. ①电子计算机－组装－高等职业教育－教材②计算机维护－高等职业教育－教材 Ⅳ. ①TP30

中国版本图书馆CIP数据核字(2014)第085923号

内容提要

本书主要讲解计算机基础知识、计算机各种硬件的选配、组装计算机、设置 BIOS、硬盘分区和格式化、安装操作系统、安装驱动程序和常用软件、构建虚拟计算机配装平台、备份与优化操作系统、维护计算机、计算机常见故障的诊断与排除等知识。本书最后还安排了综合实训内容，进一步提高学生对知识的应用能力。

本书采用项目式并分任务进行讲解，每个任务主要由任务目标、相关知识、任务实施 3 个部分组成，然后再进行强化实训。每章最后还总结了常见疑难解析，并安排了相应的练习和实践。本书着重于对学生实际应用能力的培养，将职业场景引入课堂教学，因此可以让学生提前进入工作的角色。

本书适合作为职业院校计算机应用专业以及其他相关专业的教材使用，也可作为计算机初学者的上机辅导用书和计算机培训班教学用书，适用于学生、办公人员、务工人员、对计算机具有浓厚兴趣的广大读者使用。

♦ 主　　编　谢　峰　路贺俊
副 主 编　褚　梅　杨雨帆
责任编辑　王　平
责任印制　杨林杰

♦ 人民邮电出版社出版发行　　北京市丰台区成寿寺路 11 号
邮编　100164　　电子邮件　315@ptpress.com.cn
网址　http://www.ptpress.com.cn
固安县铭成印刷有限公司印刷

♦ 开本：787×1092　1/16
印张：14　　　　2014 年 7 月第 1 版
字数：323 千字　　　　2017 年 9 月河北第 7 次印刷

定价：38.00 元（附光盘）

读者服务热线：(010)81055256　印装质量热线：(010)81055316
反盗版热线：(010)81055315
广告经营许可证：京东工商广登字 20170147 号

前 言 PREFACE

随着近年来职业教育课程改革的不断发展，计算机软硬件日新月异地升级，以及教学方式的不断发展，市场上很多教材的软件版本、硬件型号、教学结构等很多方面都已不再适应目前的教授和学习。

鉴于此，我们认真总结了教材编写经验，用了2~3年的时间深入调研各地与各类职业教育学校的教材需求，组织了一批优秀且具有丰富的教学经验和实践经验的作者团队编写了本套教材，以帮助各类职业院校快速培养优秀的技能型人才。

本着“工学结合”的原则，本书在教学方法、教学内容和教学资源3个方面体现出本套教材的特色。

教学方法

本书精心设计了“情景导入→任务讲解→上机实训→常见疑难解析与拓展→课后练习”5段教学法，将职业场景引入课堂教学，激发学生的学习兴趣；然后在任务的驱动下，实现“做中学，做中教”的教学理念；最后有针对性地解答常见问题，并通过练习全方位帮助学生提升专业技能。

- **情景导入**：以情景对话方式引入项目主题，介绍相关知识点在实际工作中的应用情况及其与前后知识点之间的联系，让学生了解学习这些知识点的必要性和重要性。
- **任务讲解**：以实践为主，强调“应用”。每个任务先指出要做一个什么样的实例，制作的思路是怎样的，需要用到哪些知识点，然后讲解完成该实例必备的基础知识，最后以步骤详细讲解任务的实施过程。讲解过程中穿插有“操作提示”、“知识补充”、“职业素养”3个小栏目。
- **上机实训**：结合任务讲解的内容和实际工作需要给出操作要求，提供适当的操作思路及步骤提示供参考，要求学生独立完成操作，充分训练学生的动手能力。
- **常见疑难解析与拓展**：精选出学生在实际操作和学习中经常会遇到的问题并进行答疑解惑，通过拓展知识版块，学生可以深入并综合地了解一些应用知识。
- **课后练习**：结合该项目内容给出难度适中的上机操作题，通过练习，学生可以进一步强化和巩固所学知识的目的，做到温故而知新。

教学内容

本书的教学目标是循序渐进地帮助学生掌握计算机组装与维护技术，具体包括掌握计算机组装、维护、故障排除的基础知识，能够选购并组装计算机，能安装各种软件，并掌握计算机日常维护和简单故障排除的相关操作全书共9个项目，可分为如下几个方面的内容。

- **项目一至项目二**：主要讲解认识常用的计算机，认识计算机的各种硬件和软件，选购计算机的各种硬件等知识。

- **项目三至项目五**：主要讲解组装一台计算机的知识，包括组件硬件、设置BIOS、硬盘分区和格式化、安装操作系统、安装驱动程序和各种软件。
- **项目六至项目七**：主要讲解利用VM软件构建虚拟计算机配装平台，以及如何备份、还原、优化操作系统等知识。
- **项目八**：主要讲解日常维护计算机和维护计算机安全的相关知识。
- **项目九**：主要讲解如何诊断与排除计算机故障的相关知识。
- **项目十**：综合实训。

教学资源

本书的教学资源包括以下两方面的内容。

（1）配套光盘

本书配套光盘中包含各章节实训及习题的操作演示动画、与知识点对应的微课视频以及模拟试题库3个方面的内容。模拟试题库中含有丰富的关于计算机组装与维护的相关试题，包括填空题、单项选择题、多项选择题、判断题、名词解释题和问答题等多种题型，读者可自动组合出不同的试卷进行测试。另外，还提供了两套完整模拟试题，以便读者测试和练习。

（2）教学资源包

本书配套精心制作的教学资源包，包括PPT课件和教学教案（备课教案、Word文档），以便老师顺利开展教学工作。

（3）教学扩展包

教学扩展包中包括方便教学的拓展资源以及每年定期更新的计算机装机方案、新技术和产品性能参数两个方面的内容。其中拓展资源包含教学演示动画、组装计算机高清彩色图片等。

特别提醒：上述第（2）、（3）教学资源可访问人民邮电出版社教学服务与资源网（http:// www.ptpedu.com.cn）搜索下载，或者发电子邮件至dxbook@qq.com索取。

本书由谢峰、路贺俊任主编，褚梅、杨雨帆任副主编，参加编写工作的还有白会肖、梁红硕和贾树生。虽然编者在编写本书的过程中倾注了大量心血，但恐百密之中仍有疏漏，恳请广大读者及专家不吝赐教。

编者

2014年4月

目 录 CONTENTS

项目三　组装计算机　71

项目四　设置BIOS和硬盘分区　89

项目七 备份与优化操作系统 151

项目八 维护计算机 169

项目九 诊断与排除计算机故障 191

项目十 综合实训 211

PART 1 项目一 了解计算机

情景导入

阿秀：小白，公司最近招收了一批新员工，需要给他们每人配备一台计算机。

小白：好的，具体需要配备台式机、笔记本电脑、平板电脑中的哪一种呢?

阿秀：公司需要配备台式的兼容机，还有什么需要了解的，可以直接问我。

小白：对于计算机的类型我最多算刚入门，阿秀，你给我讲解计算机的基础知识吧!

阿秀：那好，我就先给你详细讲讲计算机的各种类型和计算机软、硬件组成的相关知识。

学习目标

- 掌握各种类型的计算机
- 掌握计算机的各种硬件组成
- 掌握计算机的软件组成

技能目标

- 通过拆卸一台计算机来进一步认识计算机中的各种硬件
- 进一步掌握计算机的各种软、硬件基础知识

任务一 认识常用计算机

自1946年第一台计算机问世以来，在摩尔定律的指导下，计算机在硬件方面先后经历了电子管、晶体管、中小规模集成电路、大规模和超大规模集成电路几个发展时代。计算机现在作为办公和家庭的必备用品，早已经和人们的生活紧密地联系在了一起。

一、任务目标

本任务的目标是了解计算机的常见类型；认识计算机的组成，包括硬件系统和软件系统两个部分。通过本任务的学习，可以熟悉计算机的各种硬件，并了解其在计算机主机中的相对位置，同时对计算机的类型有一个基本的认识。

二、相关知识

现在通常所说的计算机主要是指个人计算机（Personal Computer，PC，俗称电脑），市面上常用的计算机主要有台式机、笔记本电脑、一体机和平板电脑4种类型，而台式计算机又分为兼容机和品牌机两种类型，下面就分别介绍其相关知识。

（一）台式机

台式机也称为台式电脑，是一种各功能部件相对独立的计算机。相对于其他类型的计算机，体积较大，一般需要放置在桌子或者专门的工作台上，因此命名为台式机。多数家用和办公用的计算机都是台式机，如图1-1所示。

图1-1 台式机

台式机具有以下一些特性。

- **散热性**：台式机的机箱具有空间大和通风条件好的特点，因此具有良好的散热性，这是笔记本电脑所不具备的。
- **扩展性**：台式机机箱的光驱驱动器插槽是4~5个，硬盘驱动器插槽是4~5个，非常方便用户日后的硬件升级。
- **保护性**：台式机全方面保护硬件减少灰尘的侵害，而且具有一定的防水性。
- **明确性**：台式机机箱的开关键和重启键，以及USB和音频接口都在机箱前置面板中，方便用户的使用。

通常情况下所说的计算机就是指台式机，本书中主要涉及的计算机也是指台式机。

（二）笔记本电脑

笔记本电脑的英文名称为NoteBook，也称手提电脑或膝上型电脑，是一种体积小，便于携带的计算机，通常重1~3kg。笔记本电脑又分为商务型、时尚型、多媒体应用、上网型、学习型、特殊用途6种类型。

- **商务型**：特点为移动性强、电池续航时间长、商务软件多，如图1-2所示。
- **时尚型**：拥有时尚轻薄的外观，如图1-3所示。

图1-2 商务型笔记本电脑

图1-3 时尚型笔记本电脑

- **多媒体应用型**：有较强的图形图像处理能力，并且在播放能力方面十分突出，拥有较为强劲的独立显卡和声卡。
- **上网型**：属于轻便和低配置的笔记本电脑，具备上网、收发邮件、即时信息（IM）等功能，可以流畅播放流媒体和音乐。上网型笔记本电脑更侧重于便携性，多用于在出差、旅游、公共交通上的移动上网，如图1-4所示。
- **学习型**：采用标准计算机操作，全面整合了学习机、电子辞典、复读机等多种机器的功能。
- **特殊用途型**：是服务于专业人士，可以在酷暑、严寒、低气压、高海拔、强辐射等恶劣环境下使用的机型，可以承受一定程度上的外界压力和冲击，如图1-5所示。

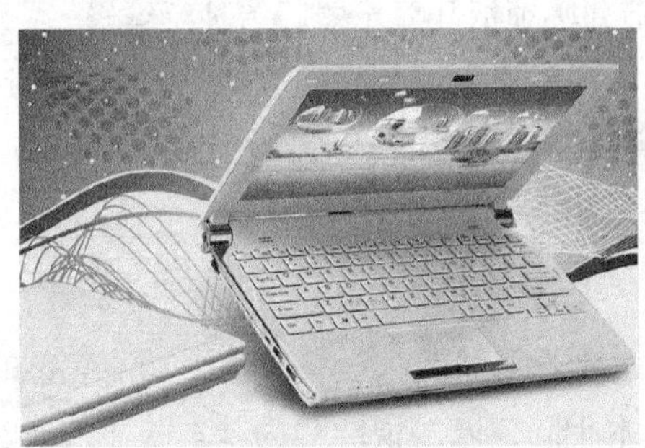

图1-4 上网型笔记本电脑

图1-5 军用迷你笔记本电脑

知识补充

与台式机相比，笔记本电脑最大的优势就是轻、薄、携带方便，最大的弱点就是散热效果差，且显示屏幕小。

（三）一体机

一体机是由一台显示器、一个键盘、一个鼠标组成的计算机。一体机的芯片、主板、显示器集成在显示器后面，因此只要将键盘和鼠标连接到显示器上，计算机便能正常使用，如图1-6所示。

图1-6　一体机

一体机具有以下一些优势。

- **简洁无线**：具有最简洁的线路连接方式，只需要一根电源线就可以实现计算机的启动，减少了音箱线、摄像头线、视频线繁杂交错的线路等。
- **节省空间**：比传统分体台式机更小巧，一体机可节省最多70%的桌面空间。
- **超值整合**：同价位拥有更多功能部件，集摄像头、无线网线、音箱、蓝牙、耳麦等于一身。
- **节能环保**：更节能环保，耗电仅为传统台式机的1/3，且电磁辐射更小。
- **潮流外观**：简约、时尚的外观设计，更符合现代人对节约空间、审美的要求。

同时，一体机也具有以下一些缺点。

- **维修不方便**：若有接触不良或者其他故障，必须拆开显示器后盖进行维修。
- **使用寿命较短**：由于把所有的元件都集中到了显示器的后面，一体机的发热远高于台式机且散热较慢，元件容易老化，使用寿命会大幅缩短。
- **实用性不强**：多数配置不高，而且不好升级。

（四）平板电脑

平板电脑（Tablet Personal Computer）是一款无须翻盖、没有键盘、功能完整的计算机，如图1-7所示。其构成组件与笔记本电脑基本相同，以触摸屏作为基本的输入设备，允许用户通过触控笔或人的手指来进行作业而不是传统的键盘或鼠标。

平板电脑具有以下一些优势。

- **便携移动**：比笔记本电脑体积更小，且更轻。
- **功能强大**：具备手写识别输入功能，以及语音识别和手势识别能力。
- **特有的操作系统**：不仅具有普通操作系统的功能，而且普通计算机兼容的应用程序都可以在平板电脑上运行，增加了手写输入。

图1-7 平板电脑

同时，平板电脑也具有以下一些缺点。

- **译码**：无法通过手写方式输入编程语言，必须使用键盘。
- **打字（学生写作业、编写E-mail）**：手写输入速度慢，一般输入30字/每分钟以内，不适宜大量的文字录入工作。当然，平板电脑可以使用无线键盘弥补这一缺陷。
- **性价比低**：与普通笔记本电脑相比，同样性能的平板电脑要贵1000元左右。
- **显示屏幕太小**：普通笔记本电脑的屏幕已经很小了，平板电脑的显示屏幕更小，主流平板电脑的显示屏都在10英寸以下。

知识补充

严格地说，现在最新的超极本其实依然是笔记本电脑，只是超级本是笔记本的升级版本。其两者之间的区别是，超级本采用更小巧功耗更低的超级本专用处理器；使用SSD固态硬盘，启动速度快，待机时间长。另外，超级本增加了不少最新主流技术，如支持手写，触摸屏触控等功能。图1-8所示为索尼旗下的一款超极本。

图1-8 超级本

（五）品牌机和兼容机

品牌机就是指有注册商标的整机，是计算机公司将计算机配件组装好后进行整体销售，并提供技术支持以及售后服务的计算机。兼容机是指按用户自己要求选择配件组装而成的计算机，具有较高的性价比。下面对两种机型进行比较，便于不同的用户选购。

- **兼容性与稳定性**：每一款品牌机的研发都是经过了严格和规范的工序检测，因此其稳定性和兼容性都有保障，很少会出现硬件不兼容的现象。而兼容机是用户凭借经验在成百上千种的配件中选取其中的几个来组成的，无法保证足够的兼容性。所以在兼容性和稳定性方面品牌机占优。
- **产品搭配灵活性**：也就是配件选择的自由程度这个方面，兼容机就具有品牌机不可比拟的优势。由于不少用户装机有特殊要求，根据专业的应用需要突出计算机某一方面的性能，而由用户自行选件或者经销商帮助组装。
- **价格比较**：同配置的兼容机往往要比品牌机便宜几百元，甚至数千元，差距主要是由于品牌机内包括了正版软件捆绑费用以及厂家的售后服务费用。
- **售后服务**：很多消费者在选择产品性能的同时，也同样关心该产品的售后服务。品牌机的售后服务质量比兼容机要好，一般提供的质保的服务都是3年。而兼容机一般只有1年的质保，而且像键盘、鼠标和光驱这类易损的产品，保质期只有3个月，且不提供上门服务。

任务二　熟悉计算机硬件

广义上的计算机是由硬件系统和软件系统两部分组成的，硬件系统是软件系统工作的基础，而软件系统又控制着硬件系统的运行，两者相辅相成，缺一不可。

一、 任务目标

本任务将通过具体的图片，熟悉计算机的各种硬件，首先介绍主机以及其中的各种硬件，然后介绍显示器，接着介绍键盘和鼠标，最后介绍各种外部设备。通过本任务的学习，可以熟悉计算机的各种硬件设备。

二、相关知识

从外观上看，计算机的主要硬件包括主机、显示器、鼠标、键盘，以及音箱、打印机和扫描仪等外部硬件，下面就分别认识计算机的各种硬件。

知识补充

计算机的硬件系统是以冯·诺依曼所设计的计算机体系结构为基础的，按照这个体系进行划分，计算机的硬件主要分为输入设备、输出设备、运算器、控制器、存储器5个部分。

（一）主机

主机是安装在机箱内的计算机硬件的集合，主要由CPU、主板、内存、显卡、硬盘、光盘驱动器、主机电源、主机机箱8个部件组成，如图1-9所示。

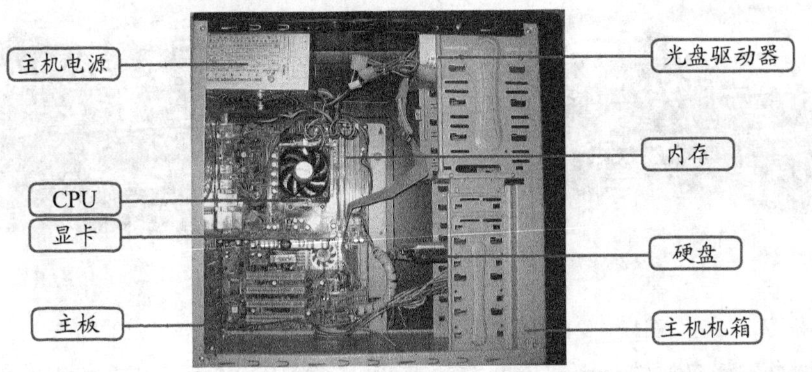

图1-9 主机

知识补充

不同主机正面的按钮和指示灯的形状及位置可能不同，复位按钮一般有“Reset”字样，电源开关一般都有“⏻”标记或“Power”字样。电源指示灯在开机后长亮且一般呈绿色显示，硬盘工作指示灯只有在对硬盘进行读写操作时才会亮起，显示为红色。主机部件之间是通过各种数据线和电源线连接起来的。

- **CPU**：CPU也就是中央处理器，是计算机的数据处理中心和最高执行单位，它具体负责计算机内数据的运算和处理，与主板一起控制协调其他设备的工作，如图1-10所示。
- **主板**：从外观上看，主板是一块方形的电路板，其中布满了各种电子元器件、插座、插槽和各种外部接口，它可以为计算机的所有部件提供插槽和接口，并通过其中的线路统一协调所有部件的工作，如图1-11所示。

图1-10 CPU

图1-11 主板

- **内存**：内存是计算机的内部存储器，也叫主存储器，是计算机用来临时存放数据的地方，也是 CPU处理数据的中转站，内存的容量和存取速度直接影响CPU处理数据的速度，如图1-12所示。
- **显卡**：显卡又称为显示适配器或图形加速卡，其功能主要是将计算机中的数字信号转换成显示器能够识别的信号（模拟信号或数字信号），并将其处理和输出，并可分担CPU的图形处理工作，如图1-13所示。

图1-12 内存

图1-13 显卡

- **硬盘**：它是计算机中最大的存储设备，通常用于存放永久性的数据和程序，如图1-14所示。
- **光盘驱动器**：简称光驱，是计算机中最普遍的外部存储设备，光盘驱动器存储数据的介质为光盘，其特点是容量大、成本低、保存时间长，如图1-15所示。

图1-14 硬盘

图1-15 光驱

- **主机电源**：也称为电源供应器，电源能够通过不同的接口为主板、硬盘、光驱等计算机部件的正常运行提供所需动力，如图1-16所示。
- **机箱**：是安装和放置各种计算机部件的装置，它将主机部件整合在一起，并起到防止部件损坏的作用，如图1-17所示。

图1-16 主机电源

图1-17 机箱

知识补充

对于一台计算机来说，机箱的好坏直接影响主机部件的正常工作。由于机箱还能屏蔽主机内的电磁辐射，对计算机使用者也能起到一定的保护作用。

（二）显示器

显示器是计算机的主要输出设备，它的作用是将显卡输出的信号以肉眼可见的形式表现出来。目前主要有两种显示器类型，一种是液晶显示器（LCD显示器），如图1-18所示；另一种是平面显示器（CRT显示器），如图1-19所示。

图1-18 液晶显示器

图1-19 平面显示器

（三）鼠标和键盘

鼠标是计算机的主要输入设备之一，是随着图形操作界面的出现而产生的，因为其外形与老鼠类似，所以被称为鼠标。图1-20所示为无线鼠标。

键盘是计算机的另一主要输入设备，是和计算机进行交流的工具，如图1-21所示。通过键盘可直接向计算机输入各种字符和命令，简化计算机的操作。即使在没用鼠标的情况下，使用键盘也能完成计算机的基本操作。

图1-20 鼠标

图1-21 键盘

（四）外部设备

在这些硬件中，声卡和网卡通常都是安装到主机上的，当然，外接的声卡和网卡也可以看成是外部设备。

- **音箱**：在音频设备中的作用类似于显示器，可直接连接到声卡的音频输出接口中，并将声卡传输的音频信号输出为人们可以听到的声音，如图1-22所示。

- **声卡**：在音频设备中的作用类似于显卡，可以将声音的音频信号处理和输出到音箱或其他的声音输出设备，有些声卡也具有声音输入功能。图1-23所示为独立声卡。

图1-22 音箱

图1-23 声卡

知识补充

现在大多数的计算机已经将声卡以芯片的形式集成到了主板中（也被称为集成声卡），其性能可以满足大部分用户的需要，只有对音效有特殊要求的用户才会购买独立声卡。

- **打印机**：主要功能是文字和图像的打印输出，是计算机的一种输出设备。图1-24所示为最常用的彩色喷墨打印机。
- **扫描仪**：主要功能是文字和图像的扫描输入，是计算机的一种输入设备，如图1-25所示。

图1-24 打印机

图1-25 扫描仪

- **网卡**：也称为网络适配器，是计算机中最基本的网络部件，其功能是连接计算机和网络。图1-26所示为无线网卡。
- **耳机**：是一种将音频信号输出为声音的计算机外部设备，一般用于个人用户，如图1-27所示。
- **摄像头**：也是一种常见的计算机外部设备，它的主要功能也就是为计算机提供实时的视频图像，实现用户之间的视频信息交流，如图1-28所示。
- **可移动存储设备**：包括移动USB盘（简称U盘）和移动硬盘，这类设备通过与计算机上的USB插孔连接即可插即用，且容量能满足用户的需求，现在已成为计算机必不可少的附属配件，如图1-29所示。

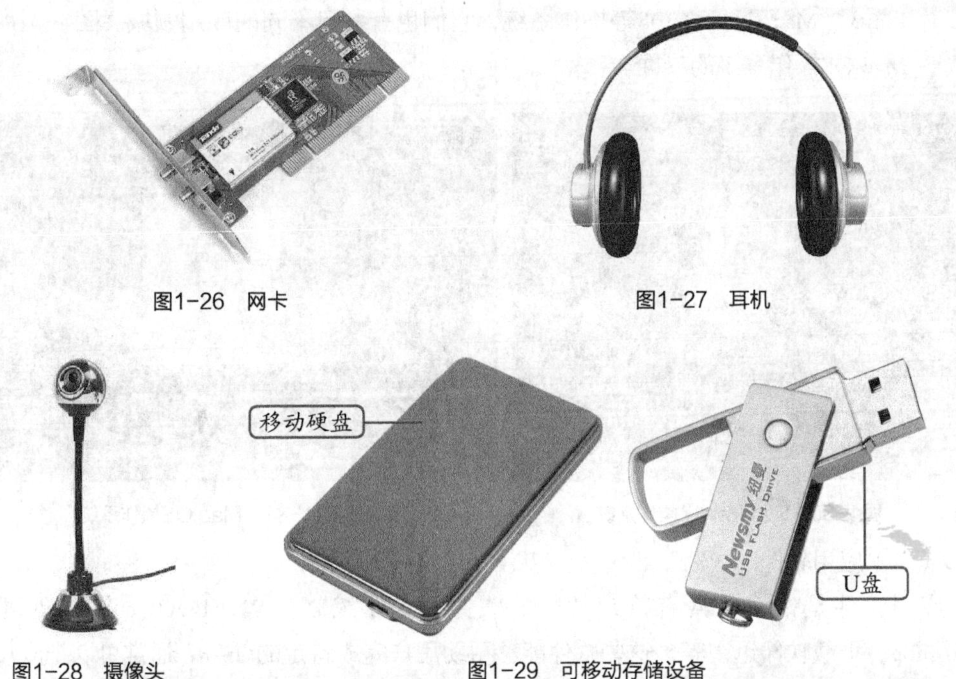

图1-26 网卡

图1-27 耳机

图1-28 摄像头

图1-29 可移动存储设备

任务三 熟悉计算机软件

软件是在计算机中供用户使用的程序，控制计算机所有硬件工作的程序集合组成软件系统，软件系统的作用主要是管理和维护计算机的正常运行，并充分发挥计算机性能。

一、 任务目标

本任务将通过具体的图片，了解计算机中各种类型的软件，首先认识系统软件，然后分类学习各种应用软件。通过本任务的学习，可以熟悉计算机的各种软件，并为以后安装操作系统和各种应用软件打下坚实的基础。

二、相关知识

按功能的不同通常可将软件分为系统软件和应用软件两种。

（一）系统软件

从广义上讲，系统软件包括汇编程序、编译程序、操作系统、数据库管理软件等。通常所说的系统软件就是指操作系统。操作系统的功能是管理计算机的全部硬件和软件，方便用户对计算机的操作。常见的操作系统分为Windows系列和其他操作系统软件两个类型。

- **Windows系列：** Microsoft公司的Windows系列系统软件是目前使用最广泛的操作系统，它采用图形化操作界面，支持网络连接和多媒体播放，支持多用户和多任务操作，兼容多种硬件设备和应用程序，可满足用户在多方面的需求。图1-30所示为Windows 7操作系统的界面。
- **其他操作系统：** 除了使用最广泛的Windows系列外，市场上还存在有UNIX、

Linux、Mac OS、BeOS等操作系统，它们也有各自不同的应用领域。图1-31所示为Mac OS操作系统的界面。

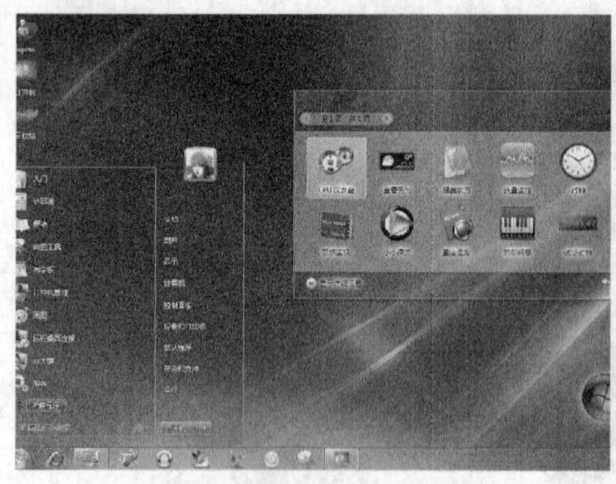

图1-30　Windows 7操作系统

图1-31　Mac OS操作系统

（二）应用软件

应用软件是指一些具有特定功能的软件，如压缩软件WinRAR、图像处理软件Photoshop、下载软件迅雷等，这些软件能够帮助用户完成特定的任务。通常可以把应用软件分为以下几种类型，每个大类下还可分为很多小类，装机时可以根据用户需要进行选择。

- **网络工具软件**：网络工具软件包含浏览工具、浏览辅助、网络优化、邮件处理、网页制作、下载工具、搜索工具、检测监控、新闻阅读、服务器和FTP/Telnet等类型。图1-32所示为本类常用网络工具软件。

图1-32　网络工具软件

- **系统工具软件**：系统工具软件包含系统优化、备份工具、美化增强、开关定时、硬件工具、卸载清理、常用驱动等类型。图1-33所示为本类常用系统工具软件。

图1-33　系统工具软件

- **应用工具软件**：应用工具软件包含压缩解压、文件处理、时钟日历、键鼠工具、输入法、光盘工具、翻译、信息管理、办公应用等类型。图1-34所示为本类应用工具软件。
- **网络聊天软件**：联络聊天软件包含聊天工具和实时联络软件等类型。图1-35所示为本类网络聊天软件。

图1-34　应用工具软件

图1-35　联络聊天软件

● **图形图像软件**：图形图像软件包含图形处理、图形捕捉、图像浏览、图像管理、3D制作等类型。图1-36所示为本类图形图像软件。

图1-36　图形图像软件

● **多媒体软件**：多媒体软件包含视频播放、音频处理、视频处理、音频转换、视频转换、媒体管理、音频播放、电子阅读、解码器等类型。图1-37所示为本类多媒体软件。

图1-37　多媒体软件

● **行业软件**：行业软件包含了目前绝大多数行业能够使用的软件。图1-38所示为本类行业软件。

图1-38　行业软件

● **游戏娱乐软件**：游戏娱乐软件包含游戏工具、模拟器、棋牌、单机游戏、网络游戏等类型。图1-39所示为本类游戏娱乐软件。

浩方平台　　QQ游戏中心　　VS对战平台　　中国游戏中心
连连看　　联众游戏大厅　　网站连连看　　多多真人视频棋牌
开心斗地主　　超级视频真人棋牌　　131玩玩游戏平台　　逗游游戏宝库
百度游戏大厅

图1-39　游戏娱乐软件

● **编程开发软件**：编程开发软件包含编程工具、数据库、调试工具、开发控件等类型。图1-40所示为本类编程开发软件。

图1-40　编程开发软件

● **安全软件**：安全软件包含密码工具、网络安全、系统监控、安全辅助、杀毒软件等类型。图1-41所示为本类安全软件。

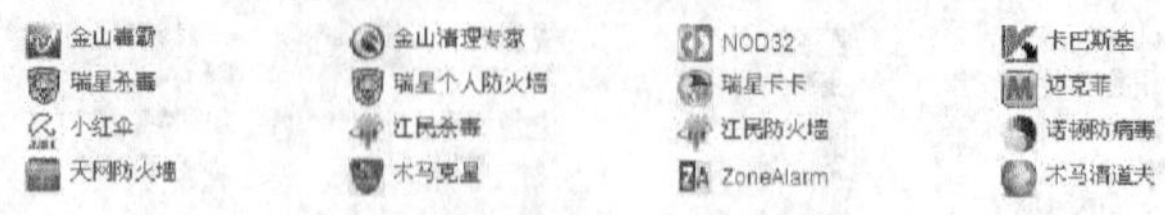

图1-41　安全软件

● **教育教学软件**：教育教学软件包含教育管理、外语工具、幼儿教育、电子书籍、考试系统等类型。图1-42所示为本类教育教学软件。

图1-42　教育教学软件

通常情况下要使用某个软件，必须先获取软件安装程序，然后将其安装到计算机中后才能使用。获取软件的方法主要有两种，一是购买安装光盘，二是从网上下载。

实训一　开关计算机

【实训要求】

按照正确的开机步骤启动计算机，然后按照正确的关机步骤关闭计算机。通过实训，掌握启动和关闭计算机的操作步骤。

【实训思路】

启动计算机主要分为连接电源、启动电源、进入操作系统3个步骤，关闭计算机则只有关闭操作系统和断开电源两个步骤。本实训的操作思路如图1-43所示。

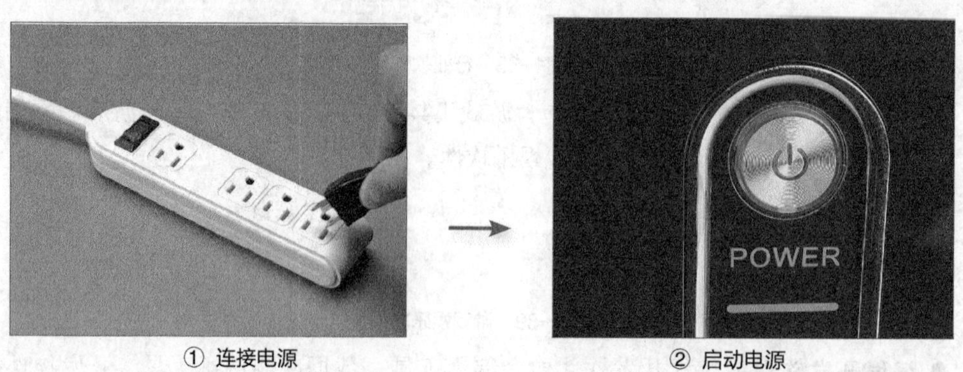

① 连接电源　　② 启动电源

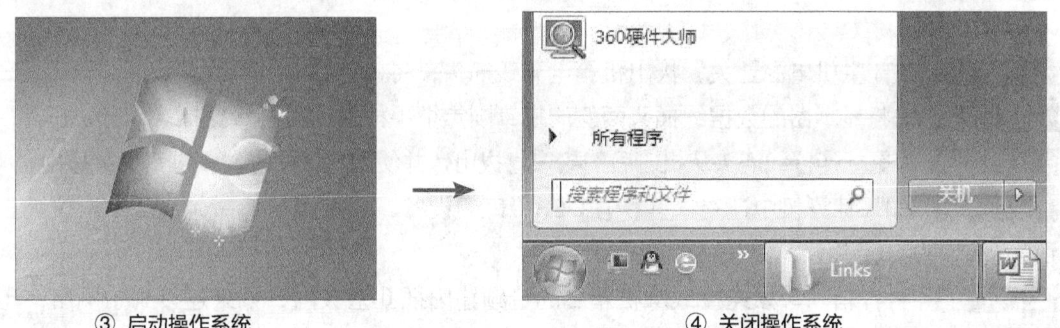

③ 启动操作系统　　④ 关闭操作系统

图1-43　开关计算机的操作思路

【步骤提示】

STEP 1 将电源插线板的插头插入交流电插座中。

STEP 2 将主机电源线插头插入插线板中，用同样的方法插好显示器电源线插头，打开插线板上的电源开关。

STEP 3 在主机箱后的电源处找到开关，按下为主机通电。

STEP 4 找到显示器的电源开关，按下接通电源。

STEP 5 按下机箱上的电源开关，启动计算机。

STEP 6 计算机开始对硬件进行检测，并显示检测结果，然后进入操作系统。

STEP 7 单击桌面左下角的按钮，在弹出的“开始”菜单中单击按钮退出操作系统，并关闭计算机。

STEP 8 按下显示器的电源开关，然后关闭机箱后的电源开关，最后关闭插线板上的电源开关，再拔出插线板电源插头。

实训二　查看计算机硬件组成及连接

【实训要求】

本实训是通过打开计算机的机箱查看内部结构，并分辨计算机硬件的组成和线路的连接。

【实训思路】

完成本实训主要包括拆卸连线、打开机箱、查看硬件3个步骤操作，其操作思路如图1-44所示。

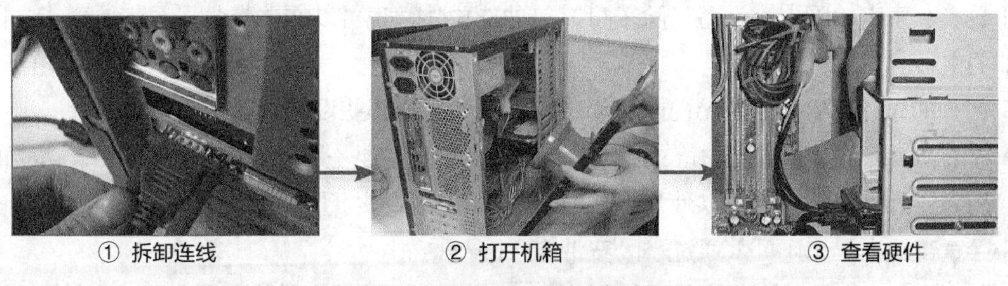

① 拆卸连线　　② 打开机箱　　③ 查看硬件

图1-44　查看计算机硬件的操作思路

【步骤提示】

STEP 1 关闭主机电源开关，拔出机箱电源线插头，将显示器的电源线和数据线拔出。

STEP 2 先将显示器的数据线插头两侧的螺钉固定把手拧松，再将数据插头向外拔出。

STEP 3 将鼠标连接线插头从机箱后的接口上拔出，并使用同样的方法将键盘插头拔出。

STEP 4 如果计算机中还有一些使用USB接口的设备，如打印机、摄像头、扫描仪等，还需拔出其USB连接线。

STEP 5 将音箱的音频连接线从机箱后的音频输出插孔上拔出，如果连接到了网络，还需要将网线插头拔出，完成计算机外部连接的拆卸工作。

STEP 6 用十字螺丝刀拧下机箱的固定螺钉，取下机箱盖。

STEP 7 观察机箱内部各种硬件以及它们的连接情况。在机箱内部的上方，靠近后侧的是主机电源，其通过后面的四颗螺丝钉固定在机箱上，主机电源分出的电源线，分别连接到各个硬件的电源接口。

STEP 8 在主机电源对面，机箱驱动器架的上方是光盘驱动器，通过数据线连接到主板上，光盘驱动器的另一个接口是用来插从主机电源线中分出来的4针电源插头，在机箱驱动器下方通常安装的是硬盘，和光盘驱动器相似，它也是通过数据线与主板连接。

STEP 9 在机箱内部最大的一个硬件是主板，从外观上看，主板是一块方形的电路板，上面有CPU、显卡和内存等计算机硬件，以及主机电源线和机箱面板按钮连线等。

常见疑难解析

问：显示器的电源开关怎么找不到呢？

答：显示器的电源开关通常在显示器面板的下侧或者左右两侧，其开关的标记为⏻或者“Power”，打开显示器电源后，电源指示灯通常会呈绿色长亮显示。

问：主机电源开关上有两个符号，代表什么意思？

答：现在大部分的计算机电源都具备电源开关，只有打开才能为主机供电。开关上的“O”表示打开；“—”表示关闭。

问：组装台式机时，需要选购哪些硬件设备？

答：需要选购的硬件有主板、CPU、内存、硬盘、机箱、电源、显示器、鼠标、键盘。对于显卡、声卡、网卡等设备，除了可以单独选购外，也可以选购自带了显卡、声卡、网卡功能的主板。

问：如果计算机要连入Internet，组装时需要选购哪些设备呢？

答：如果计算机要连入Internet，计算机中至少需要一块网卡或自带有网卡功能的主板，用来连入网络。一般可以使用电信的ADSL Modem拨号上网。除此之外，对于已经安装了小区宽带的小区，还可以通过小区宽带连入Internet。

问：为什么有的机箱后部有两个电源接口，一个用于连接主机的电源，另一个有什么用？

答：在机箱后部除了连接主机电源的另一个电源是用于连接显示器的电源，但是考虑到机箱电源的功率，以及为了减轻机箱电源的负载，所以一般都将显示器直接连接在外部电源上，而将机箱后部为显示器预留的电源接口闲置。

拓展知识

1. 了解计算机的发展史

计算机发展到现在不过70年的时间，但其发展速度却非常惊人，下面简单了解一下计算机的发展历史，展望未来计算机的发展方向。

- 第一台计算机被称为“ENIAC”，是1946年2月14日由美国宾夕法尼亚大学研制成功的。至此，第一代计算机都是以电子管作为基本电子元件，用磁鼓作为主存储器，因此被称为“电子管时代”。这一代的计算机体积大，耗电量多，价格昂贵，运行速度较慢，并且可靠性较差，只应用于科研或军事等少数几个领域。
- 1954年，美国贝尔实验室研发了世界上第一台晶体管计算机，晶体管代替电子管成为了计算机的基本电子元件，因此该时期便称为计算机的“晶体管时代”。晶体管计算机的功耗、体积、重量都大大地降低了，运算速度提高，性能比第一代计算机有很大提高。
- 1962年，美国空军和德克萨斯公司共同研制出了第一台由中小规模集成电路组成的计算机，集成电路正式代替晶体管成为计算机的基本电子元件，这个时期就是“集成电路时代”。这个时代的计算机由于采用了集成度较高、功能增强中的中小规模集成电路，体积和功耗都进一步降低，速度更快，可靠性也有显著提高，价格进一步下降，产品走向通用化、系统化、标准化。
- 1970年以后，随着科学技术的飞速发展，各种先进的生产技术广泛应用于计算机制造，这使得电子元器件的集成度进一步加大，并在计算机中出现了大规模和超大规模集成电路。以大规模和超大规模集成电路作为基本电子元件后，随着体积、功耗和价格的优化诞生了微型计算机，为计算机的普及以及网络化创造了条件。现在所使用的所有计算机都属于第四代计算机。
- 未来计算机的发展主要以智能化、巨型化和生物化学3个方向为发展目标，另外，量子计算机和光计算机也是未来计算机的发展方向。

2. 了解计算机常用术语

在组装和维护计算机的过程中，常会遇到很多相对专业的名词术语，下面就介绍一些常用术语。

- DDR（Dual Data Rate SDRSM，双倍速率SDRAM）：是现在通用的内存标准，如DDR3内存即为符合DDR3标准的内存产品。
- Driver（驱动程序）：是一个和特定的硬件设备或特定的软件打交道的程序，只有安装了驱动程序的硬件或软件才能实现其特定的功能。
- Bus（总线）：它是CPU、内存、输入设备、输出设备之间进行信息传递的通道。总线的传输速度和数据流量带宽是计算机一些主要部件的重要性能指标之一。

- FAT32（File Allocation Table，32位文件分配表）：FAT文件分配表是位于硬盘中的一个特殊的文件，它包含了硬盘中的文件大小以及文件存放位置等信息。FAT 32是一种文件分配表样式，其支持的磁盘容量达到2048GB。
- NTFS（新技术文件系统）：NTFS是Windows 7的标准文件系统。NTFS取代了文件分配表（FAT）文件系统，为Microsoft的Windows系列操作系统提供文件系统。NTFS对FAT和HPFS（高性能文件系统）做了若干改进，如支持元数据，并且使用了高级数据结构，以便于改善性能、可靠性和磁盘空间利用率，又提供了若干附加扩展功能，如访问控制列表（ACL）和文件系统日志。
- USB（Universal Serial Bus，通用串行总线）：USB是由IBM、Intel、Microsoft等多家公司共同开发的新型外部设备连接技术，不但解决了目前外部设备的连接复杂性，大大简化计算机与外部设备的连接过程，还可连接多达127个的设备。它安装简单并支持即插即用、热插拔、多设备并联，可提供较大的带宽，同时耗电量较低。

课后练习

（1）切断计算机电源，将计算机的机箱侧面板打开，了解CPU、显卡、内存、硬盘、电源等设备的安装位置，观察其中各种线路的连接规律，最后将机箱盖重新安装回机箱上。

（2）启动计算机，通过“开始”菜单了解其中所安装的应用软件有哪些？试着单击其中的某个软件，观察打开的窗口的结构。

（3）列举出计算机的主要硬件，并简述其功能。

（4）在图1-45中指出各个计算机硬件的相关名称。

图1-45　计算机硬件

PART 2

项目二 选配计算机硬件

情景导入

阿秀：小白，通过这段时间的学习，你对计算机硬件的知识掌握情况如何?

小白：所有的硬件我都仔细了解了一番，但电脑城里都是独立的散件，具体该如何将这些硬件组装在一起，我就不清楚了。

阿秀：呵呵，公司安排你去电脑城学习，就是要让你先了解各种计算机硬件的相关资料，然后再帮助你学习如何选配计算机。

小白：是这样呀，太好了，我都记录了好多相关参数，如CPU的频率、硬盘的容量、显卡的品牌等。

阿秀：不错，看来你这次学习还是有很大的收获的。那好，下面我就教你选配计算机硬件的相关知识。

小白：好的，我会认真学习的!

学习目标

- 认识计算机中的各种硬件设备
- 熟悉相关硬件的各种参数
- 熟悉相关硬件的选购技巧

技能目标

- 掌握认识和选购计算机主要硬件的方法
- 掌握分辨产品真伪的方法
- 掌握设计选购方案的方法

任务一 认识和选购主板

主板的主要功能是为计算机中其他部件提供插槽和接口，计算机中的所有硬件通过主板直接或间接的组成了一个工作的平台，通过这个平台，用户才能进行计算机的相关操作。

一、 任务目标

本任务将认识主板的类型结构和主要性能参数，并了解选购主板的相关注意事项。通过本任务的学习，可以迅速了解并掌握选购主板的方法。

二、相关知识

从外观上看，主板是计算机中最复杂的设备，且几乎所有的计算机硬件都通过主板进行连接，所以主板是机箱中最重要的一块电路板。在选购计算机硬件时应先选购主板，这样就能为选购其他的硬件设备制定一个标准，在该标准的基础上进行选择。

（一）认识主板

主板（MainBorad）也称为母板（Mother Board）或系统板（System Board），它是机箱中最重要的一块电路板，如图2-1所示。在主板上安装了组成计算机的主要电路系统，包括各种芯片、各种控制开关接口、各种直流电源供电接插件、各种插槽等元件。

图2-1 主板的外观

1. 类型

主板的类型有很多，分类方法也不同，可以按照CPU插槽、支持平台类型、控制芯片组、功能、印制电路板的工艺等进行分类。下面以最常用的按照主板的板型分类，主要有ATX、Micro ATX、BTX和Mini ITX4种类型。

- ATX：是目前主流的主板类型，相比于以前的主板，其设计更先进合理，如图2-2所示。
- Micro ATX：是ATX主板的简化，如图2-3所示，其尺寸更小，电源电压更低。由于减少了扩展槽的数量，使计算机升级较困难。目前很多品牌机主板使用Micro ATX主板。

图2-2 ATX板型主板

图2-3 Micro ATX板型主板

- **E-ATX**：也称为服务器或工作站主板，是专用于服务器或工作站的主板产品，板型为较大的ATX，通常使用专用的服务器机箱电源，如图2-4所示。
- **Mini ITX**：是一种结构紧凑的主板，主要用来支持用于小空间的、相对低成本的计算机，如用在汽车、机顶盒、网络设备的计算机中，类似并向下兼容Micro-ATX和E-ATX主板，如图2-5所示。

图2-4 E-ATX板型主板

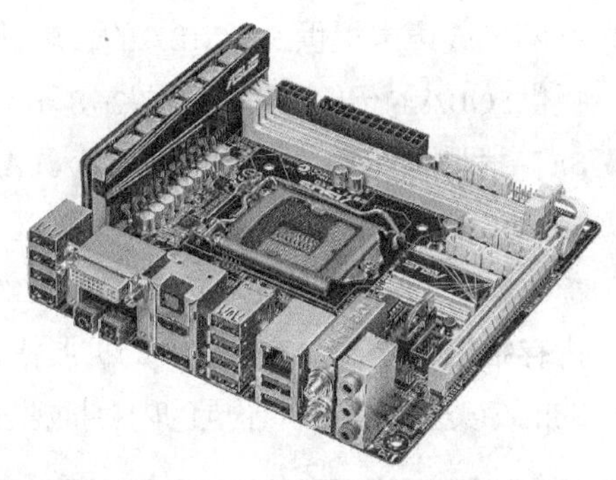

图2-5 Mini ITX板型主板

2. 芯片

主板上主要的芯片包括BIOS芯片和南北桥芯片。

- **BIOS芯片**：是一块矩形的存储器，里面存有与该主板搭配的基本输入输出系统程序，能够让主板识别各种硬件，还可以设置引导系统的设备和调整CPU外频等。BIOS芯片是可以写入的，可方便用户更新BIOS的版本，如图2-6所示。
- **南北桥芯片**：通常是由南桥（South Bridge）芯片和北桥（North Bridge）芯片组成的，南北桥芯片以北桥芯片为核心。北桥芯片主要负责处理CPU、内存、显卡三者间的数据交流，南桥芯片则负责硬盘等存储设备和PCI总线之间的数据流通。一些高端主板上将南北桥芯片封装到一起形成一个芯片，这样便提高了芯片的功能。图2-7所示为集成南北桥的芯片。

图2-6 主板上的BIOS芯片

图2-7 南北桥芯片

知识补充

很多时候，主板的命名也是以北桥的核心名称命名的（如Z87的主板就是用的Z87的南北桥芯片）。另外，主板上还有集成显示、音效、网络等芯片，其作用等同于显卡、声卡、网卡。

3. 扩展槽

扩展槽主要是指主板上能够进行拔插的配件，这部分的配件可以用“插”来安装，用“拔”来反安装，主要包括以下一些配件。

- **PCI-Express插槽**：简称PCI-E，PCI-E插槽即显卡插槽，是现在主流的图形显卡接口技术规范，根据其传输速度的不同可分为1X、4X、8X、16X，其中1X模式可为高级网卡或声卡提供255 MB/s的传输速度，16X模式可为支持PCI-Express插槽的显卡提供5GB/s的传输速度，如图2-8所示。
- **SATA插槽**：又称为串行插槽，SATA以连续串行的方式传送数据，其传输效率达到600MB/s，主要用于连接硬盘和光驱等设备，能够在计算机使用过程中进行拔插。目前主板上的SATA插槽有SATA Ⅱ和SATA Ⅲ两种类型，如图2-9所示。
- **内存插槽**：是用来安装内存的扩展槽，如图2-10所示。由于主板芯片组不同，其支持的内存类型也不同，不同的内存插槽在引脚数量、额定电压、性能方面有所区别。

图2-8 PCI-E插槽

图2-9 SATA插槽

图2-10 内存插槽

- **CPU插槽**：用于安装和固定CPU的专用扩展槽，根据主板支持的CPU不同而不同，其主要表现在CPU背面各电子元件的不同布局。在安装CPU前需将固定罩或固定拉杆打开，将CPU放置在CPU插座上后，再合上固定罩，并用固定拉杆固定CPU，然后再安装CPU的散热片或散热风扇。图2-11所示为两种不同的CPU插槽。

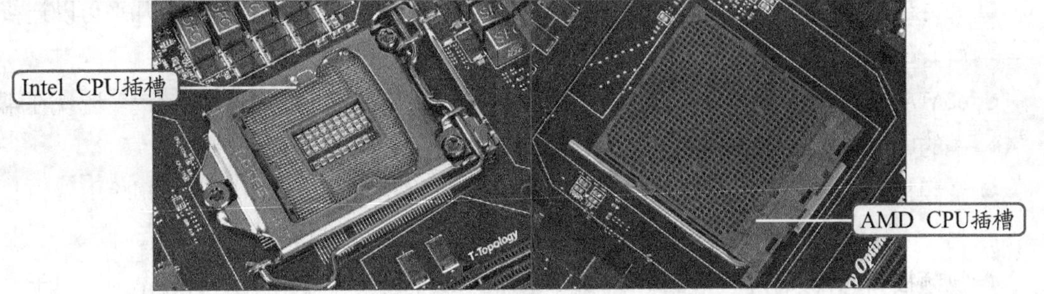

图2-11 CPU插槽

- **电源插槽**：电源插槽的主要功能是提供主板电能供应，通过将电源的供电插座连接到主板上，即可为主板上的设备提供正常运行所需要的电流。目前主板上的电源插槽主要有电源插槽、辅助供电插槽、CPU风扇供电插槽3种，如图2-12所示。

图2-12 各种电源插槽

4. 对外接口

主板的侧面会使用不同的颜色表示不同的接口，如图2-13所示。

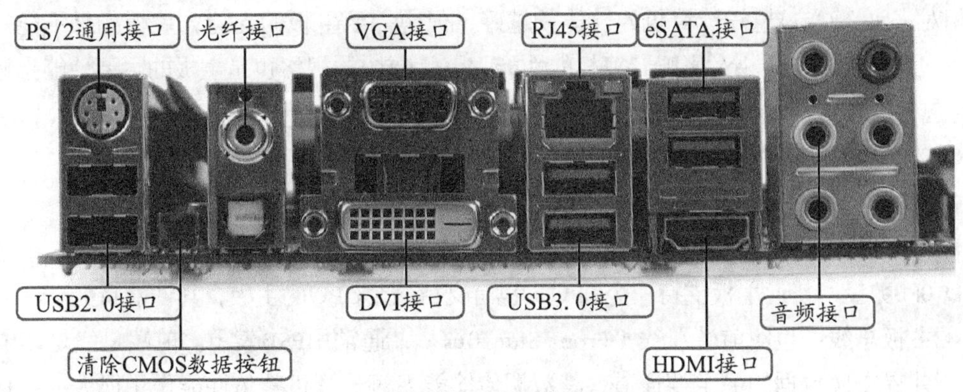

图2-13 主板对外接口

- **PS/2接口**：主要用于连接键盘和鼠标，通常蓝色为键盘接口，绿色为鼠标接口。现在已经逐渐被淘汰，有些主板只保留了一个通用的PS/2接口。
- **光纤接口**：是用来连接光纤线缆的物理接口，光缆的接头部分有两种类型：SC接口为1GB接口，LC接口为2GB接口。
- **RJ45接口**：也就是网络接口，俗称的水晶头接口，主要用来连接网线。

- **USB接口**：是连接外部装置的一个串口标准，在计算机中通过USB接口几乎可以连接所有的计算机外部设备，现在常用的有USB2.0和USB3.0两种。
- **eSATA接口**：是一种全新的外置存储设备的接口（如移动硬盘），存储速度比现在常用的USB2.0或IEEE1394快，比起USB2.0快6倍。
- **音频接口**：主板中的音频接口通常只有两个最常用，一个是绿色的音频输出接口，另一个是红色的耳机连接接口。
- **视频接口**：视频接口包括VGA、DVI、HDMI3种接口，其中HDMI最先进，属于高清晰视频接口。

（二）主要性能参数

主板的性能参数是选购主板时需要认真查看的主要项目，主要有以下几个方面。

1. 芯片

主板芯片是衡量主板性能的主要指标之一，包含以下几个方面的内容。

- **芯片厂商**：主要有Intel和AMD。
- **芯片组结构**：通常都是由北桥和南桥芯片组成，也有南北桥合一的芯片组。
- **芯片组型号**：不同的芯片组性能不同，价格也不同，如图2-14所示为常见型号。

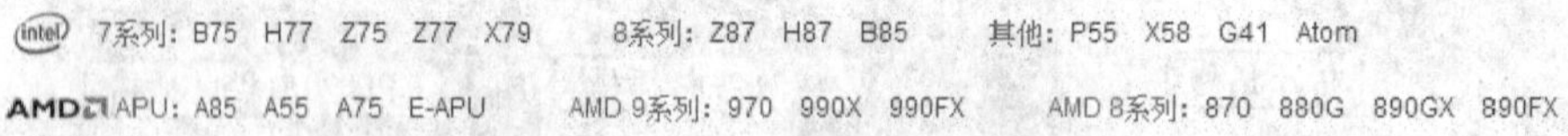

intel 7系列：B75 H77 Z75 Z77 X79　8系列：Z87 H87 B85　其他：P55 X58 G41 Atom

AMD APU：A85 A55 A75 E-APU　AMD 9系列：970 990X 990FX　AMD 8系列：870 880G 890GX 890FX

图2-14　常见主板芯片组型号

- **集成芯片**：主板可以集成显示、音频、网络3种芯片。

2. CPU规格

相对来说，CPU越好计算机的性能就越好，但也需要主板的支持，主板如果不能完全发挥CPU的性能，就会相对影响计算机的性能，因此CPU的规格也是主板的主要性能指标之一，它包含以下几个内容。

- **CPU平台**：主要有Intel和AMD两种。
- **CPU类型**：CPU的类型很多，即便是同一种类型，其运行速度也有差别。
- **CPU插槽**：不同类型的CPU对应主板的插槽不同。
- **CPU数量**：普通主板支持一个CPU，也有支持两个CPU的主板，其性能将提高。
- **主板总线**：也叫前端总线（Front Side Bus），通常用FSB表示。前端总线是CPU和外界交换数据的最主要通道，其数据传输能力对计算机整体性能作用很大。主板总线的数据传输性能取决于数据的传输频率，目前主流主板上常见的前端总线频率有800MHz、1066MHz、1333MHz、1600MHz 、1666MHz、1800MHz等。

3. 内存规格

主内存规格也是影响主板的主要性能指标之一，包含以下几个内容。

- **最大内存容量**：内存容量越大，处理的数据就越多。

- **内存类型**：现在的内存类型主要有DDR2和DDR3两种，主流为DDR3，其数据传输能力要比DDR2强大。
- **内存插槽**：插槽越多，单位内存的安装就越多。
- **内存通道**：通道技术其实是一种内存控制和管理技术，在理论上能够使两条同等规格内存所提供的带宽增长一倍，主板如果支持双通道或三通道，将大大提高主板的性能。

4. 扩展插槽

扩展插槽的数量也能影响主板的性能，包含以下两个内容。

- **PCI-E插槽**：插槽越多，其支持的模式也就可能不同，能够充分发挥显卡的性能。
- **SATA插槽**：插槽越多，能够安装的SATA设备也就越多。

5. 其他性能

除了这些主要性能指标外，还有以下一些主板性能指标也是选购时需要注意的。

- **对外接口**：对外接口越多，能够连接的外部设备也就越多。
- **供电模式**：主板多相供电模式能够提供更大的电流，可以降低供电电路的温度，而且，利用多相供电获得的核心电压信号也比少相的稳定。
- **主板板型**：板型能够决定安装的设备多少和机箱的大小，以及计算机升级的可能。
- **电源管理**：主板对电源的管理目的是节约电能，保证计算机的正常工作，具有电源管理功能的主板性能比普通主板更好。
- **BIOS性能**：现在大多数主板的BIOS芯片采用了Flash ROM，其是否能方便升级及是否具有较好的防病毒功能是主板的重要性能指标之一。
- **多显卡技术**：主板中并不是显卡越多，显示性能就越好，还需要主板支持多显卡技术，现在的多显卡技术包括NVIDIA的多路SLI技术和ATI的CrossFire技术。

（三）选购主板的注意事项

主板的性能关系着整台计算机能否稳定地工作，主板在计算机中的作用相当重要，因此，对主板的选购绝不能马虎，选购时，可按照以下的方法进行。

1. 考虑用途

选购主板的第一步应该是根据用户的用途进行，但要注意主板的扩充性和稳定性，如游戏发烧友或图形图像设计人员，需要选择价格较高的高性能主板；如果平常使用计算机主要进行文档编辑、编程设计、上网、打字、看电影等，则可选购性价比较高的中低端主板。

2. 注意扩展性

由于不需要主板的升级，所以应把扩展性作为首要考虑的问题。扩展性也就是通常所说的给计算机升级或增加部件，如增加内存或电视卡，更换速度更快的CPU等，这就需要主板上有足够多的扩展插槽。

3. 对比性能指标

主板的性能指标非常容易获得，选购时，可以在同样的价位下对比不同主板的性能指标，或者在同样的性能指标下对比不同价位的主板，这样就能获得性价比较好的产品。

4. 鉴别真伪

现在的假冒电子产品很多，下面介绍一些鉴别假冒主板的方法。

- **芯片组**：正品主板芯片上的标识清晰、整齐、印刷规范，而假冒的主板一般由旧货打磨而成，字体模糊，甚至有歪斜现象。
- **电容器**：正品主板为了保证产品质量，一般采用名牌的大容量电容器，而假冒主板采用的是杂牌的小容量电容器。
- **产品标识**：主板上的产品标识一般粘贴在PCI插槽上，正品主板标识印刷清晰，会有厂商名称的缩写和序列号等，而假冒主板的产品标识印刷非常模糊。
- **输入/输出接口**：输入或输出（I/O）接口是每个主板都有的，正品主板接口上一般可看到提供接口的厂商名称，而假冒的主板则没有。
- **布线**：正品主板上的布线都经过专门设计，一般比较均匀美观，不会出现一个地方密集而另一个地方稀疏的情况，而假冒的主板则布线凌乱。
- **焊接工艺**：正品主板焊接到位，不会有虚焊或焊锡过于饱满的情况，贴片电容是机械化自动焊接的，比较整齐。而假冒的主板则会出现焊接不到位，贴片电容排列不整齐等情况。图2-15所示为优质主板和劣质主板的对比。

图2-15 优质和劣质主板的对比

5. 选购主流品牌

主板市场上的品牌很多，按照市场上的认可度高低，通常分为3种类别。

- **一类品牌**：主要包括华硕（ASUS）、微星（MSI）、技嘉（GIGABYTE）。其特点是研发能力强，推出新品速度快，产品线齐全，高端产品过硬，市场认可度较高。
- **二类品牌**：主要包括富士康（FOXCONN）、精英（ECS）、英特尔（Intel）、映泰（BIOSTAR）、梅捷（SOYO）等。其特点是在某些方面略逊于一类品牌，但都具备相当的实力，也有各自的特色。
- **三类品牌**：主要包括盈通（YESTON）、捷波（JETWAY）、翔升（ASZ）、华擎（ASROCK）等，其中华擎就是华硕主板低端市场的子品牌。其特点是有制造能力，在保证稳定运行的前提下尽量压低价格。

任务二 认识和选购CPU

CPU（Central Processing Unit）是中央处理器的简称，它即是计算机的指令中枢，也是系统的最高执行单位，认识和选购CPU是组装计算机的重要步骤之一。

一、任务目标

本任务将认识CPU的功能，了解CPU的主要性能参数，并学习选购CPU的方法。通过本任务的学习，可以全面了解CPU，并学会如何选购CPU。

二、相关知识

下面就分别介绍CPU的功能、性能参数和选购注意事项的相关知识。

（一）主要功能

CPU在整个计算机系统中就像人的大脑一样，是整个计算机系统的指挥中心。它的主要功能是负责执行系统指令、数据存储、逻辑运算、传输并控制输入或输出操作指令。

（二）主要性能参数

CPU的性能指标直接反映着计算机的性能，所以这些指标既是选择CPU的理论依据，也是深入学习计算机应用的关键，下面我们对其主要指标进行介绍。

1. 生产厂商

CPU的生产厂商主要有Intel、AMD、威盛（VIA）、龙芯（Loongson），市场上主要销售的是Intel和AMD的产品。

- **Intel（英特尔）**：该公司是集芯片创新、开发技术、产品与计划的全球领先厂商，从1968年成立至今已有40多年的历史。目前主要有奔腾（Pentium）双核，酷睿（Core）2双核和4核，酷睿2至尊，酷睿（一代、二代、三代、四代）i3、i5、i7等系列的CPU产品。图2-16所示为Intel的CPU。
- **AMD（超威）**：该公司成立于1969年，是全球第二大微处理器芯片供应商，多年来一直是Intel公司的强劲对手。目前主要有闪龙（Sempron），速龙（Athlon）和速龙Ⅱ，羿龙（Phenom Ⅱ），APU A4、E、A6、A8系列，推土机（AMD FX）系列等CPU产品。图2-17所示为AMD的CPU。

图2-16 Intel CPU

图2-17 AMD CPU

2. 频率

CPU频率是指CPU的时钟频率，简单说是CPU运算时的工作频率（1秒内发生的同步脉冲数）的简称。CPU的频率代表了CPU的实际运算速度，单位有Hz、kHz、MHz、GHz。理论上，CPU的频率越高，CPU的运算速度也就越快，CPU的性能也就越高。CPU实际运行的频率与CPU的外频和倍频有关，其计算公式为：实际频率 = 外频 × 倍频。

- **外频**：外频是CPU与主板之间同步运行的速度，即CPU的基准频率。
- **倍频**：倍频是CPU运行频率与系统外频之间的差距参数，也称为倍频系数，在相同的外频条件下，倍频越高，CPU的频率就越高。

3. 内核

内核即CPU的核心，其使用的主要原料为单晶硅，CPU所有的计算、接收或存储命令、处理数据都由内核完成。决定内核的性能指标有如下几种。

- **核心数量**：过去的CPU只有一个核心，现在则有最多8个核心，同等条件下，核心数越多CPU的数据处理能力越强。
- **制作工艺**：在同样大小面积的电路板中，制作工艺好的CPU可以拥有密度更高、功能更复杂的电路设计。现在主流CPU的制造工艺为45nm、32nm、22nm。
- **核心类型**：核心类型也就是CPU的产品代号，如Intel的酷睿系列就有Lynnfield、Sandy Bridge、Ivy Bridge等核心类型；AMD的PhenomⅡ系列则有Callisto、Deneb、Thuban等核心类型。
- **热设计功耗（TDP）**：TDP的英文全称是Thermal Design Power，是指CPU 的最终版本在满负荷可能会达到的最高散热量。随着现在多核心技术的发展，同样核心数量下，TDP越小性能越好。

知识补充

CPU的实际功耗会不断变化，因此TDP值并不等同于CPU的实际功耗，更没有算术关系。由于厂商提供的TDP数值肯定留有一定的余地，对于具体的CPU而言，TDP应该大于CPU的峰值功耗。

- **线程数**：线程是指CPU运行中的程序的调度单位，线程数越多，CPU的性能也就越高。但需要注意的是，线程这个性能指标通常只用在Intel的CPU产品中，如酷睿三代i7CPU基本上都是8线程产品。
- **构架**：是指CPU内部的结构，包括晶体管电路设计、制造工艺、指令集、计算管道、总线运作方式等，构架越新，技术性能就越好。
- **内核电压**：是指CPU的工作电压，即CPU正常工作所需的电压。目前CPU的工作电压有一个非常明显的下降趋势，电压越小，技术性能就越好。

4. 缓存

缓存是指可进行高速数据交换的存储器，它先于内存与CPU进行交换数据，速度极快，所以又被称为高速缓存。与CPU相关的缓存一般分为L1、L2、L3。当CPU要读取一个数据时，首先从L1缓存中查找，没有找到再从L2缓存中查找，若还是没有则从L3缓存或内存中查找。一般来说，每级缓存的命中率大概都在80%左右，也就是说全部数据量的80%都可以在一级缓存中找到，由此可见L1缓存是整个CPU缓存架构中最为重要的部分。

- **L1缓存**：也叫一级缓存，位于CPU内核的旁边，由于其技术难度和制造成本最高，提高容量所带来的技术难度增加和成本增加非常大，因此一级缓存是所有缓存中容量最小的。但在选购CPU时，应该尽量选购该缓存较大的产品。
- **L2缓存**：也叫二级缓存，主要用来存放计算机运行时操作系统的指令、程序数据、地址指针等数据。容量越大系统的速度越快，因此Intel与AMD公司都尽最大可能加大L2 高速缓存的容量，并使其与CPU在相同频率下工作。
- **L3缓存**：也叫三级缓存，分为早期的外置和现在的内置，拥有降低内存延迟和提升大数据量计算能力两大功能，对计算机游戏的运行有很大帮助。

5. 超线程

超线程（Hyper-Threading，HT）是Intel公司自Pentium 4 CPU后开始新增的一项模拟两个物理芯片同步多线程数据处理的技术。单线程芯片在同一时刻只能对一条指令进行处理，而应用了超线程技术的CPU可同时进行多任务的处理。当计算机系统应用超线程技术后，理论上可使性能提高25％以上。

6. 集成显卡技术

CPU集成显卡技术是新一代的智能图形核心技术，它把显示芯片整合在智能CPU当中，这种设计上的整合大大缩减了处理核心、图形核心、内存及内存控制器间的数据周转时间，有效提升处理效能并大幅降低芯片组整体功耗，有助于缩小核心组件的尺寸。

知识补充

主板集成显卡和CPU内置显示芯片的区别在于，内置显示芯片就是CPU里带的集成显卡，Intel的酷睿二代和三代智能CPU中都内置有显示芯片，称为核心显卡；AMD的则称为APU。主板集成的显示芯片就是集成一个显卡模块，然后依靠共享内存来当显存；而现在的APU等于是将一块独立显卡内置于CPU中，传输速率比集成显示芯片快很多。

（三）选购注意事项

在选购CPU时，除了需要考虑该CPU的性能外，还需要从用途和质保等方面来综合进行考虑，还要识别CPU的真伪，以求获得一块超值划算的CPU。

1. 选购原则

选购CPU时，需要根据购买CPU的性价比以及用途等因素来进行选择。由于CPU市场主要是以Intel和AMD两大厂家为主，而且它们各自生产的产品其性能和价格也不完全相同，因此在选购CPU时，可以考虑以下几点原则。

- **原则一**：对于计算机性能要求不高的用户可以选择一些较低端的CPU产品，如Intel的赛扬双核或奔腾双核系列，AMD的闪龙和速龙双核系列。
- **原则二**：对计算机性能有一定要求的用户可以选择一些中低端的CPU产品，如Intel的酷睿i3系列，AMD生产的速龙Ⅱ和羿龙Ⅱ系列等。

● **原则三**：对于游戏玩家、图形图像设计等对计算机有较高要求的用户应该选择高端的CPU产品，如Intel公司生产的酷睿i5系列，AMD公司生产的4核心产品等。

● **原则四**：对于发烧游戏玩家则应该选择最先进的CPU产品，如Intel公司生产的酷睿i7系列，AMD公司生产的6核、8核、FX系列。

2. 质量保证

盒装正品的CPU不但提供了原装散热风扇，一般还会提供1~3年的质保；但对于一些散装CPU或假冒盒装CPU，销售商一般只提供最多1年的质保。

3. 识别真伪

识别CPU的真伪主要有3个方法：看包装、识别CPU表面的信息、使用软件进行测试。

● 盒装正品CPU其包装盒上有原厂防伪标志和密封标签；包装盒内有原厂质量保证书；包装盒表面还有可通过电话或上网查询产品真伪的防伪序列号。而散装的CPU表面贴的只是经销商的质保标签，其质量保证由经销商提供。图2-18所示为正品酷睿四代 i7 4770和AMD FX8320（黑盒）CPU包装图片。

图2-18 盒装CPU包装

● 原装正品的CPU表面都有一些基本的制造信息。Intel公司的CPU编号，一般情况下首先是生产厂商和品牌；接着是CPU的产地；然后是CPU的频率和缓存；最后是CPU的生产日期。AMD公司的CPU编号会根据不同系列的编号规律而不相同。图2-19所示为Intel 酷睿二代 i5 2500k CPU和AMD Phenom Ⅱ X2 550 CPU的正面标记。

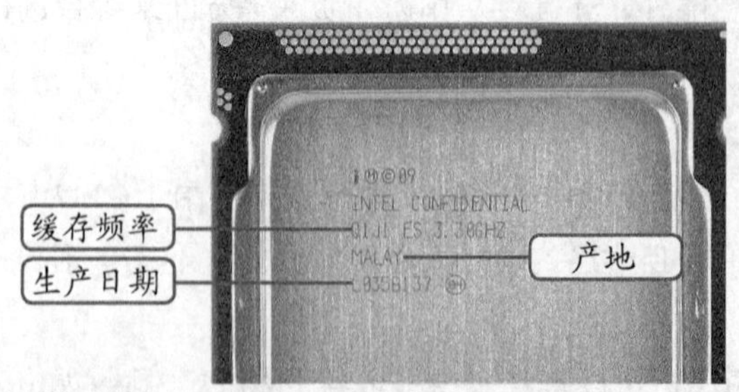

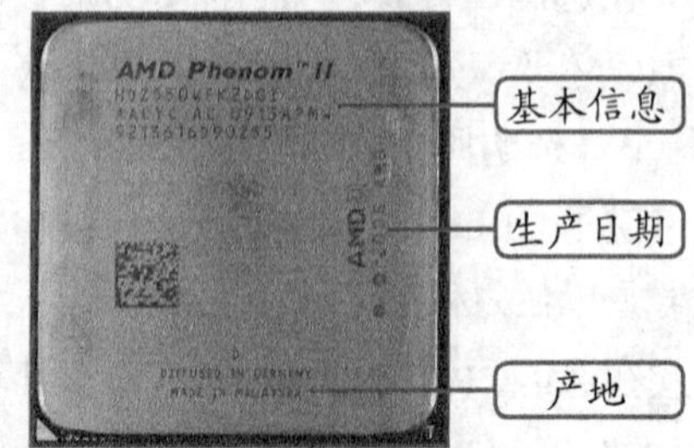

图2-19 CPU正面的标记信息

● 使用CPU频率测试软件对CPU进行测试是最保险的识别真伪方法，频率测试软件的工作原理是通过读取CPU内部寄存器数据以识别并显示该CPU的频率以及其他特性。

图2-20所示为使用360硬件大师，分别对Intel和AMD的CPU产品进行测试后的结果。

扫描完毕，没有发现需要安装的驱动！
处理器信息 当前温度：36 ℃
处理器 英特尔 Pentium(奔腾) G620 @ 2.60GHz
速度 2.60 GHz (100 MHz x 26.0)
处理器数量 核心数：2 / 线程数：2
核心代号 Sandy Bridge DT
生产工艺 32 纳米
插槽/插座 Socket H2 (LGA 1155)
一级数据缓存 32 KB, 8-Way, 64 byte lines
一级代码缓存 32 KB, 8-Way, 64 byte lines
二级缓存 256 KB, 8-Way, 64 byte lines (速度: 1582 MHz)
三级缓存 3 MB, 12-Way, 64 byte lines
特征 MMX, SSE, SSE2, SSE3, SSSE3, SSE4.1, SSE4.2, EM64T, EIST

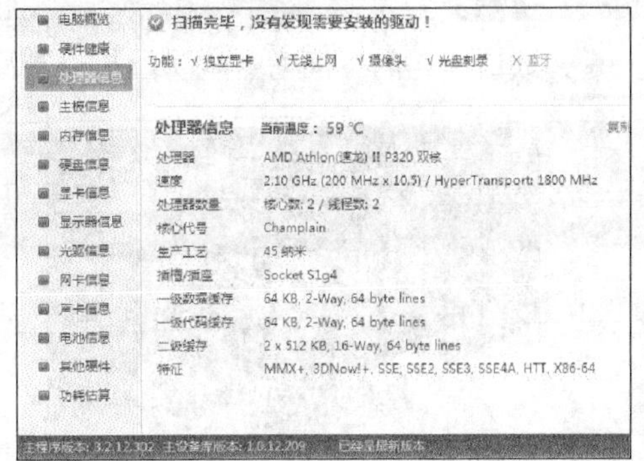

图2-20 软件测试CPU的结果

任务三 认识和选购内存

内存（Memory）又被称为主存或内存储器，其功能是用于暂时存放CPU的运算数据以及与硬盘等外部存储器交换的数据，内存的大小是决定计算机运行速度的重要因素之一。

一、 任务目标

本任务将认识内存的结构与类型，了解内存的主要性能参数，并学习选购内存的方法。通过本任务的学习，可以全面了解内存，并学会如何选购内存。

二、相关知识

下面将分别介绍内存的结构、类型、性能参数、选购注意事项的相关知识。

（一）内存简介

认识内存需要首先了解内存的外观结构和主要类型。

1. 结构

内存主要由内存芯片、电路板、金手指等部分组成，下面的结构图主要是DDR3内存。

- **内存芯片**：用来临时存储数据，是内存上最重要的部件，如图2-21所示。
- **金手指**：是内存与主板进行连接的“桥梁”，如图2-22所示。

图2-21 内存芯片

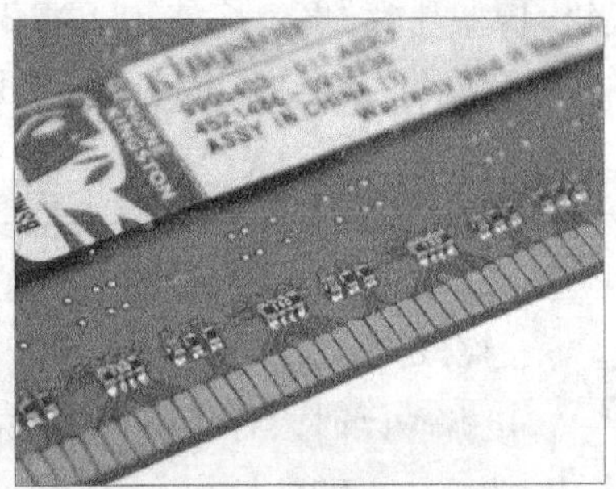

图2-22 内存的金手指

- **卡槽**：与主板上内存插槽上的塑料夹角配合，将内存固定在内存插槽中，如图2-23所示。
- **缺口**：与内存插槽中的防凸起设计配对，防止内存插反，如图2-24所示。

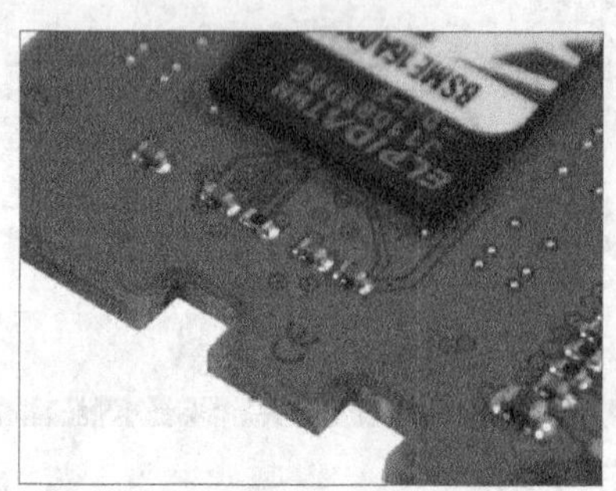

图2-23　内存卡槽

图2-24　内存缺口

2. 类型

内存可按工作原理、工作性能、封装方式进行分类，通常是按工作性能分类。主要有FPM RAM，EDO RAM，SDRAM、DDR SDRAM、DDR2、DDR3、DDR4等几种，现在市面上主要使用的是DDR3类型的内存。

- **FPM RAM（Fast Page Mode ，快页模式）内存**：该内存平均每3个时钟周期才传送一次数据，速度非常慢，是最早的内存类型。
- **EDO RAM（ Extended Data Out，扩展数据输出）内存**：该内存平均每两个时钟周期传送一次数据，可以说是第二代内存。
- **SDRAM（Synchronous Dynamic RAM，同步动态随机存储器）内存**：该内存采用一种双存储体结构，工作频率达到了CPU的外频，应用于PentiumⅡ/Ⅲ时代的计算机。
- **DDR SDRAM（Double Data Rate SDRAM，双倍速率同步动态随机存储器）内存**：该内存在每个时钟周期传送两次数据，主要应用于Pentium 4时代的计算机。
- **DDR2内存**：该内存能够在100MHz 的发信频率基础上提供每插脚最少400MB/s 的带宽，而且其接口将运行于1.8V 电压上，2011年以前的计算机主要使用的就是这种内存，如图2-25所示。
- **DDR3内存**：相比起DDR2的工作电压要求更低，且性能更好更为省电；从DDR2的4bit预读升级为8bit预读，DDR3目前最高能够达到2000MHz的速度，最差的DDR3内存速度也能达到1066MHz，如图2-26所示。

知识补充

从工作原理上说，内存一般采用半导体存储单元，包括随机存储器（RAM）、只读存储器（ROM）和高速缓存（CACHE）。平常所说的内存通常是指随机存储器，它既可以从中读取数据，也可以写入数据，当计算机电源关闭时，存于其中的数据会丢失；只读存储器的信息只能读出，一般不能写入，即使停电，这些数据也不会丢失，如BIOS ROM；高速缓存在计算机中通常指CPU的缓存。

图2-25 DDR2内存

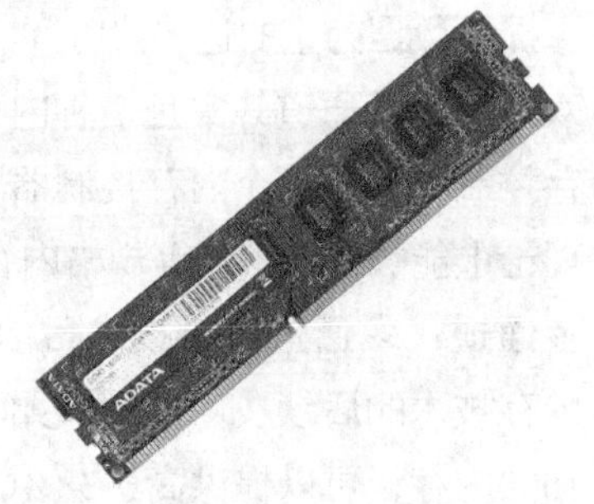

图2-26 DDR3内存

- **DDR4内存**：根据规划，DDR4内存的运行频率将提升至2133~4266MHz，电压则降至1.2V、1.1V，生产工艺采用30nm级别，计算机使用的DDR4内存2014年上市。

（二）主要性能参数

选购内存时，不仅要选择主流类型的内存，还要更深入地了解内存的各种性能指标，因为内存的性能指标是反映其性能的重要参数。下面将介绍内存的一些主要性能指标。

1. 基本参数

内存的基本参数主要指内存的类型、容量和工作频率。

- **类型**：内存的类型主要指按照工作性能进行分类，目前主流的内存是DDR3。
- **容量**：容量是选购内存时优先考虑的性能指标，因为它代表了内存存储数据的多少，通常以GB为单位。单根内存容量越大越好。目前市面上主流的内存容量多为512MB~8GB，以及各种容量的多根套装，如图2-27所示。

图2-27 各种内存套装

- **工作频率**：工作频率代表了内存所能稳定运行的最大频率，内存的工作频率越高，运行的速度也就越快。目前主流的内存工作频率从667MHz到2400MHz不等。

2. 技术参数

内存的技术参数主要包括以下几个方面。

- **电压**：内存电压是指内存正常工作所需要的电压值，不同类型的内存电压不同，而DDR2内存的工作电压一般在1.8V左右；DDR3内存的工作电压一般在1.55~1.75V左右；DDR4内存的工作电压一般在1.1~1.2V左右。
- **CL设置**：CL（CAS Latency，列地址控制器延迟）是指从读命令有效开始，到输出端可提供数据为止的这一段时间。在同等工作频率下，CL设置低的更具有速度优势。

- **双通道**：双通道其实是一种内存控制和管理技术，通常是在北桥芯片里设计两个内存控制器，这两个内存控制器可相互独立工作，每个控制器控制一个内存通道，在理论上能够使两条同等规格内存所提供的带宽增长一倍。
- **多通道**：多通道内存技术目前包括三通道、四通道、六通道，可以看作是双通道内存技术的后续技术发展。如酷睿i7 CPU的三通道内存技术，最高可以支持DDR3 1600内存，可以提供高达38.4GB/s的高带宽，和目前主流双通道内存20GB/s的带宽相比，性能提升几乎可以达到翻倍的效果。

（三）选购注意事项

在选购内存时，除了需要考虑该内存的性能指标外，还需要从其他硬件的支持和辨别真伪等方面来综合进行考虑。

1. 其他硬件支持

内存的类型很多，不同类型的主板支持不同类型的内存，因此在选购内存时需要考虑主板支持哪种类型的内存。另外，CPU的支持对内存也很重要，如在组建双通道内存时，一定要选购支持双通道技术的主板和CPU。

2. 识别真伪

用户在选购内存时，需要结合各种方法进行真伪辨别，避免购买到“水货”或者“返修货”，以保障用户的权益。

- **售后**：许多名牌内存都为用户提供一年包换三年保修的售后服务，有的甚至会提供终生包换的承诺。
- **价格**：在购买内存时，价格也是非常重要的，一定要货比三家，并选择价格较便宜的，但价格过于低廉时，就应注意其是否是打磨过的产品。
- **网上验证**：有的内存可以到其官方网站验证真伪，如图2-28所示的金士顿内存的验证网页，只需按照上面的提示方法进行验证，即可得知内存真伪。
- **外观判断**：一根好的内存做工很精细，还应该有防静电和防震等功能的外包装保护措施。图2-29所示为正品金士顿内存的一些外部防伪标识。

图2-28 内存的网上验证

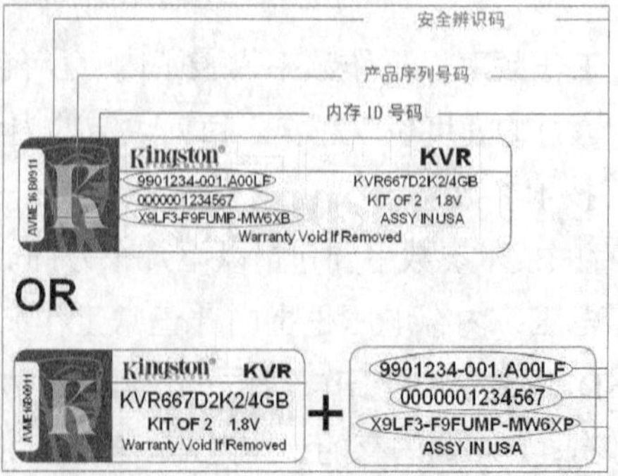

图2-29 内存外观标识

品牌对于内存的选购也很重要，主流的内存品牌有金士顿、宇瞻、现代、三星、金邦科技、金泰克、海盗船、威刚等。

任务四 认识和选购硬盘

硬盘是计算机硬件系统中最重要的数据存储设备，具有存储空间大、数据传输速度较快、安全系数较高等优点，因此计算机运行所必需的操作系统、应用程序、大量的数据等都保存在硬盘中。

一、任务目标

本任务将认识硬盘的外观与结构，了解硬盘的主要性能参数，并学习选购硬盘的方法。通过本任务的学习，可以全面了解硬盘，并学会如何选购硬盘。

二、相关知识

下面就分别介绍硬盘的外观、结构、性能参数和选购注意事项的相关知识。

（一）认识硬盘

硬盘的外形就是一个矩形的盒子，分为内外两个部分。

1. 外观

硬盘的外部结构较简单，其正面一般是一张记录了硬盘的相关信息铭牌，背面则是促使硬盘工作的主控芯片和集成电路，右侧则是硬盘的电源线和数据线接口，如图2-30所示。

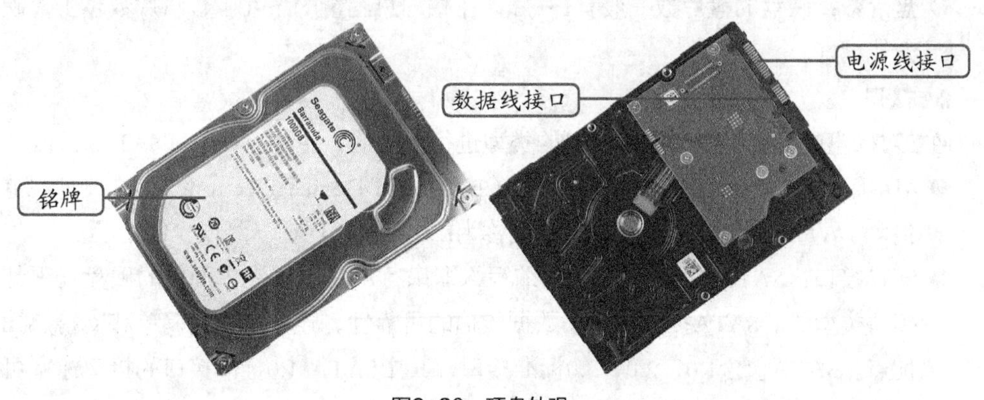

图2-30 硬盘外观

2. 内部结构

硬盘的内部结构比较复杂，主要由主轴电机、盘片、磁头和传动臂等部件组成，如图2-31所示。通常是将磁性物质附着在盘片上，并将盘片安装在主轴电机上，当硬盘开始工作时，主轴电机将带动盘片一起转动，在盘片表面的磁头将在电路和传动臂的控制下进行移动，并将指定位置的数据读取出来，或将数据存储到指定的位置。

图2-31 硬盘内部结构

知识补充

硬盘盘片的上下两面各有一个磁头，磁头与盘片有极其微小的间距。如果磁头碰到了高速旋转的盘片，会破坏其中存储的数据，磁头也会损坏。

（二）主要性能参数

了解硬盘的各种性能指标，才能对硬盘有较深刻的认识，从而选购到满意的硬盘。

1. 容量

硬盘容量是选购硬盘的主要性能指标之一，包括总容量、单碟容量、盘片数3项参数。

- **总容量**：用于表示硬盘能够存储多少数据的一项重要指标，通常以GB为单位，目前主流的硬盘容量从80GB到4TB（1TB=1024GB）不等。
- **单碟容量**：指每张硬盘盘片的容量，硬盘的盘片数是有限的，单碟容量可以提升硬盘的数据传输速度，它才是硬盘容量最重要的参数，目前最大单碟容量为1000GB。
- **盘片数**：硬盘的盘片数一般有1~4片，在相同总容量的条件下，盘片数越少，硬盘的性能越好。

2. 接口

通常对硬盘的分类也是按照其接口的类型进行分类的，主要有ATA和SATA两种。

- **ATA接口**：ATA其实是一个关于IDE（Integrated Device Electronics）的技术规范族，包含了ATA1~ATA7多个标准，也被称为IDE接口，现在已经很少使用了。
- **SATA接口**：SATA是Serial ATA的缩写，即串行ATA，现在市面上的硬盘几乎都是该接口类型的。SATA接口提高了数据传输的可靠性，还具有结构简单和支持热插拔的优点。SATA包含1.0、2.0、3.0标准接口，其中SATA 1.0标准接口的接口速率可达到150MB/s，SATA 2.0标准接口的接口速率可达到300MB/s ，SATA 3.0标准接口的接口速率可达到600MB/s。图2-32所示为硬盘的SATA接口。

知识补充

eSATA接口是SATA接口的一种，通过它可以在计算机外部连接SATA硬盘。eSATA接口类似于USB接口，速率最高可达到384MB/s，远远高于USB接口。图2-33所示为eSATA和SATA两种接口的对比。

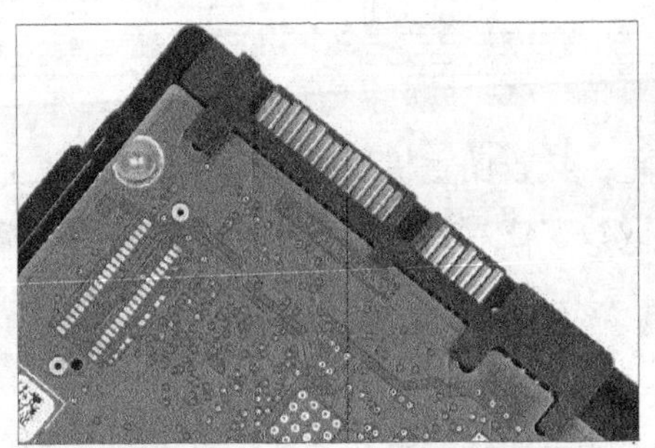

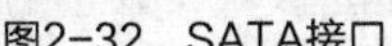
图2-32 SATA接口

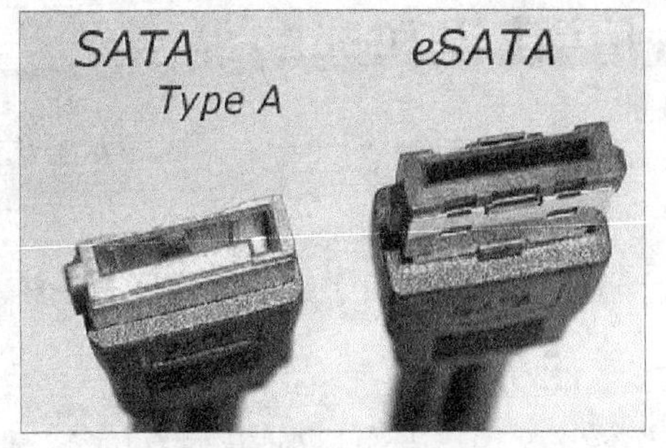

图2-33 两种不同的接口

3. 传输速率

传输速率也是衡量硬盘性能的重要指标之一，包括缓存和转速两个参数。

- **缓存**：缓存的大小与速度是直接关系到硬盘的传输速度的重要因素，当硬盘存取零碎数据时需要不断地在硬盘与内存之间进行交换数据，如果缓存较大，则可以将那些零碎数据暂存在缓存中，减小外系统的负荷，也提高了数据的传输速度。目前主流硬盘的缓存有8MB、16MB、32MB、64MB 4种。
- **转速**：它是硬盘内电机主轴的旋转速度，也就是硬盘盘片在一分钟内所能完成的最大转数。转速的快慢是衡量硬盘档次和决定硬盘内部传输率的关键因素之一。硬盘的转速越快，硬盘寻找文件的速度也就越快，相对的硬盘的传输速度也就得到了提高。硬盘转速以转/分钟来表示，单位为r/min，数值越大越好。目前主流硬盘转速有5400r/min、5900r/min、7200r/min、10000r/min4种。

4. 其他参数

还有一些参数也是选购硬盘时需要注意的。

- **连续无故障时间**：是指硬盘从开始运行到出现故障的最长时间，单位为小时（h），一般硬盘的连续无故障时间至少在3万或4万小时，性能好的硬盘甚至达到了5万小时以上。这项指标通常需要上网到具体生产该款硬盘的公司网址中进行查询。
- **平均寻道时间**：是指硬盘在接收到系统指令后，磁头从开始移动到移动至数据所在的磁道所花费时间的平均值，在一定程度上体现硬盘读取数据的能力，是影响硬盘内部数据传输率的重要参数，单位为毫秒（ms）。平均寻道时间越低，则产品越好，现今主流的硬盘产品平均寻道时间都在9ms左右。

（三）选购注意事项

选购硬盘时，除了硬盘的各项性能指标外，还需要了解硬盘是否符合用户的需求，如硬盘的性价比、品牌、售后服务等。

- **性价比**：硬盘的性价比可以通过计算每款产品的“每GB的价格”得出衡量值，计算方法为：用产品市场价格除以产品容量得出“每GB的价格”，值越低性价比越高。
- **主流品牌**：常见的硬盘主流品牌有希捷、西部数据、日立、三星、东芝。
- **售后**：硬盘中保存的都是相当重要数据，因此硬盘的售后服务也就显得特别重要。目前硬盘的质保期多在2~3年，有些甚至长达5年。

任务五 认识和选购显卡

显卡一般是一块独立的电路板，插在主板上，接收由主机发出的控制显示系统工作的指令和显示内容的数字信号，然后通过输出模拟或数字信号控制显示器显示各种字符和图形，它和显示器构成了计算机系统的图像显示系统。

一、 任务目标

本任务将认识显卡的外观与结构，了解显卡的主要性能参数，并学习选购显卡的方法。通过本任务的学习，可以全面了解显卡，并学会如何选购显卡。

二、相关知识

下面将分别介绍显卡的外观、结构、性能参数和选购注意事项的相关知识。

（一）认识显卡

显卡主要由显示芯片（GPU）、显存、显示输出接口、显卡BIOS等几部分组成，如图2-34所示，其主要功能如下。

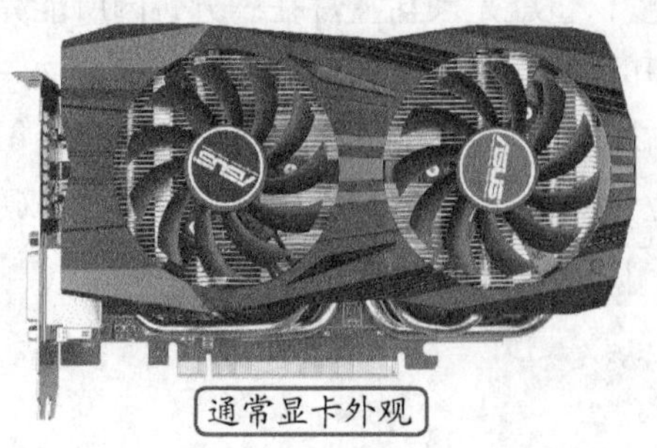

拆卸了散热器后的显卡

图2-34 显卡外观

- **显示芯片**：是显卡上最重要的部分，其主要作用是处理软件指令，让显卡能完成某些特定的绘图功能，它的性能直接决定了显卡的好坏，如图2-35所示。由于显示芯片发热量巨大，因此往往在其上面都会覆盖散热器进行散热。
- **显存**：是显卡中用来临时存储显示数据的部件，其容量与存取速度对显卡的整体性能有着举足轻重的影响，而且还将直接影响显示的分辨率和色彩位数，其容量越大，所能显示的分辨率及色彩位数就越高，如图2-36所示。

图2-35 显示芯片

图2-36 显存

- **金手指**：它的功能是连接显卡和主板的通道，不同结构的金手指代表不同的主板接口，目前主流的显卡金手指是PCI-Express接口类型，如图2-37所示。
- **DVI（Digital Visual Interface）接口**：即数字视频接口，它可将显卡中的数字信号直接传输到LCD显示器，从而使显示出来的图像更加真实自然，如图2-38所示。

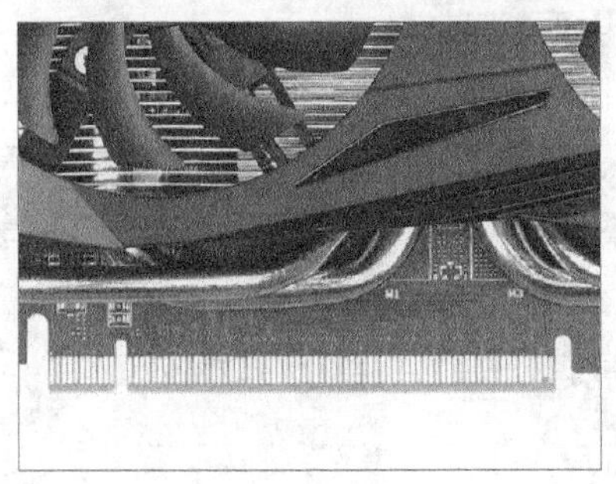

图2-37 金手指

图2-38 DVI接口

- **HDMI（High Definition Multimedia）接口**：称为高清晰度多媒体接口，它可以提供高达5Gbit/s的数据传输带宽，并传送无压缩音频信号及高分辨率视频信号，如图2-39所示。
- **DisplayPort接口**：DisplayPort也是一种高清数字显示接口标准，可以连接计算机和显示器，也可以连接计算机和家庭影院，它可提供的数据传输带宽高达10.8Gbit/s，而且它是免费使用的，不像HDMI那样需要高额授权费，如图2-40所示。

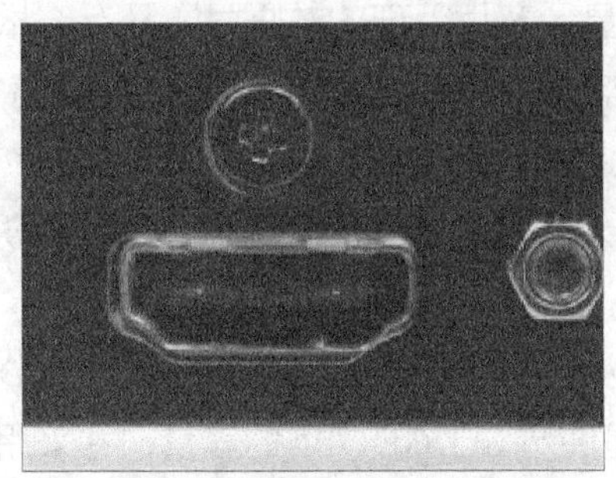

图2-39 HDMI接口

图2-40 DisplayPort接口

知识补充

在过去还有一种外形为15针D型结构的接口——VGA接口，一般与CRT显示器直接相连，也可与带有VGA接口的LCD（液晶）显示器相连，用于向显示器输出模拟信号，如图2-41所示，现在已经很少使用了。

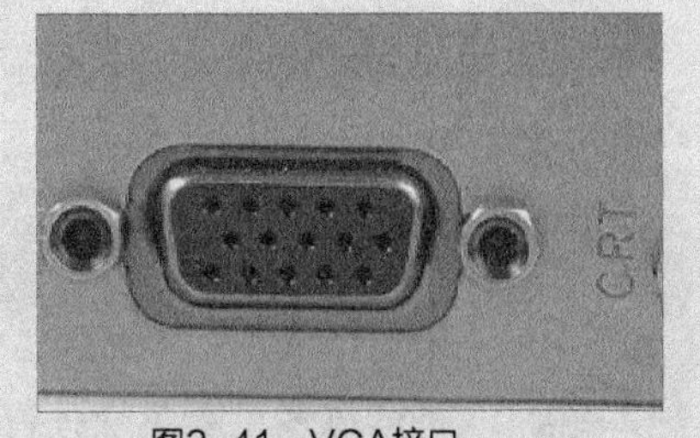

图2-41 VGA接口

（二）主要性能参数

显卡的性能主要由显存和显示芯片的性能决定，主要包括以下一些性能指标。

1. 显卡核心

显卡核心主要包括芯片厂商、芯片型号、制造工艺、核心频率4种参数。

- **制造工艺**：显示芯片的制造工艺与CPU一样，也是用纳米来衡量其加工精度的。制造工艺的提高，意味着显示芯片的体积将更小，集成度更高，性能更加强大，功耗也会降低，现在主流芯片制造工艺达到了40nm。
- **核心频率**：它是指显示核心的工作频率，在同样级别的芯片中，核心频率高的则性能要强一些，而显卡的性能是由核心频率、显存、像素管线、像素填充率等多方面的情况所决定的，因此在芯片不同的情况下，核心频率高并不代表此显卡性能强。
- **芯片厂商**：显示芯片主要有NVIDIA和AMD两个主要厂商。
- **芯片型号**：不同的芯片型号，其适用的范围是不同的，如图2-42所示。

图2-42 显卡芯片型号

2. 显存规格

显存规格主要包括显存的频率、类型、容量、位宽、速度等参数。

- **显存频率**：它是指默认情况下，该显存在显卡上工作时的频率，以MHz（兆赫兹）为单位。显存频率一定程度上反映了该显存的速度，其随着显存的类型和性能的不同而不同，同样类型下，频率越高性能越强。
- **显存容量**：从理论上讲，显存容量决定了显示芯片处理的数据量，显存容量越大，显卡性能就越好，目前市场上显卡的显存容量从512MB到6GB不等。
- **显存速度**：是显存时钟脉冲的重复周期的速度，显存速度越快，单位时间交换的数据量也就越大，在同等情况下显卡性能将会得到明显提升。显存的时钟周期一般以ns（纳秒）为单位，主流显卡的显存速度达到了0.5ns、0.4ns、0.3ns。
- **显存类型**：现在的主流显存都是GDDR，从过去的GDDR1一直到现在的GDDR5，GDDR5的功耗低，且性能更高，也可以提供两倍于GDDR4的容量，并采用了新的频率架构，拥有更佳的容错性能。
- **显存位宽**：通常情况下把显存位宽理解为数据进出通道的大小，在运行频率和显存容量相同的情况下，显存位宽越大，数据的传输量就越大，显卡的性能也就越好。目前市场上显卡的显存位宽有64bit到768 bit不等。

知识补充

双卡SLI（Scalable Link Interface，交错互连）技术是一种依靠多显示芯片并行运作而获得翻倍性能提升的技术，前提是主板必须支持双卡SLI技术，如图2-43所示。

图2-43 双卡SLI

知识补充

显卡的混合交火指利用主板的集成显卡和独立显卡混合使用，从而提升性能，混合交火最高可以提高性能到50%左右。无论是NVIDIA还是AMD，都可用自己最新的集成显卡和独立显卡进行混合并行使用，出于某些原因，一些集成显卡主板只能和固定的显卡进行混合使用。同时，AMD部分产品支持不同型号显卡之间进行交火。

3. 散热方式

由于显卡核心工作频率与显存工作频率的不断提升，显卡芯片的发热量也在迅速提升，为此，显卡都会采用必要的散热方式，所以优秀的散热方式是选购显卡的重要指标之一。

- **被动式散热**：一般一些工作频率较低的显卡采用的都是被动式散热，这种散热方式就是在显示芯片上安装一个散热片，不仅可以降低成本，还能减少使用中的噪声。
- **主动式散热**：这种方式是在散热片上安装了散热风扇，也是显卡的主要散热方式。
- **水冷式散热**：这种散热方式集成了前两种方式的优点，散热效果好，且没有噪声，但需要占用较大的机箱空间，成本较高。图2-44所示为主动式和水冷式两种散热方式的显卡。

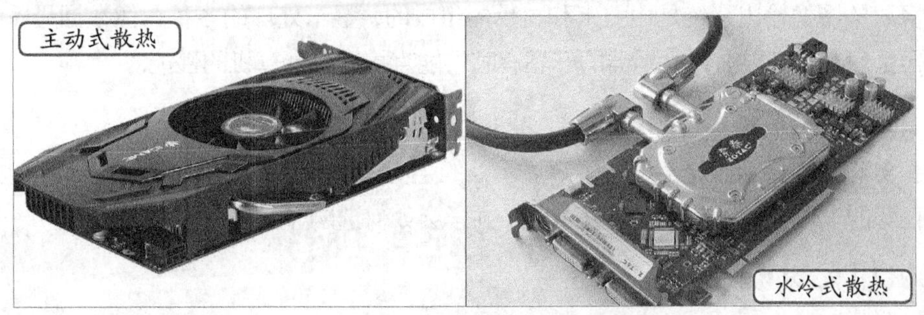

图2-44　主动式和水冷式散热的显卡

4. 物理特性

显卡的物理特性主要包括3D API和SP单元两个参数。

- **3D API**：它是指显卡与应用程序的直接接口，目前主要有DirectX和OpenGL两种。DirectX目前已经成为游戏的主流，绝大部分主流游戏均基于DirectX开发。
- **SP单元**：它是全新的全能渲染单元，是新一代的显卡渲染技术指标，同一品牌的显卡中，SP单元个数越多则处理能力越强。

知识补充

显卡的分辨率和支持接口的类型也是选购显卡时可以考虑的性能指标，分辨率越高越好，支持的接口越先进越好。

（三）选购注意事项

选购显卡一定要注意以下几个方面的问题。

- **选料**：如果显卡的选料上乘，做工优良，那么这块显卡的性能也就较好，但价格相对较高；如果一款显卡价格低于同档次其他显卡很多，那么这块显卡在做工上可能稍次。

- **做工**：一款性能优良的显卡，其PCB板、线路、各种元件的分布是比较规范的，建议尽量选择使用4层以上PCB板层数的显卡。
- **布线**：为使显卡能够正常工作，显卡内通常密布着许多电子线路，用户可以直观地看到这些线路。通常正规厂家的显卡布局清晰和整齐，各个线路间都保持了比较固定的距离，各种元件也非常齐全，而低端显卡上常会出现空白的区域。
- **包装**：一块通过正规渠道进货的新显卡，包装盒上的封条一般是完整的，而且显卡上有中文的产品标记和生产厂商的名称、产品的型号、规格等信息。
- **品牌**：大品牌的显卡做工精良，售后服务也好，定位于低中高不同市场的产品也多，方便用户的选购。市场上最受用户关注的主流显卡品牌包括七彩虹、影驰、XFX讯景、华硕、蓝宝、微星等。

任务六　认识和选购显示器

计算机的图像输出系统是由显卡和显示器组成的，显卡处理的各种图像数据最后都是通过显示器呈现在我们眼前，显示器的好坏有时候能直接反映计算机的性能。

一、任务目标

本任务将认识显示器的类型，了解显示器的主要性能参数，并学习选购显示器的方法。通过本任务的学习，可以全面了解显示器，并学会如何选购显示器。

二、相关知识

下面将分别介绍显示器的类型、性能参数和选购注意事项的相关知识。

（一）认识显示器

显示器是计算机输出数据的主要设备，它是一种电光转换工具，按照工作原理显示器分为CRT（Cathode Ray Tube，阴极射线管）、LCD（Liquid Crystal Display，液晶显示器）、PDP（Plasma Display Panel，等离子显示器）3种类型。

- **CRT**：CRT显示器是过去的主流类型，其图像色彩鲜艳，画面逼真，没有延时感，但其具有较强的电磁辐射，长时间使用很容易损害人的眼睛。
- **LCD**：LCD显示器就是常说的液晶显示器，具有没有辐射危害、屏幕不闪烁、工作电压低、功耗小、重量轻和体积小等优点，但画面颜色逼真度不及CRT显示器。
- **LED**：LED通常认为是LCD显示器的一种类型，它在亮度、功耗、可视角度和刷新速率等方面更具优势。与LCD的功耗比大约为1:10，而且更高的刷新速率使得LED在视频方面有更好的性能表现，能提供宽达160° 的视角，在强光下也可以照看不误，并且适应零下40° C的低温，现在市面上的LCD显示器背光类型几乎都是LED。图2-45所示为LED显示器外观和各种接口及按钮。

知识补充

LED和LCD根本上是两种不同的显示技术，LCD是由液态晶体组成的显示屏，而LED则是由发光二极管组成的显示屏；LCD的背光类型为CCDL，LED的背光类型为LED。LED在亮度、功耗、可视角度、刷新速率等方面都更具优势，其分辨率一般比较低，价格比较昂贵。

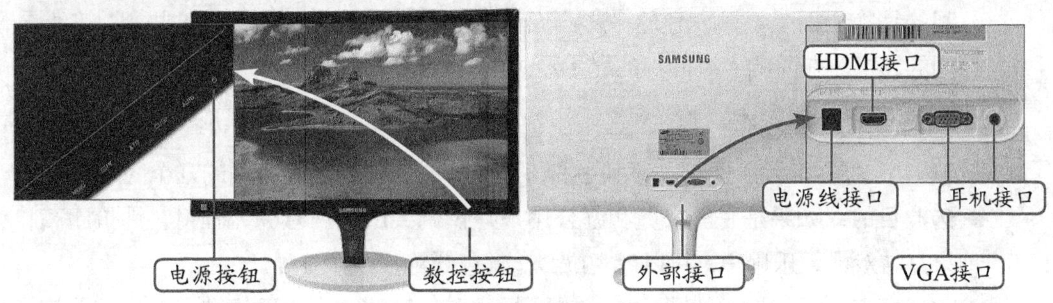

图2-45 LED显示器

- **PDP**：PDP可能是未来的主流显示器类型，特点是厚度薄、分辨率高、环保无辐射、占用空间少，还可以作为家中的壁挂电视使用，由于其显示尺寸较大，价格比较昂贵，如今在办公和商务展示领域使用较多。

（二）主要性能参数

由于CRT显示器已经很少使用，所以这里主要讲解LCD显示器的性能指标。

- **显示屏尺寸**：包括18.5英寸、19英寸、20英寸、21.5英寸、22英寸、23英寸、23.6英寸、24英寸、26英寸、27英寸以上等类型。
- **面板类型**：目前市面上主要有MVA、PVA、IPS、TN、PLS面板5种类型。其中，PVA面板可视角度可达170°，响应时间被控制在20ms以内，而对比度可超过700:1；MVA比PVA的优势就是黑色更黑，对比度增加了；IPS面板具有可视角度大和颜色细腻等优点，看上去比较通透；TN面板主要应用于入门级和中端级的产品中；PLS的技术比IPS更加先进，颜色表现更好，成本控制更容易。
- **屏幕比例**：指显示器屏幕画面纵向和横向的比例，包括普屏4:3、普屏5:4、宽屏16:9、宽屏16:10、宽屏21:9几种类型。
- **对比度**：对比度越高显示器的显示质量也越好，特别是玩游戏或观看影片，就需要更高对比度的LCD显示器以得到更好的显示效果。
- **响应时间**：指一个亮点转换为暗点的速度，单位为ms，如果要使在多媒体娱乐时感觉不到拖尾现象，则LCD显示器的响应时间应该控制在8ms以下。
- **分辨率**：分辨率当然是越高越好，高清分辨率为1920像素×1080像素，标清为1280像素×720像素。
- **亮度**：亮度越高显示画面的层次就越丰富，显示质量也就越高，单位为cd/m^2（流明），市面上主流的LCD显示器的亮度为300cd/m^2。
- **动态对比度**：动态对比度指的是液晶显示器在某些特定情况下测得的对比度数值，

是为了保证明亮场景的亮度和昏暗场景时足够黑。所以，动态对比度对于那些需要频繁在明亮场景和昏暗场景切换的应用才有较为明显的实际意义，如看电影。

- **可视角度**：它是指站在位于显示器边的某个角度时仍可清晰看见影像时的最大角度，主流LCD显示器的可视角度都在160° 以上。
- **灰阶响应时间**：当玩游戏或看电影时，显示器屏幕内容不可能只是做最黑与最白之间的切换，而是五颜六色的多彩画面，或深浅不同的层次变化，这些都是在做灰阶间的转换。灰阶响应时间短的显示器画面质量更好，尤其在播放运动图像的时候。

（三）选购注意事项

在选购显示器时，除了需要注意其各种性能指标外，还应注意下面的几个问题。

- **选购目的**：如果是一般家庭和办公用户建议购买LCD，环保无辐射，性价比高；如果是游戏或娱乐用户，可以考虑LED，颜色鲜艳，视角清晰。
- **测试坏点**：坏点数是衡量LCD液晶面板质量好坏的一个重要标准，而目前的液晶面板生产线技术还不能做到显示屏完全无坏点。检测坏点时，可将显示屏显示全白或全黑的图像，在全白的图像上出现黑点，或在全黑的图像上出现白点，这些都被称为坏点，通常超过3个坏点就不能选购了。
- **主流品牌**：常见的显示器主流品牌有三星、AOC（冠捷）、长城、飞利浦等。

知识补充

在选购显示器过程中应该买大不买小。在大尺寸产品不断调整售价以适应市场竞争的情况下，尤其是大尺寸的16:9比例产品更具有购买价值，是以后用户选购最值得关注的规格。

任务七 认识和选购机箱及电源

机箱和电源通常都是安装在一起出售，但也可根据用户需要单独购买，所以在选购时需要问清楚两者是否是捆绑销售的。

一、 任务目标

本任务将了解和认识机箱的结构、功能、样式、类型和选购注意事项；了解和认识电源的结构、功能、性能参数、安规认证、选购注意事项。通过本任务的学习，可以全面了解机箱和电源，并学会如何进行选购。

二、相关知识

下面将分别介绍选购机箱和电源的相关知识。

（一）认识和选购机箱

机箱的主要作用是放置和固定各计算机硬件，并保护和屏蔽电磁辐射。

1. 机箱的结构

从外观上看机箱一般为矩形框架结构，主要用于为主板、各种输入卡或输出卡、硬盘驱动器、光盘驱动器、电源等部件提供安装支架。图2-46所示为机箱的外观和内部结构图。

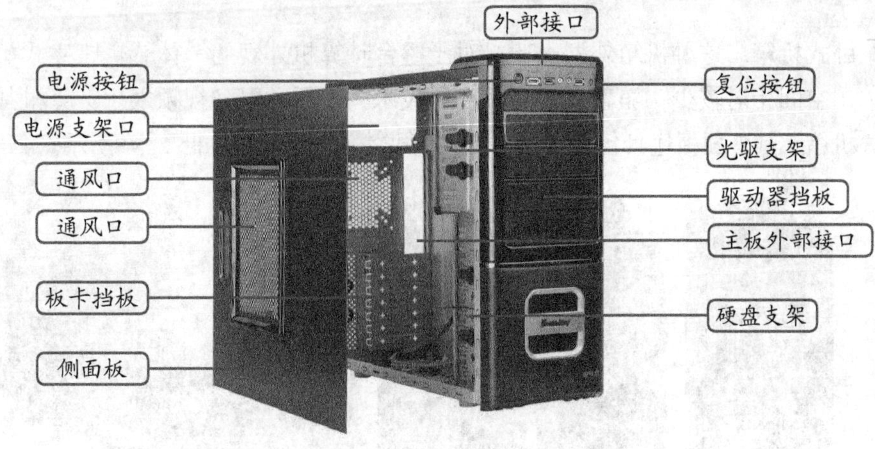

图2-46 机箱的结构

2. 机箱的功能

机箱的主要功能就是向计算机的核心部件提供保护，具体功能主要有以下几个方面。

- 机箱为CPU、主板、各种板卡和存储设备及电源提供了放置空间，并通过其内部的支架和螺丝将这些部件固定，形成一个集装型的整体，起到了保护罩的作用。
- 机箱面板上有许多指示灯，可使用户更方便地观察系统的运行情况。
- 机箱坚实的外壳不但能保护其中的设备，包括防压、防冲击、防尘等，还能起到防电磁干扰和防辐射的作用。
- 机箱面板上的开机和重新启动按钮可使用户方便地控制计算机的启动和关闭。

3. 机箱的性能

机箱的性能主要包括以下几项。

- **坚固性**：坚固是机箱最基本的性能指标，只有坚固耐用的机箱在使用中才不会变形，还可保护安装在机箱内的计算机硬件避免因受到挤压或碰撞而产生形变。影响坚固性的重要因素是机箱的材质，好的机箱会采用全钢机身。
- **散热性**：安装在机箱内的部件在工作时会产生大量的热量，如果散热性不好则可能导致这些部件温度过高引起的快速老化，甚至损坏。
- **屏蔽性**：很多硬件工作时会产生电磁辐射，对人体健康形成一定的威胁。具有良好屏蔽性的机箱不仅将电磁辐射降到最低，还可阻挡外界辐射对计算机部件的干扰。
- **扩展性**：很多用户可能需要安装两个或两个以上的驱动器，或安装多个扩展卡，这时就需要机箱具有良好的扩展性。

4. 机箱的样式

现在机箱的样式主要有立式和卧式两种。

- **立式机箱**：现在主流计算机的机箱外形大部分都是立式的，立式机箱的电源在上方，其散热性比卧式机箱好，立式机箱没有高度限制，理论上可以安装更多的驱动器或硬盘，并使计算机内部设备安装位置的分布更科学，散热性更好，如图2-47所示。

- **卧式机箱**：这种机箱外型小巧，对于整台计算机外观的一体感也比立式机箱强，占用空间相对较少，随着高清视频播放技术的发展，很多视频娱乐计算机都采用这种机箱，其外面板还具备视频播放能力，非常时尚美观，如图2-48所示。

图2-47　立式机箱　　图2-48　卧式机箱

5. 机箱的类型

不同结构类型的机箱中需要安装对应结构类型的主板，机箱的结构类型如下。

- **ATX**：在ATX的结构中，主板安装在机箱的左上方，并且横向放置，而电源安装在机箱的右上方，前方的位置安装存储设备，并且在后方预留了各种外部端口的位置，这样机箱内的空间就更加宽敞简洁，有利于散热，如图2-49所示。
- **Micro ATX**：也称Mini ATX结构，是ATX结构的简化版。其主板尺寸和电源结构更小，生产成本也相对下降，Micro ATX支持最多到4个扩充槽，这些扩充槽可以是PCI或PCI-Express等各种规格的组合，视主板制造厂商而定，如图2-50所示。

图2-49　ATX机箱

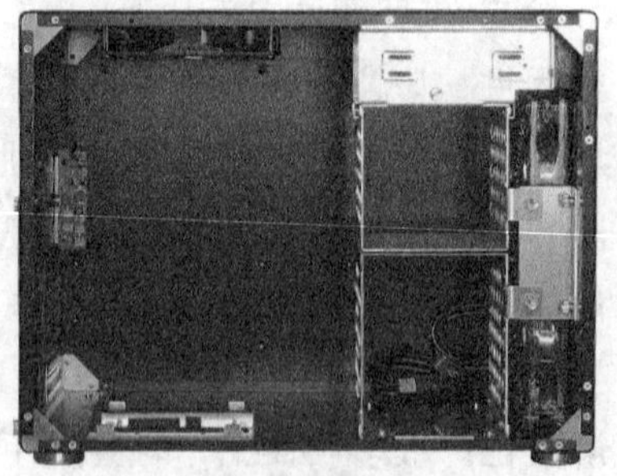

图2-50　Micro ATX机箱

知识补充

Micro ATX机箱体积较小，扩展性有限，只适合对计算机性能要求不高的用户；而ATX机箱无论在散热方面，还是性能扩展方面都比Micro ATX机箱强得多，ATX目前仍是市场的主流。

- **Mini ITX**：Mini ITX是计算机微型化的解决方案，这种结构的计算机机箱大小只相当于两块显卡。当然，这种机箱必须与Mini ITX主板配合使用。HTPC多使用的就是这种机箱，如图2-51所示。

HTPC（Home Theater Personal Computer，家庭影院计算机）是以计算机担当信号源和控制的家庭影院，也就是一部预装了各种多媒体解码播放软件，可用来对应播放各种影音媒体，并具有各种接口，可与多种显示设备如电视机、投影机等音视频数字设备连接使用的个人计算机。

- E-ATX：E-ATX是Extended ATX的缩写，主要用于Rackmount服务器系统。它通常用于双处理器和标准 ATX 主板上无法胜任的服务器上，如图2-52所示。

图2-51 Mini ITX机箱

图2-52 E-ATX机箱

6. 选购机箱的注意事项

在选购机箱时，除了必须要具有以上所提到的良好性能指标外，还需要考虑机箱的做工、用料和其他附加的功能。

- **做工和用料**：做工方面首先要查看机箱的边缘是否垂直，这是合格机箱最基本的标准，然后查看机箱的边缘是否采用卷边设计并已经去除毛刺。好的机箱插槽定位准确，箱内还有撑杠，防止侧面板下沉，另外在侧面板的接缝处应有如图2-53所示的防辐射金属卡。用料方面，好的机箱采用的是镀锌钢板，钢板厚度至少应为0.6mm，优质机箱的钢板厚度为0.8mm。机箱的重量在某种程度上决定了其可靠性和屏蔽电磁辐射的能力，通过机箱重量可以简单辨别是否有偷工减料的现象。
- **附加功能**：为了方便用户使用耳机和U盘等设备，许多机箱都在正面的面板上设置了音频插孔和USB接口。有的机箱还在面板上添加了液晶显示屏，实时显示机箱内部的温度。如今机箱的附加功能已经越来越多，在挑选时应记住"不买贵的，只选对的"，用最少的钱买最好的产品，如图2-54所示。

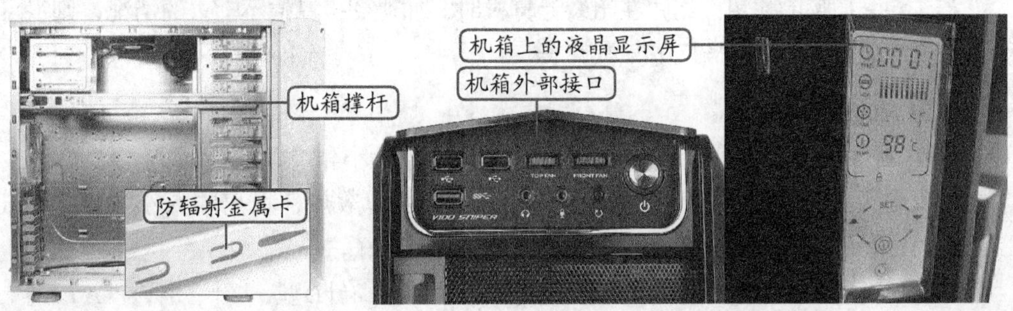

图2-53 优质机箱的做工和用料

图2-54 机箱的外部接口和外接面板

● **主流品牌**：主流的机箱品牌有多彩、超频三、金河田、鑫谷、航嘉、先马等。

（二）认识和选购电源

电源（Power）是为计算机提供动力的部件，它通常与机箱一同出售，但也可根据用户的需要单独购买。

1. 电源的结构

电源是计算机的心脏，它为计算机工作提供动力，电源的优劣不仅直接影响着计算机的工作稳定程度，还与计算机使用寿命息息相关。图2-55所示为电源的外观结构图。

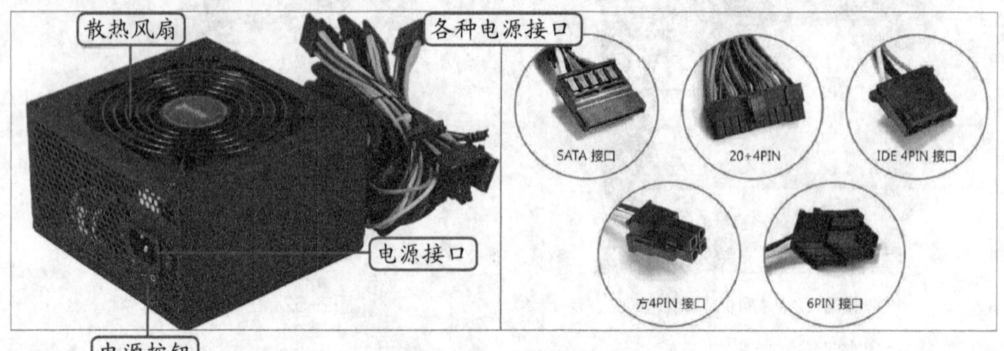

图2-55　电源外观

● **电源接口**：电源接口供计算机电源专用的电源线连接。但需要注意的是，电源线所插入的交流插线板，其接地插孔必须是已经接地的，否则计算机中的静电将不能有效释放，这可能会导致计算机硬件被静电烧坏。

● **SATA电源接口**：SATA电源接口是为硬盘提供电能供应的通道。它比IDE电源插头要窄一些，但安装起来更加方便。

● **24针主板电源接口**：该接口是提供主板工作时所需的电能的通道。在早期，主电源接口是一个20针的接口，为了满足PCI-E 16X和DDR2内存等设备的电能消耗，目前主流的电源主电源接口都在原来的20针接口的基础上增加了一个4针的接口。

● **辅助电源接口**：辅助电源接口是为CPU提供电能供应的通道，它是一个4针、6针、8针的接口。在组装计算机时，只有连接上该接口，计算机的CPU才能正常工作。

知识补充

电源的接口种类虽然很多，但它们的形状都是经过特殊设计的，都具有防插反的作用。用户在组装计算机时，如遇到接口插不上去的情况，则很可能是因为接口插反了。

2. 电源的基本参数

影响电源性能指标的基本参数包括额定功率、风扇大小和接口。

● **风扇大小**：目前电源中的散热方式主要是风扇散热，风扇的大小主要有8cm、12cm、14cm 3种，风扇越大，相对的散热效果越好。

● **接口类型**：目前电源上的接口类型有24针、4针、4针D型、6针、8针、SATA等，分别针对不同的硬件电源接口。

- **额定功率**：指支持计算机正常工作时的功率，通常指电源的输出功率，单位为W（瓦）。目前市面上电源的常功率从250W到400W不等，由于计算机的配件较多，需要300W以上的电源才能满足需要，且计算机最大额定功率已达到800W以上。

3. 电源的性能参数

影响电源性能指标的性能参数包含80PLUS和PFC。

- **80PLUS**：80PLUS是民间出资，为未来环境改善与节省能源而建立的一项严格标准，通过80PLUS认证的产品，出厂后会带有80PLUS的认证标识。其认证按照20%、50%、100% 3种负载下的产品效率划分等级，分为白牌、铜牌、银牌、金牌、白金5个标准，白金等级最高，效率也就最高。
- **PFC**：PFC（Power Factor Correction，功率因数校正）指的是有效功率与总耗电量之间的关系，也就是有效功率除以总耗电量的比值。基本上功率因素可以衡量电力被有效利用的程度，当功率因素值越大，代表其电力利用率越高。目前的PFC被动式（也称无源式）和主动式（也称有源式）两种，主流电源产品多用主动式PFC。

4. 电源的保护功能

保护功能也是影响电源性能的重要指标之一，包含以下几项。

- **过压保护**：当输出电压超过额定值时，电源会自动关闭从而停止输出，防止损坏甚至烧毁计算机部件。
- **过载或过流保护**：防止因输出的电流超过原设计的额定值而造成的电源损坏。
- **过温度保护**：防止电源温度过高而导致的电源损坏。
- **短路保护**：指的是某些器件可以监测工作电路中的异常情况，发生异常时，切断电路并发出报警，从而防止危害进一步扩大。
- **防雷击保护**：这种功能是针对雷击电源损害而设计的。

5. 电源的安规认证

电源的安规认证是指由权威机构颁发的能够证明电源性能和安全水平的一种标准，现在电源的安规认证主要有3C、FCC、UL、CSA、CE、CCEE等。

- **CE**：加贴CE认证标志的商品表示其符合安全、卫生、环保、消费者保护等一系列欧洲指令所要表达的要求。图2-56所示为CE认证标志。
- **3C**：3C（China Compulsory Certificate，中国国家强制性产品认证）认证包括原来的CCEE（电工）认证、CEMC（电磁兼容）认证和新增加的CCIB（进出口检疫）认证，它们主要从用电的安全、电磁兼容及电波干扰、稳定方面作出全面的规定标准。图2-57所示为3C认证标志。
- **CSA**：CSA（Canadian Standards Association，加拿大标准协会）是加拿大最大的安全认证机构，也是世界最著名的安全认证机构之一。它能对机械、电器、计算机设备等方面的所有类型的产品提供安全认证。图2-58所示为CSA认证标志。

图2-56　CE认证标志

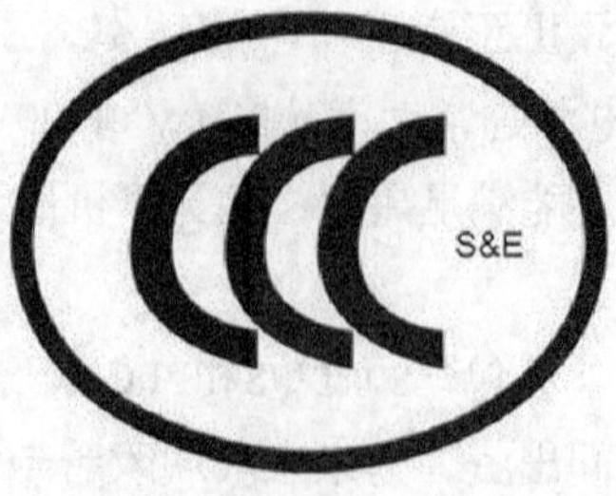

图2-57　3C认证标志

图2-58　CSA认证标志

6. 选购电源的注意事项

选购电源时还需要注意以下两个方面的问题。

- **主流品牌**：市面上主流的机箱品牌有航嘉、长城、超频三、鑫谷、金河田、Tt等。
- **注意做工**：要判断一款电源的做工好坏，可以先从掂重量开始，一般高档电源重量肯定比次等电源重；其次优质电源所使用的电源输出线一般较粗；从电源上的散热孔观察其内部，可以看到有体积和厚度都较大的金属散热片和各种电子元件，优质的电源由于用料较多，所以这些部件排列得较为紧密。

任务八　认识和选购键盘及鼠标

键盘和鼠标是计算机的主要输入设备，虽然现在有触摸式计算机，但对于各种操作和文字输入，还是鼠标和键盘比较方便快捷。

一、 任务目标

本任务将了解和认识鼠标及鼠标的外观、性能参数和选购注意事项。通过本任务的学习，可以全面了解键盘和鼠标，并学会如何进行选购。

二、相关知识

下面就分别介绍选购鼠标和键盘的相关知识。

（一）认识和选购鼠标

鼠标对于计算机的重要性甚至超过了键盘，因为所有的操作都可以通过鼠标进行，即使是文本输入也可以通过鼠标进行，下面就介绍鼠标的相关知识。

1. 鼠标的外观

鼠标是计算机的两大输入设备之一，因其英文名称Mouse（老鼠），所以得名鼠标。通过鼠标可完成单击、双击、选定等一系列操作。图2-59所示为鼠标的外观。

功能键并不是鼠标的标准配置，只有具有特殊用途的鼠标才有功能键，如游戏竞技或影音娱乐专用鼠标。

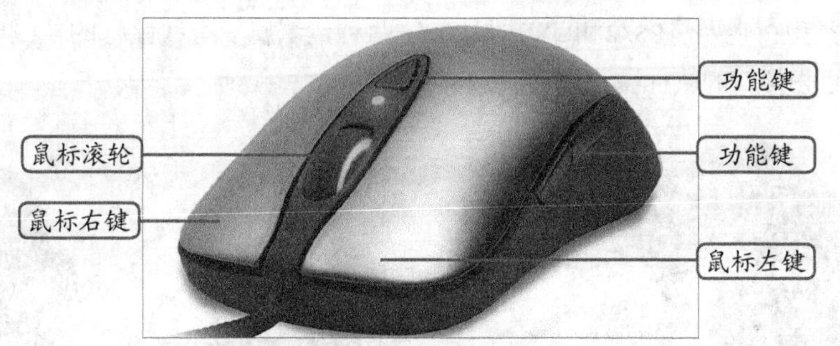

图2-59　鼠标的外观

2. 鼠标的基本参数

影响鼠标性能指标的基本参数包含以下几项。

- **适用类型**：现在的鼠标针对不同类型用户进行设计，除了标准类型外，还有商务舒适、游戏竞技、个性时尚等类型。图2-60所示为带功能键的游戏竞技鼠标。
- **工作方式**：指鼠标的工作原理，有光电（蓝光、蓝针、针光、无孔、蓝影）、轨迹球、4G、激光4种。图2-61所示为激光鼠标。

图2-60　游戏竞技鼠标

图2-61　激光鼠标

知识补充

普通的光电鼠标使用高亮红光二极管做光源。蓝光就是把普通光电鼠标的发光二极管换成蓝色的，因为光电成像元件对红光是最敏感的，对蓝光最不敏感，所以性能不如普通光电鼠标。篮针则是改变了光路的蓝光，其性能只是达到或超过普通光电鼠标的技术性能。蓝影只是一种安装了蓝光二极管照到透明的中间滚轮上的光电鼠标。针光则是使光线集中并垂直于鼠标垫，有更高的光线利用率，用更小的功率就能达到普通鼠标的光线要求，多见于电池供电的无线鼠标。激光则使用激光做鼠标定位的照明光源，该类型鼠标的定位准确性非常高；缺点是成本高，一套成像系统就比普通鼠标的整个还贵。4G就是一个激光鼠标在底部增加了一个距离传感器，增强了鼠标的移动性能。轨迹球则常用在专业领域，如电脑特技制作。

- **连接方式**：现在鼠标的连接方式主要有有线、无线、蓝牙3种。图2-62所示为最常见的无线鼠标。

- **接口类型**：主要有PS/2和USB两种，这两种也都属于有线鼠标的范围内。图2-63所示为USB接口的鼠标。

图2-62　无线鼠标　　图2-63　USB鼠标

3. 鼠标的技术参数

影响鼠标性能指标的技术参数包含最高分辨率、光学扫描率、人体工学、微动开关的使用寿命4个参数。

- **最高分辨率**：鼠标的分辨率cpi（分辨率单位）越高，在一定距离内定位的定位点也越多，能更精确地捕捉到用户的微小移动，有利于精准的定位。目前主流的光电式鼠标的分辨率多是2000cpi左右，最高甚至达到6000cpi以上。
- **微动开关的使用寿命**：微动开关的作用是将用户按动左右按键的操作传输到计算机中，优质鼠标要求每个微动开关的正常寿命都不低于10万次的单击且手感适中，但不能太软或太硬。劣质鼠标按键不灵敏，则会给操作带来诸多不便。
- **光学扫描率**：光学扫描率是针对光电鼠标的，又被称为采样率，是指鼠标的发射口在每一秒钟接收光反射信号并将其转化为数字电信号的次数。光学扫描率是反映鼠标性能高低的决定因素，光学扫描率越高，鼠标的反应速度也就越快。
- **人体工学**：人体工学在本质上就是使工具的使用方式尽量适合人体的自然形态，这样在工作时，身体和精神不需要任何主动适应，从而尽量减少因使用工具造成的疲劳。鼠标的人体工学设计主要是造型设计，分为有对称设计和右手设计两种类型。

4. 选购鼠标的注意事项

在选购鼠标时，首先可以从选择适合自己手感的鼠标入手，然后再考虑鼠标的功能、性能指标和品牌等方面。

- **主流品牌**：现在市面上主流的鼠标品牌有罗技、微软、雷柏、雷蛇等。
- **手感**：鼠标的外形决定了其手感的好坏，用户在购买时应亲自试用之后再做出选择。其中包括鼠标表面的舒适度，按键的位置分布，按键与滚轮的弹性、灵敏度和力度等。对于采用人体工学设计的鼠标，还需测试鼠标外形是否适合自己手型。
- **功能**：现在市面上的许多鼠标提供了比一般鼠标更多的按键，这样用户在手不离开鼠标的情况下可处理更多的事情。对于一般的计算机用户，选择普通的鼠标即可；而对于有特殊需求的用户，如游戏玩家，则可以选择按键较多的多功能鼠标。

（二）认识和选购键盘

键盘对于计算机的作用主要是文本输入和程序编辑，并通过快捷组合键能加快计算机的操作，下面就学习键盘的相关知识。

1. 键盘的外观

键盘是计算机的另一输入设备，主要进行文字输入和快捷操作。虽然现在键盘的很多操作都可由鼠标或手写板等设备完成，但在文字输入方面的方便快捷性决定了键盘仍然占有重要位置并能够满足人们的使用需求，如图2-64所示。

图2-64 键盘的外观

2. 键盘的性能指标

影响键盘的性能指标主要包含以下几项。

- **适用类型**：现在的键盘针对不同类型用户进行了相应设置，除了标准类型外，还有多媒体、笔记本、时尚超薄、游戏竞技、机械、数字小、工业、多功能等类型。图2-65所示为游戏竞技键盘。
- **防水功能**：水很容易进入键盘内部，造成键盘损坏，具有防水功能的键盘，其实用寿命比不防水的更长，如图2-66所示。

图2-65 游戏竞技键盘

图2-66 防水键盘

- **多媒体功能键**：主要出现在多媒体键盘上，它在传统键盘的基础上又增加了不少常用快捷键和音量调节装置。这些多媒体按键使计算机操作进一步简化，对于收发电子邮件、打开浏览器软件、启动多媒体播放器等都只需要按一个特定按键。图2-67所示为带功能键的多媒体键盘。
- **人体工学**：具备人体工学的键盘外观与传统键盘大相径庭，优美的流线设计的运用，不仅美观而且实用性强。整个键盘显著的特点是在水平方向上沿中心线分成了左右两个部分，并且由前向后岐开呈25° 夹角。图2-68所示为人体工学键盘。

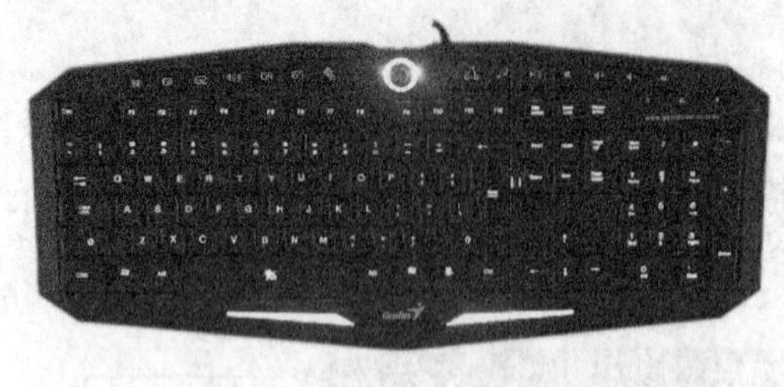

图2-67　带功能键的多媒体键盘

图2-68　人体工学键盘

- **连接方式**：现在键盘的连接方式主要有有线、无线、蓝牙3种。图2-69所示为蓝牙键盘。
- **接口类型**：主要有PS/2和USB两种，这两种也都属于有线键盘的范围内。图2-70所示为USB接口的键盘。

图2-69　蓝牙键盘

图2-70　USB键盘

3. 选购键盘的注意事项

选购键盘时，不仅需要考虑功能、外观、做工等多方面的因素，还因为每个人的手形、手掌大小均不同，所以在实际购买时还应对产品进行试用，从而找到适合自己的产品。

- **主流品牌**：现在主流的键盘品牌有双飞燕、多彩、樱桃、罗技、微软、雷柏等。
- **功能和外观**：虽然键盘上按键的布局基本相同，但各个厂家在设计产品时，一般还会添加一些额外的功能，如多媒体播放按钮、音量调节键等。在外观设计上，优质的键盘布局合理且美观，并引入人体工学设计，从而提升产品使用的舒适度。
- **做工**：从外观上看，优质的键盘面板颜色清爽，字迹显眼，键盘背面有产品信息和合格标签。用手敲击各按键时，弹性适中，回键速度快且无阻碍，声音低，键位晃动幅度小。抚摸键盘表面会有类似于磨砂玻璃的质感，表面和边缘平整，无毛刺。

知识补充

现在市面上有一种键盘和鼠标的套装，其性价比非常高，由于是同一品牌的产品，只需要一个无线信号收发器，就能同时使用键盘和鼠标，非常适合家庭用户使用。

任务九 认识和选购外部设备

通常所说的计算机外部设备是指对计算机的正常工作起到辅助作用的硬件设备，如打印机、扫描仪等，即使计算机不连接或不安装这些硬件，也能正常运行。

一、任务目标

本任务将了解和认识计算机的常用外部设备，包括打印机、扫描仪、音箱、U盘、移动硬盘、数码摄像头。通过本任务的学习，可以全面了解这些外设，并学会如何进行选购。

二、相关知识

下面将分别介绍选购这些外部设备的相关知识。

（一）认识和选购音箱

音箱其实就是将音频信号进行还原并输出的工具，其工作原理是声卡将输出的声音信号传送到音箱中，通过音箱还原成人耳能听见的声波。

1. 音箱的外观

普通的计算机音箱由功放和两个音箱组成，如图2-71所示为普通音箱的外观。

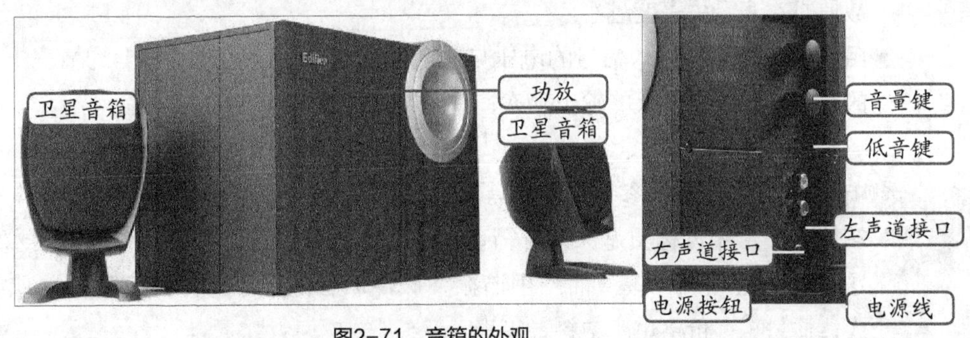

图2-71 音箱的外观

- **功放**：就是功率放大器，其功能是将低电压的音频信号经过放大后推动音箱喇叭工作，由于计算机音箱的特殊性，通常也将各种接口和按钮集成在功放上。
- **卫星音箱**：功能是将电信号通过机械运动转化成声能，通常有两个，分别输出左右声道的信号。

2. 基本参数

音箱性能的基本参数包括音箱系统、有源无源和调节方式3种指标。

- **音箱系统**：主要是指音箱的声道数量，包括2.0声道（双声道立体声）、2.1声道（双声道+低音声道）和5.1声道（5声道+低音声道）等。
- **有源无源**：有源音箱是指在音箱内部装有自配功放的一类音箱，无源音箱内部则没有功率放大电路，需外接功率放大器才能工作。一般主流音箱都是有源音箱，只有特别要求的才会采用无源音箱。
- **调节方式**：主要有旋钮、线控、遥控3种方式，最先进的调节方式是遥控方式。

3. 技术参数

音箱性能的技术参数包含额定功率、信噪比和防磁功能3种指标。

- **额定功率**：指音箱能够长期承受这一数值的功率而不致损坏，功率不是越大越好，对于普通家庭用户的20m²左右的房间来说，真正意义上的60W功率已经足够了。
- **信噪比**：指音箱回放的声音信号强度与噪音信号强度的比值。信噪比值较低时，噪音较大，在整个音域的声音将变得混浊不清，严重影响了声音的品质。因此建议不要购买信噪比低于80dB的音箱。
- **防磁功能**：音箱的磁性源于扬声器，防磁音箱的扬声器有的是采用双磁路的设计，后面的磁铁抵消前面磁铁向后扩散的磁性；有的喇叭后的永磁体罩有金属罩。具有防磁功能的音箱才能更好的保护计算机其他部件。
- **灵敏度**：这是音箱性能的一项重要参数，它是指能使音箱以全功率输出声音时的输入信号，信号越低，灵敏度就越高。选购时，音箱的灵敏度越高越好。
- **频率响应范围**：指音箱最低回放频率与最高回放频率之间的范围，范围越宽，音箱还原的声音频段就越宽，声音也就越真实和自然。
- **失真度**：指音箱与扬声器系统播放的音频与真实音频的差异程度，以百分数表示，数值越小表示失真度越小。
- **阻抗**：指扬声器输入信号的电压与电流的比值，在输出功率相同的情况下，低阻抗的音箱可以获得较大的输出功率，一般音箱的标准阻抗应为8Ω。

4. 选购注意事项

选购音箱除了各项性能参数外，还需要注意以下几个方面。

- **箱体材质**：箱体材质是保证音箱音质的一个重要因素，好的音箱应采用木质箱体，这样便不会因箱体单薄而产生谐振，破坏声音的还原。相对来说，木质音箱体积大，质量重，价格也比塑料音箱贵。
- **品牌**：常见的音箱主流品牌有漫步者、麦博、惠威、三诺等。
- **用途**：选购时应根据用途来确定音箱的档次，普通家庭音箱只要具有较小的失真度即可；而用于家庭影院的音箱则需要频率响应范围宽、功率较大、有源等特性。
- **声道数**：音箱的声道数必须与声卡的声道数相对应，如应用在2.1声道音箱上的是5.1声道声卡，则不能发挥出5.1声道声卡的优质音效；同理，若应用在5.1声道音箱上的是2.1声道声卡，也不能发挥出5.1声道音箱的优质音效。
- **听音**：听音是选购音箱最重要的技巧，可通过下面3个步骤试听出音箱音质的好坏。首先将音量调至最大，电流声越小则音质越好；然后播放一两首熟悉的音乐进行试听，基本标准是高音不刺耳，中音柔和，低音深沉，越接近真实声音越好；最后通过调节音量试听声音变化是否均匀，旋转音量旋钮时是否有接触不良的噪声，音乐中有没有“啪啪”的电位变换干扰声。

（二）认识和选购移动存储设备

通常所说的移动存储设备是指U盘和移动硬盘，但随着固态硬盘技术的发展，其也具备了移动存储设备的特点和功能，这里也把它归入移动存储设备中进行讲解。

1. U盘

U盘是由硬件部分（核心硬件主要是Flash存储芯片和控制芯片，以及其他如USB接口、PCB板和LED等）和软件部分（包括嵌入式软件与应用软件）组成。具有读写速度快、容量大、可重复读写等特点，它采用USB接口，属于即插即用设备。主要性能参数如下。

- **容量**：常见的U盘容量从2GB到256GB不等。
- **接口**：主要有USB 2.0和USB 3.0两种，USB 3.0是最新的USB规范，它极大提高了带宽——高达5Gbit/s全双工（USB2.0为480Mbit/s半双工），使得数据处理的效率更高。
- **产品类型**：包括创意、加密、杀毒、云存储、普通等U盘类型，如图2-72所示。

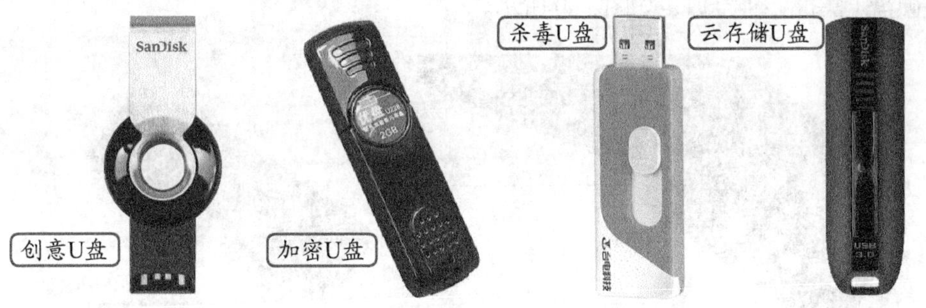

图2-72　U盘

- **品牌**：主流的品牌有金士顿、PNY、台电、联想、爱国者、朗科、纽曼等。

2. 移动硬盘

移动硬盘是一种大容量的移动数据存储设备，其数据存储介质是半导体电介质。在音频、图像、视频等多媒体数据备份存储领域，移动硬盘具有更高的性价比。移动硬盘的主要性能参数和普通硬盘相差不大，只是在移动便携性上更胜一筹。

- **容量**：常见的移动硬盘容量从160GB到6TB不等。
- **接口**：主要有USB 2.0、USB 3.0、eSATA、IEEE1394 4种，且可能在同一块硬盘上集成多种接口，另外还有使用无线接口的移动硬盘，如图2-73所示。

图2-73　移动硬盘

● **品牌**：主流的品牌有希捷、西部数据、纽曼、忆捷、联想、爱国者、微星等。

3. 固态硬盘

固态硬盘（Solid State Drive，SSD）是用固态电子存储芯片阵列而制成的硬盘，其接口规范、定义、功能、使用方法上与普通硬盘的相同，在产品外形和尺寸上也与普通硬盘一致。固态硬盘采用的存储块存储数据，类似U盘的结构原理，所以这里把固态硬盘归为移动存储设备。固态硬盘具有很多普通硬盘没有的优点，因为是使用的Flash而不是机械方式，所以工作时无噪声；使用的Flash属于芯片不属于磁盘和磁头的组合，所以不怕摔；读取速度要比普通硬盘快；体积比普通硬盘要小；发热量也要小得多；节能省电，非常环保。固态硬盘的缺点就是价格偏高，容量相对普通硬盘要低，相同容量的固态硬盘要比机械硬盘贵一倍以上。

● **容量**：常见的固态硬盘容量从64GB到1TB不等。

● **接口**：主要有USB 2.0、USB 3.0、eSATA、SATA2、SATA3等类型，且可能在同一块硬盘上集成多种接口，如图2-74所示。

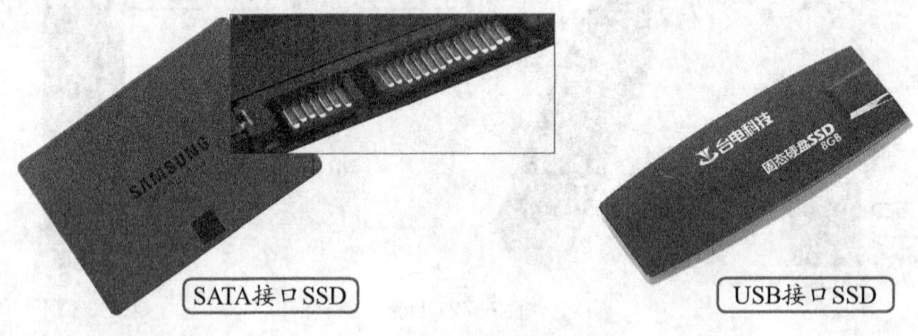

图2-74 固态硬盘

● **品牌**：主流的品牌有三星、OCZ、PhotoFast、金士顿、源科、Intel、威刚等。

4. 选购注意事项

移动存储设备几乎都有相同的性能指标，除了容量与速度外，以下两点也是用户选购时考虑最多的因素。

● **安全性**：特别是对于U盘来说，理论上可正常擦写100万次。由于Flash芯片的材质影响了其品质，因此若材质不好，在使用了一段时间后可能会产生容量变小的情况，这种变化会造成用户数据的丢失，给用户带来极大的损失。

● **实用性**：在购买移动存储设备时，应根据需要进行购买，如果经常外出，而且每次复制的文件都不是很大，则可以考虑购买U盘；如果是公司单位经常复制办公软件或一些大型的文件，则最好选购移动硬盘。

（三）认识和选购打印机

打印机的主要功能是将计算机中的文档和图形文件快速准确地打印到纸质媒体上，是计算机系统中重要的输出设备之一，在现代化办公中经常用到。

1. 打印机的类型

从打印机原理上来说，市面上较常见的打印机大致分为喷墨打印机、激光打印机和针式打印机。激光打印机又可以分为黑白激光打印机和彩色激光打印机两大类。

- **针式阵打印机**：主要由打印机芯、控制电路、电源3部分组成，一般为9针和24针。主要使用在公安、税务、银行、交通、医疗、海关等行业，如图2-75所示。
- **喷墨打印机**：这种类型是家用的主流，其功能是通过喷墨头喷出的墨水实现数据的打印，其墨水滴的密度完全达到铅字质量。主要优点有体积小、操作简单方便、打印噪声低、使用专用纸张时可打出和照片相媲美的图片等，如图2-76所示。
- **激光打印机**：是一种利用激光束进行打印的打印机。其优点是彩色打印效果优异、成本低廉、品质优秀，是未来市场的主流，如图2-77所示。

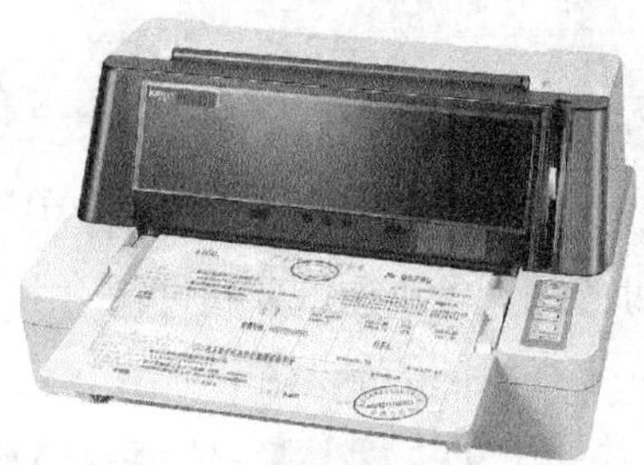
图2-75　针式打印机

图2-76　喷墨打印机

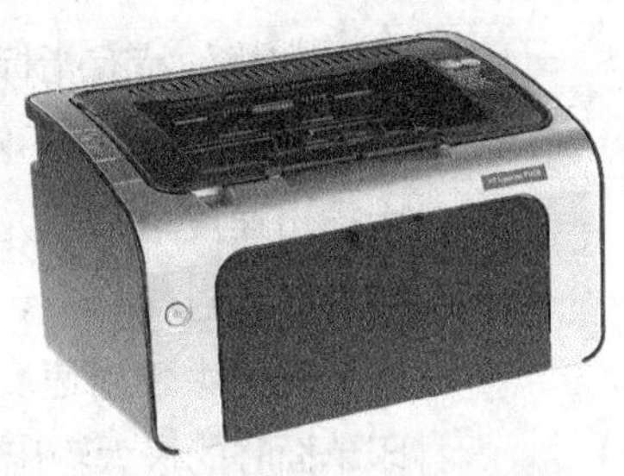
图2-77　激光打印机

知识补充

家庭或小型企业可以选择喷墨打印机，性价比较高；对于大型企业，或对打印要求较高的企业，建议选择价格更高的激光打印机。

2. 共有指标

最常用的激光打印机和喷墨打印机所共有的性能指标如下。

- **打印分辨率**：该指标是判断打印机输出效果好坏的一个很直接的依据，也是衡量打印机输出质量的重要参考标准。通常分辨率越高的打印机，打印的效果就越好。
- **打印速度**：打印速度指标表示打印机每分钟可输出多少页面，通常用ppm和ipm这两种单位来衡量。这个指标也是越大越好，越大表示打印机的工作效率就高。

知识补充

不同款式的打印机在打印说明书上所标明的ppm值可能所表示的含义不一样，所以在挑选打印机时，一定要向销售商确认一下，操作说明书上所标明的ppm值到底指的是什么含义。

- **打印幅面**：正常情况下，打印机可以处理的打印幅面包括A4和A3两种，对于个人家庭用户或者规模较小的办公用户，A4幅面的打印机是最佳选择；对于使用频繁或者需要处理大幅面的办公用户来说，可以选择使用A3幅面，甚至更大幅面的打印机。
- **打印可操作性**：打印可操作性指标对于普通用户非常重要，因为在打印过程中，经常会涉及更换打印耗材，如何让打印机按照指定要求进行工作，以及打印机在出现各种故障时该如何处理等问题。那种设置方便、更换耗材步骤简单、遇到问题容易排除的可操作性强的打印机，应该是普通大众的选择目标。

- **纸匣容量**：指打印机输出纸盒的容量与输入纸盒的容量，换句话说就是打印机到底支持多少输入或输出纸匣，每个纸匣可以容纳多少打印纸张，该指标是打印机纸张处理能力大小的一个评价标准，同时还可以间接说明打印机的自动化程度的高低。

知识补充

如果打印机同时支持多个不同类型的输入或输出纸匣，并且打印纸张存储总容量超过10000张，另外还能附加一定数量的标准信封，那么就说明该打印机的实际纸张处理能力很强，使用这种类型的打印机，可以在不需更换托盘的情况下，就能支持在各种不同尺寸的打印纸上工作，这样就能减少更换或填充打印纸张的次数，从而有效提高打印机的工作效率。

3. 激光打印机的特有指标

除了上面共性的打印指标外，激光打印机还有一些自身特有的性能指标。

- **最大输出速度**：指激光打印机在进行横向打印普通A4纸时，它的实际打印速度。从实际的打印过程来看，激光打印机在输出英文字符时的最大输出速度要超过输出中文字符的最大输出速度；在横向的最大打印速度要大于在纵向的最大输出速度；在打印单面时的最大输出速度要高于打印双面时的最大处理速度。
- **预热时间**：指打印机从接通电源到加热至正常运行温度时所消耗的时间。通常家用激光打印机或者普通办公型激光打印机的预热时间都为30秒钟左右。
- **首页输出时间**：指激光打印机输出第一张页面时，从开始接收信息到完成整个输出所需要耗费的时间多少。一般家用激光打印机和普通办公型激光打印机的首页输出时间都控制在20秒左右。
- **内置字库**：激光打印机一旦包含内置字库的话，那么计算机就可以把所要输出字符的国标编码直接传送给打印机来处理，这一过程需要完成的信息传输量只有很少的几个字节，激光打印机的打印信息的速度自然也就快起来了。
- **打印负荷**：就是平常所说的打印工作量，这一指标决定了打印机可靠性的好坏。这个指标通常以月为衡量单位，打印负荷多的打印机比少的可靠性能要高许多。
- **网络性能**：包括激光打印机在内进行网络打印时所能达到的处理速度，在网络上的安装操作方便程度，对其他网络设备的兼容情况，以及网络管理控制功能等。

4. 喷墨打印机的特有指标

喷墨打印机拥有自身独有的性能指标，主要表现在以下几个方面。

- **输出效果**：指的是打印质量，该指标表示彩色喷墨打印机在处理不同打印对象时，所表现出来的一种效果，这是挑选彩色喷墨打印机最基本也是最重要的标准之一。
- **色彩数目**：色彩数目是衡量彩色喷墨打印机包含彩色墨盒数多少的一种参考指标，该数目越大就意味着打印机可以处理更丰富的图象色彩。
- **打印噪声**：和激光打印机相比，喷墨打印机在工作时会发出噪声，该指标的大小通常用分贝来表示，在选择该指标时，尽量挑选指标数目比较小的喷墨打印机。
- **墨盒类型**：墨盒是喷墨打印机最主要的一种消耗品，主要分为分体式墨盒与一体式墨盒这两类。一体式墨盒能手动添加墨水，能够长期保证质量，不至于因为喷头磨损而使输出质量下降，但价格较高；分体式墨盒则不允许操作者随意充灌墨水，因此它的重复利用率不高，价格便宜。

5. 选购注意事项

选购打印机时，理性的选购是最重要的技巧。

- **明确使用目的**：在购买之前，首先要明确购买打印机的使用目的，也就是需要什么样的打印品质。很多家庭用户需要打印照片，那么就需要在彩色打印方面出色的产品。而对于办公商用，需要的可能是更好的文本打印效果。
- **综合考虑性能**：每一款打印机都有其定位，某些文本打印能力更佳，某些则更偏重于照片打印。在购买的时候，需要根据用户的要求来决定。
- **售后服务**：售后服务是挑选打印机时必须关注的内容之一，一般说来，打印机销售商都会许诺一年的免费维修，但打印机体积较大，最好要求打印机生产厂商要在全国范围内提供免费的上门维修服务，否则用户自己送到维修站去维修将变得很麻烦。
- **整机价格**：价格也是选购的重要指标。尽管"一分价钱一分货"是市场经济竞争永恒不变的规则，不过对于许多用户来说，价格是选购的主要决定因素，建议尽量不选择价格太高的产品。
- **品牌**：国内打印机市场主流品牌包括惠普、爱普生、佳能、利盟、柯尼卡美能达、富士施乐、联想、方正等品牌。

（四）认识和选购扫描仪

扫描仪的主要功能是将外部图片或文字导入到计算机中，是计算机系统中重要的输入设备之一，在现代化办公中经常用到。

1. 扫描仪的类型

扫描仪的种类繁多，根据扫描仪扫描介质和用途的不同，目前市面上的扫描仪大体上分为平板式扫描仪、名片扫描仪、胶片扫描仪、滚筒式扫描仪、文件扫描仪。除此之外，还有手持式扫描仪、笔式扫描仪、实物扫描仪、3D扫描仪。

- **平板式扫描仪**：又称为平台式扫描仪，这种扫描仪诞生于1984年，是目前办公用扫描仪的主流产品，如图2-78所示。
- **名片扫描仪**：是由一台高速扫描仪加上一个质量稍高一点的OCR（光学字符识别系统），再配上一个名片管理软件组成，主要用于扫描名片，如图2-79所示。
- **胶片扫描仪**：又称底片扫描仪或接触式扫描仪，其扫描效果是平板扫描仪和名片扫描仪不能比拟的，主要任务就是扫描各种透明胶片，如图2-80所示。
- **滚筒式扫描仪**：又称馈纸式扫描仪或小滚筒式扫描仪。滚筒式扫描仪诞生于20世纪90年代初，由于平板式扫描仪价格昂贵，手持式扫描仪扫描宽度小，为满足A4幅面文件扫描的需要，推出了这种产品，如图2-81所示。

图2-78　平板扫描仪

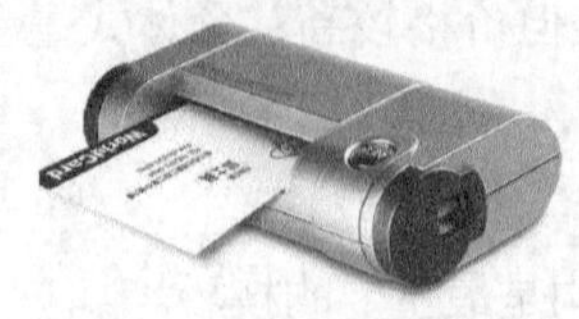

图2-79　名片扫描仪

图2-80　胶片扫描仪

- **文件扫描仪**：具有高速度、高质量、多功能等优点，可适用于各种工作站或计算机平台。但由于自动进纸器价格昂贵，所以只被许多专业用户使用，如图2-82所示。
- **手持式扫描仪**：是早期使用比较广泛的扫描仪品种，用手推动，完成扫描工作。也有个别产品采用电动方式在纸面上移动，称为自动式扫描仪，如图2-83所示。

图2-81　滚筒式扫描仪

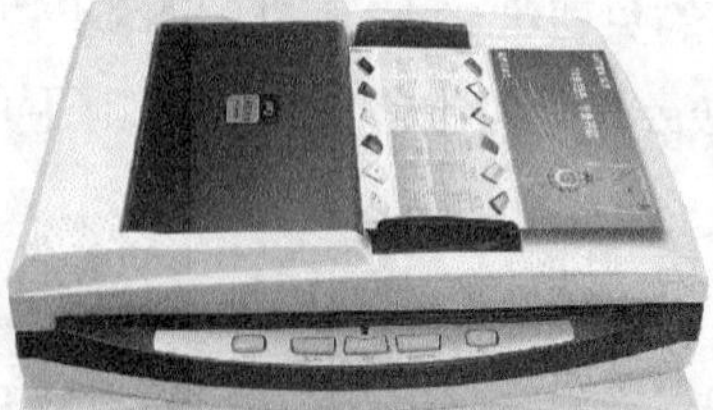

图2-82　文件扫描仪

图2-83　手持式扫描仪

- **笔式扫描仪**：又称为扫描笔，市场上很少见到。该扫描仪外型与一支笔相似，扫描宽度大约只有四号汉字大小，使用时贴在纸上一行一行地扫描，主要用于文字识别，如图2-84所示。
- **实物扫描仪**：一般采用固定式结构，拥有支架和扫描平台，分辨率很高，除了能拍摄静态物体外，还可以作为摄像机使用，如图2-85所示。
- **3D扫描仪**：这种扫描仪扫描后生成的文件能够精确描述被扫描的物体三维结构的一系列坐标数据，当在3ds Max软件中输入后可以完整地还原出物体3D模型。由于该扫描仪只记录物体的形状，因此，被扫描的物体无彩色和黑白之分，如图2-86所示。

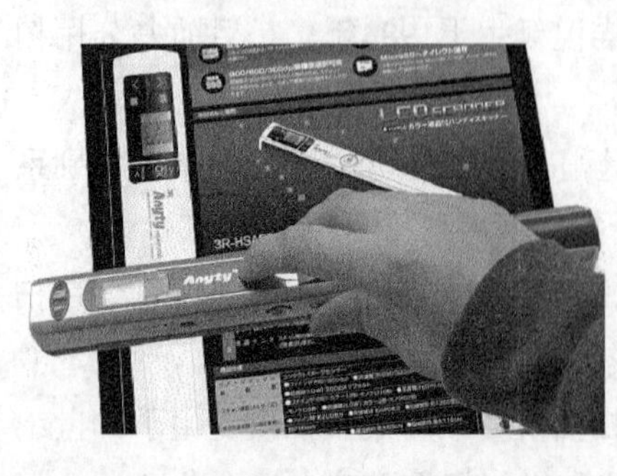

图2-84　笔式扫描仪

图2-85　实物扫描仪

图2-86　3D扫描仪

2. 主要性能参数

扫描仪主要的性能指标如下。

- **分辨率**：分辨率是扫描仪最主要的技术指标，它决定了扫描仪所记录图像的细致度，其单位为DPI（Dots Per Inch)。DPI数值越大，扫描的分辨率越高，扫描图像的品质越好。但分辨率的数值是有限度的，目前扫描的分辨率为300～2400DPI。
- **色彩深度和灰度值**：较高的色彩深度位数可保证扫描仪保存的图像色彩与实物的真实色彩尽可能的一致，而且图像色彩会更加丰富。灰度值则是进行灰度扫描时对图像由纯黑到纯白整个色彩区域进行划分的级数，编辑图像时一般都使用8bit，即256级，而主流扫描仪通常为10bit，最高可达12bit。
- **感光元件**：感光元件是扫描图像的拾取设备，相当于人的眼睛。目前扫描仪所使用的感光器件有3种，其中电荷偶合器（CCD）是市场上主流扫描仪采用的感光元件；而市场上能够见到的1000元甚至1500元以下的600×1200DPI扫描仪则采用的是接触式感光器件（CIS或LIDE）作感光元件。
- **扫描仪的接口**：扫描仪的接口通常分为SCSI、EPP、USB 3种。SCSI接口是传统类型，现在已经很少使用。EPP并口的优势在于安装简便，价格相对低廉。弱点是比SCSI接口传输速度稍慢。USB接口的优点几乎与EPP并口一样，只是速度更快，使用更方便，支持热插拔。对于一般家庭用户，推荐选购USB接口的扫描仪。

3. 选购注意事项

如今的扫描仪价格越来越便宜，不少平板式扫描仪的价格已经跌入2000元内。下面简要介绍平板式扫描仪选购注意事项。

- 对大多数的用户来说，平板式扫描仪既能简单使用，又能顺利完成大部分任务。
- 如果经常需要使用扫描仪扫描文件，那么价格在1000元左右的手持扫描仪也很合适。
- 购买光学分辨率在1200DPI之上的扫描仪，使用这个档次的扫描仪进行扫描，再通过专业照片打印机所打印出的照片与照相店制作出的照片几乎没什么区别。
- 传送速度为USB 2.0的扫描仪已经是市场上的主流了，要想以最适宜的传送速度使用USB2.0扫描仪，必须配套一台带有USB2.0接口的计算机。
- 对企业用户以及专业扫描用户而言，先进的功能如自动送纸器、光罩、扫描足够大的文件的扫描背（scanbed）很重要。大尺寸扫描背对于扫描大型的插图、图表、绘画、商标以及报页来说是一个巨大的帮助。

（五）认识和选购摄像头

由于网络的普及，对于视频交流的要求很高，所以摄像头在计算机配件中的重要性越来越高。下面将介绍认识和选购摄像头的相关知识。

1. 摄像头的类型

摄像头作为一种视频输入设备，广泛运用于视频会议、远程医疗、实时监控等方面。普通人也可以彼此通过摄像头在网络上进行有影像或有声音的交谈和沟通。摄像头分为数字摄像头和模拟摄像头两大类。

- **数字摄像头**：可以直接捕捉影像，然后通过串口、并口、USB接口传到计算机中。现在计算机市场上的摄像头基本以数字摄像头为主，数字摄像头又分为高清和无线两种，如图2-87所示。
- **模拟摄像头**：模拟摄像头捕捉到的视频信号必须经过摄像头特定的视频捕捉卡将模拟信号转换成数字模式，压缩后才可以转换到计算机中使用，这种摄像机多用在专业领域，如交通、银行、公共设施的监控系统，如图2-88所示。

图2-87　无线数字摄像头

图2-88　模拟摄像头

2. 主要性能参数

通常情况下，在摄像头产品外包装盒上可以看到一系列的技术参数。

- **感光器**：一般的摄像头可分为两类，一是CCD（Charge-coupled Device，电荷耦合元件），二是CMOS（Complementary Metal Oxide Semiconductor，互补金属氧化物半导体），CCD成像水平和质量要高于CMOS，但价格要高一些。
- **像素**：像素值也是区分一款摄像头好坏的重要因素，现在市面主流产品多在30万像素值左右，摄像头工作时的分辨率为640像素×480像素。
- **成像速度**：如果将摄像头用于网络聊天，成像速度快也很重要，而成像速度取决于摄像头的整体配置，所以不单是镜头，摄像头其他元件的配置也决定了摄像头的好坏。
- **帧数**：帧数就是在1秒钟时间里传输图片的帧数，通常用f/s表示，值越大越好。
- **调焦功能**：和傻瓜相机一样，摄像头采用的是超焦距，使用微距效果时应手动调焦。
- **其他**：一些图像效果校正和增强程序也很实用，如调节摄像头的色彩饱和度、对比度、边缘增强、伽马值等，调节合适有时候可以使拍摄效果得到很大的改善。

3. 选购注意事项

在选购摄像头时，注意不要陷入以下几个误区。

- **并不是像素越高越好**：摄像头的图像是否清晰，不能只看像素，还与镜头材质或软件处理等其他因素有关。
- **并不是CCD一定比CMOS好**：常见的摄像头则多用价格相对低廉的CMOS为传感器。而CCD传感器实际的使用效果与“COMS摄像头”相比并没有绝对的优势，甚至在清晰度方面还稍有不及。

- **镜头也重要**：摄像头的镜头一般是由玻璃镜片或者塑料镜片组成的。玻璃镜片不但比塑料镜片成本高，在透光性以及成像质量上也都有较大优势。所以购买摄像头时，一定不要一味地贪图便宜，还是尽量选择玻璃镜片的摄像头为好。

实训一 设计计算机组装方案

【实训要求】

本实训需要根据本章所学的知识，按照Intel和AMD两个不同平台，分别设计一套目前主流的家庭和学生的装机方案，要求能够完成普通家庭的上网和娱乐要求，并能满足学生的各种主流软件和游戏的需求。

【实训思路】

完成本实训需要先选择各种硬件，然后罗列方案表格。

1. Intel方案

- **CPU选择-Core i5 4570**：Intel Core i5 4570采用Haswell最新构架，独有英特尔酷睿加速2.0技术，游戏运行更流畅，性能提升高达10%。
- **主板选择-技嘉B85M D3V**：技嘉的这款入门B85主板能完全满足日常使用需求，首先在CPU供电上，由于Haswell架构处理器已经集成了VRM（电压调节模块），所以该板的4相供电也能让平台长时间保持高效运行。另外，技嘉的超耐久技术也为整机的稳定和耐久性添加了双保险。而在背板接口上，主板拥有2个USB3.0高速接口，用户可以进行高速数据传输，有效地提高了工作效率。
- **显卡选择-影驰 GTX660虎将**：影驰 GTX660虎将显卡搭载GK106核心，采用NVIDIA最新的28nm工艺制程，核心拥有960个CUDA处理器，核心频率为980MHz，完美支持DirectX 11.1标准。采用单风扇散热，保持显卡的冷且静特点。采用三热管，多个散热风道设计，热量更容易散出，保证游戏运行稳定。提供了VGA+HDMI以及DVI接口，扩展能力相当不错。接口全部使用屏蔽罩处理，满足玩家用户的需求。
- **方案简介**：5000元打造的这款游戏平台丝毫不会输给一般6000元以上的平台，性价比相当高，采用4核心的Intel i5 4570，性能加上GTX660的运算能力，双通道内存的设计，也是相当不错的配置，至少提升10%以上的性能加分，连主流单机3D游戏应付起来也显得游刃有余，而且可以实现高分辨率打开所有特效。这一套配置全都用了知名大厂的代表产品，品质与性能有所保障。不仅性能出色，而且外观也非常具有看点，采用游戏悍将刀锋3标准版机箱，双涡轮的外观造型，让很多游戏迷为之疯狂，优秀的散热风道设计也让内部主要部件时刻保持最佳运行温度，散热性能非常强劲。表2-1所示为最终方案详细配置表。

表 2-1　主流 Intel 装机方案详细配置表

硬件	品牌型号	数量	单价
CPU	Intel 酷睿 i5 4570	1	￥1120
散热器	九州风神玄刃射手	1	￥39
主板	技嘉 B85M D3V	1	￥599
内存	宇瞻 8G（4G DDR3 1600 *2 双通道套装）	1	￥479
硬盘	希捷 Barracuda 500GB 7200 转 16MB	1	￥305
显卡	影驰 GTX660 虎将	1	￥1499
声卡	主板自带		
鼠标	雷柏 1800 无线键鼠套装	1	￥85
键盘			
显示器	明基 GW2245	1	￥899
机箱	游戏悍将刀锋 3 标准版	1	￥199
电源	振华怒蝶 475W	1	￥369
音箱	漫步者 R1600T Ⅲ	1	￥399
		价格总计：	￥5992

2. AMD方案

- **CPU选择-AMD II X4 760K**：AMD II X4 760K处理器采用了32纳米工艺制程，原生4核设计，默认主频为3.8GHz，外频100MHz，倍频为19X，在AMD Turbo Core技术的支持下最高可达4.1GHz。该处理器搭载了最新的Socket FM2接口，4颗核心共享4M L2缓存，支持双通道DDDR3 1866内存。使得数据读取的速度更快，避免出现系统性能瓶颈，避免卡机现象的发生。
- **主板选择-技嘉B85M D3V**：该主板不仅提供了双PCI-E x16显卡插槽，双卡还为用户未来图形性能的升级提供了便利。而该板的芯片组为AMD A88X，不仅对应未来AMD的新款APU产品，而且还可以向下兼容目前主流的第二代APU或者速龙4核处理器，用户可以在不更换主板的情况下对CPU进行升级。
- **显卡选择-镭风网锋 HD7770-GD5 1024M**：镭风网锋 HD7770-GD5 1024M重新设计了散热风扇，并且在原款的基础上采用了不同的设计，并由此达成了良好的兼容性表现，提供了更好的性能。对于目前最为火热的电竞游戏来说，这款显卡可以在保持高特效的前提下，保证60帧以上的流畅度，大场面多单位交战，也不会出现卡顿，让广大用户有很好的操作体验。
- **方案简介**：这套配置主打性价比，配件选用全一线品牌（AMD 、酷冷至尊、技嘉、七彩虹、游戏悍将）；AMD这款显卡首次搭配了水冷散热器，打破显卡发热量大，不稳定的枷锁，并且水冷电脑的静音效果十分出色；技嘉魔音主板自带的声卡音效十分震撼；各种主流游戏即使特效全开也能流畅运行，FPS一直保持在60帧。表2-2所示为最终方案详细配置表。

表 2-2　主流 AMD 装机方案详细配置表

硬件	品牌型号	数量	单价
CPU	AMD 速龙 II X4 760K	1	￥520
散热器	酷冷至尊海神 120V	1	￥299
主板	技嘉 G1.Sniper A88X	1	￥899
内存	金士顿 4GB DDR3 1600	1	￥245
硬盘	希捷 Barracuda 500GB 7200 转 16MB	1	￥305
显卡	镭风网锋 HD7770-GD5 1024M	1	￥899
声卡	主板自带		
鼠标 键盘	精灵 雷神 G7 游戏键鼠套装	1	￥149
显示器	三星 S22C330HW	1	￥999
机箱	游戏悍将刀锋 Dota2 MOD 版	1	￥229
电源	游戏悍将 PRO300	1	￥149
音箱	漫步者 R201T 北美版	1	￥219
		价格总计：	￥4912

实训二　网上模拟装配计算机

【实训要求】

本实训要求根据模块一中拟定的装机配置方案，模拟选购一台计算机，需要通过泡泡网模拟在线装机中心（http://d.pcpop.com/Scheme.html）选择相应的硬件；并在装机前，可以参考实训一中各种硬件的资料对比；最后在泡泡网中参考各种模拟装机方案，自己配置一台计算机。

【实训思路】

本实训的操作思路如图2-89所示。需要注意的是，由于不同装机方案针对的用户群不同，因此在选购硬件时一定要有针对性，比如游戏娱乐的重点硬件就是显卡、显示器、CPU，另外音箱、声卡、键鼠也需要注意。

① 了解最新配置

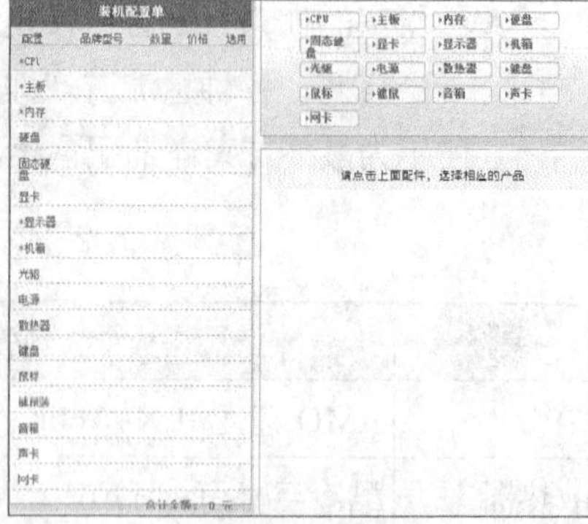
② 设置配置单

图2-89 模拟选购硬件的操作思路

常见疑难解析

问：在同一台计算机中能不能同时使用两根不同型号的内存呢？如果可以的话，应该怎么设置才能使其正常运作呢？

答：实际上不同厂家、不同型号、不同速度的内存是可以一起使用的，但对系统的稳定有一定影响，尤其将会影响到超频性能。使用时注意在主板BIOS中将有关内存的参数设置保守一些，原则是“就低不就高”，如DDR3 1333内存和DDR3 1600内存混用，请将各项内存参数按DDR3 1333的要求来设定，同时应该将SPD功能禁用，以免引起系统混乱。

问：主板上集成了显卡，再安装一块独立显卡时应注意哪些问题呢？

答：如果主板不支持CrossFire功能，需要到BIOS中将集成显卡的设置项设为“Disabled”或用主板的硬跳线将集成显卡屏蔽掉，这样就能避免两种显卡发生冲突导致故障。

问：组装计算机时，手接触机箱时会有触电的感觉，这是为什么呢？

答：这是由于为计算机提供交流电的插线板没有接入地线，从而使机箱中的静电不断积累，在人体接触机箱时使静电通过人体流入大地，所以会有触电的感觉。这时应将插线板上的地线插孔进行接地处理。

问：对于喷墨打印机和激光打印机，应该如何选择呢？

答：不同类型的打印机，其功能和配置不同，有些打印机文本打印能力更佳，有些打印机则更偏重于照片打印，购买时根据打印内容和对打印效果的要求来决定。另外，喷墨打印机更具有性价比。

拓展知识

1. 认识光驱

光驱已经不是计算机的标配硬件，现在的光驱主要分为3种类型。

- **DVD光驱**：用来读取DVD光盘中的数据，而且完全兼容VCD、CD-ROM、CD-R、

CD-RW等光盘，其最高可达到17GB的存储，目前主流转速为16倍速。

- **刻录光驱**：刻录光驱综合了DVD光驱的性能，不仅能读取DVD格式和CD格式的光盘，还能将数据以DVD-ROM格式或CD-ROM格式刻录到光盘上。
- **蓝光光驱**：其本质上也算是DVD光驱，但蓝光光驱是用蓝色激光读取光盘上的文件，它也是下一代DVD光驱的标准之一，并能读取蓝光光盘。

选购光驱应该选择主流品牌，比较著名的光驱品牌包括先锋（Pioneer）、三星（SAMSUNG）、明基（BenQ）、LG、华硕（ASUS）等。

2. 认识声卡

在计算机中还有一种硬件需要认识，那就是声卡。声卡是计算机中用于处理音频信号的设备，其工作原理是：声卡接收到音频信号并进行处理后，再通过连接到声卡的音箱，将声音以人耳能听到的频率表现出来。在家用计算机和用于娱乐的计算机系统中，声卡起着相对重要的作用。声卡自身并不能发声，因此必须与音箱配合。

按照声卡音频芯片的不同可以将声卡分成集成声卡和独立声卡两种，而集成声卡又可分为软声卡和硬声卡两种；独立声卡也可分为PCI声卡和USB声卡两种，下面分别进行介绍。

- **集成软声卡**：是一种集成在主板上的数字模拟信号转换芯片。这种芯片没有音频处理芯片，完全靠CPU对音频信号进行处理转换，但这样会占用CPU资源，如果CPU比较繁忙，播放的声音就会有停顿现象。集成的软声卡都是符合AC’97标准的。常见的集成软声卡芯片有Realtek ALC系列的AC’97 CODEC芯片等。
- **集成硬声卡**：是一种集成在主板上包含音频处理芯片的音频芯片。在处理音频信号时，不用依赖CPU就可进行一切音频信号的转换，既可保证声音播放的质量，也节约了成本。常见的集成硬声卡芯片有CT5880和CMI9739等
- **PCI声卡**：有独立的音频处理芯片，负责所有音频信号的转换工作，减少了对CPU资源的占有率，并且结合功能强大的音频处理软件，可对几乎所有音频信息进行处理。音质效果好的声卡都是独立的声卡，适合对声音品质要求较高的用户使用。
- **USB声卡**：外形小巧，便于携带和安装，支持即插即用，而且输出的是纯数字化音频信号，不易受电路杂讯与电压的干扰。其缺点是使用时会占用一个USB接口，且必须安装相应的驱动程序，音质与独立声卡相比具有一定的差距。

3. 认识网卡

网卡又称为网络卡或者网络接口卡，其英文全称为“Network Interface Card”，简称为NIC。现在的主板上几乎都集成了网卡芯片，所以家用计算机几乎不需要再另外选购网卡，但在其他情况下，仍然需要使用到独立的网卡。网卡的种类有很多，根据不同的标准，有不同的分法。但最常用的网卡分类方式是将网卡分为有线和无线两种。

- **有线网卡**：有线网卡是指必须将网络连接线连接到网卡中，才能访问网络的网卡，主要包括以下3种类型：一是集成在主板上的网络芯片，也就是集成网卡；二是由网络芯片、网线接口、金手指等部分组成的PCI网卡；三是体积小巧，携带方便，可以插在计算机的USB接口中使用，即插即用的USB网卡。

- **无线网卡**：无线网卡是在无线局域网的无线网络信号覆盖下通过无线连接网络进行上网使用的无线终端设备。有了无线网卡后还需要一个可以连接的无线网络，如果在家里或者所在地有无线路由器或者无线AP的覆盖，就可以通过无线网卡以无线的方式连接无线网络。目前的无线网卡主要包括以下4种类型：一是安装在主板PCI插槽中使用PCI网卡；二是功能和USB有线网卡相同的无线USB网卡；三是一种笔记本电脑专用的PCMCIA网卡；四是内置在笔记本电脑中的MINI-PCI网卡。

4. 认识路由器

路由器的主要工作就是为经过路由器的每个数据帧寻找一条最佳传输路径，并将该数据有效地传送到目的站点。路由器的外部最重要的部分就是接口。

- **WAN口**：WAN是英文Wide Area Network的缩写，即代表广域网，主要用于连接外部网络，如ADSL、DDN、以太网等各种接入线路。
- **LAN口**：LAN则是Local Area Network的缩写，即本地网或局域网，用来连接内部网络，主要与局域网络中的交换机、集线器、计算机相连。

现在使用较多的是宽带路由器，它伴随着宽带的普及应运而生。宽带路由器在一个紧凑的箱子中集成了路由器、防火墙、带宽控制、管理等功能，集成10/100Mbit/s宽带以太网WAN接口，并内置多口10/100Mbit/s自适应交换机，方便多台机器连接内部网络与Internet，可以广泛应用于家庭、学校、办公室、网吧、小区接入、政府、企业等场合，也分为有线和无线两种类型，但很多无线路由器也具备有线接口。

课后练习

（1）根据本项目所学的知识，到电脑城选购一套计算机组装需要的硬件产品。

（2）上网登录中关村在线的模拟攒机频道（http://diy.zol.com.cn/），查看最新的硬件信息，并根据网上最新的装机方案，为学校机房设计一个装机方案。

（3）在计算机机箱中拆卸显卡，查看其主要结构，并检查有几种显示接口。

（4）假设需要配置一台普通家用计算机，为其选购适用的外部设备，包括打印机、扫描仪、摄像头。

（5）拆卸一台计算机，根据主要硬件的相关信息，查看这些产品的真伪，并检查这些产品的售后服务日期。

PART 3

项目三 组装计算机

情景导入

阿秀：小白，需要的计算机硬件都买回来了吧?

小白：都买了，昨天已经全部送到了。

阿秀：那好，我们今天的任务就是学习组装计算机。

小白：太好了，终于要实际操作了。

阿秀：对了，小白，你对组装计算机的流程熟悉吗?

小白：组装计算机还有什么流程吗？不是把所有的硬件安装在一起就行了吗?

阿秀：不按照流程进行，就可能会出现问题。我先给你讲解一下安装的流程，然后使用相关工具根据注意事项进行组装。

小白：好吧，看来今天有得忙了。

学习目标

- 认识组装计算机的工具，了解组装计算机的注意事项
- 熟练掌握组装计算机的流程
- 熟练掌握设组装计算机的各项操作

技能目标

- 能够熟练组装各种类型的台式机
- 能够熟练地安装和拆卸各种类型的计算机

任务一 装机准备

在组装计算机之前，进行适当的准备是十分必要的，充分的准备工作可以确保组装过程的顺利完成，并在一定程度上提高组装的效率与质量。

一、任务目标

本任务将为组装计算机做好各种准备工作，首先认识组装计算机的各种工具，然后了解安装计算机的流程。通过本任务的学习，可以掌握各种组装计算机的准备操作。

二、相关知识

下面就来了解和认识安装工具、安装流程和安装注意事项。

（一）认识安装工具

组装计算机需要一些工具来完成硬件的安装和检测，如十字螺丝刀、尖嘴钳、镊子。对于初学者来说，有些工具在组装过程中可能不会使用到，但在维护计算机的过程中可能用到，如万用表、清洁剂、吹气球、小毛刷等。

- **螺丝刀**：是计算机组装与维护过程中使用最频繁的工具，其主要功能是用来安装或拆卸各计算机部件之间的固定螺丝，由于计算机中的固定螺丝都是十字接头的，因此常用的螺丝刀是十字螺丝刀，如图3-1所示。
- **尖嘴钳**：用来拆卸一些半固定的计算机部件，如机箱中的主板支撑架和挡板等，如图3-2所示。

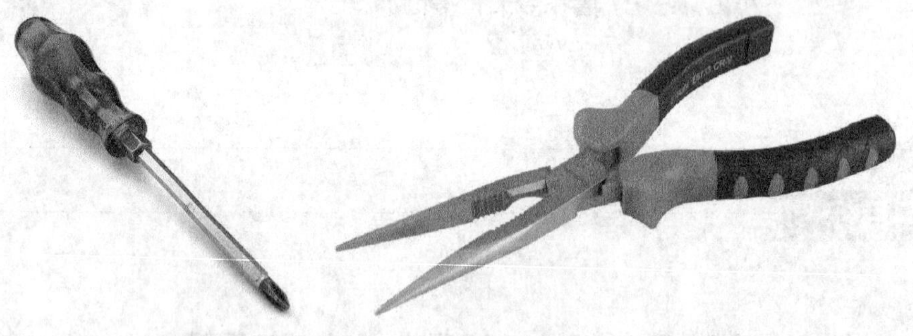

图3-1 十字螺丝刀　　图3-2 尖嘴钳

知识补充

由于计算机机箱内空间狭小，因此应尽量选用带磁性的螺丝刀，这样可降低安装的难度，但螺丝刀上的磁性不宜过大，否则会对部分硬件造成损坏，磁性的强度以能吸住螺丝且不脱离为宜。

- **镊子**：由于计算机机箱内的空间较小，在安装各种硬件后，一旦需要对其进行调整，或有东西掉入其中，就需要使用镊子进行操作，如图3-3所示。
- **万用表**：万用表用于检查计算机部件的电压是否正常和数据线的通断等电气线路问题，在计算机维护中使用较多，分为指针式和数字式两种。指针式万用表测量的精度高，但比较专业，普通用户使用起来比较复杂；数字式万用表对测试结果的显示全面直观，对各种数据的读取速度迅速，适合普通用户使用，如图3-4所示。

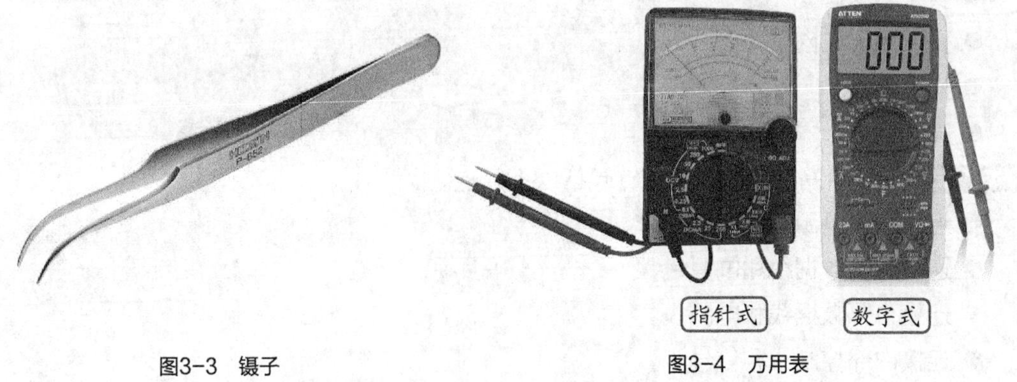

图3-3 镊子　　图3-4 万用表

知识补充

镊子一般用于拔插主板和硬盘上一些狭小地方的跳线时使用，且当有螺丝或小件物品掉入机箱内部时也可以用镊子将其取出。

- **清洁剂**：作用是清洁一些重要硬件上的顽固污垢，如显示器屏幕和光驱光头等，如图3-5所示。
- **吹气球**：作用是清洁机箱内部各硬件之间的较小空间或各硬件上不宜清除的灰尘，如图3-6所示。
- **小毛刷**：作用是清洁硬件表面的灰尘，如图3-7所示。
- **干毛巾**：作用是擦除计算机显示器和机箱表面的灰尘，如图3-8所示。

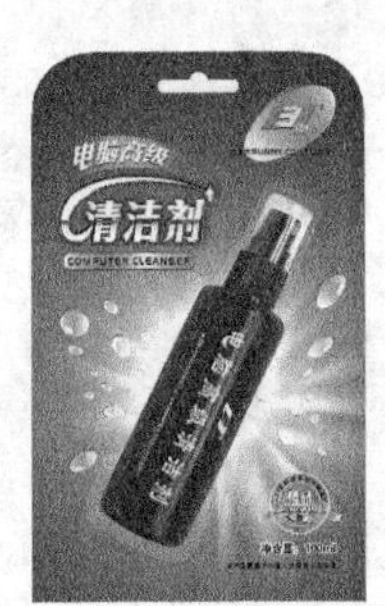

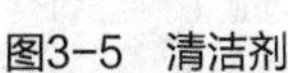
图3-5 清洁剂

图3-6 吹气球

图3-7 小毛刷

图3-8 干毛巾

（二）了解安装流程

组装之前还应该理清组装的流程，做到胸有成竹，一鼓作气将整个操作完成。虽然组装计算机的流程并不是固定的，但通常可以按照以下流程进行。

STEP 1 安装机箱内部的各种硬件，包括以下几点。

- 安装电源。
- 安装CPU和散热风扇。
- 安装内存。

- 安装主板。
- 安装显卡。
- 安装声卡和网卡。
- 安装硬盘。
- 安装光驱。

STEP 2 连接机箱内的各种线缆，包括以下几点。

- 连接主板电源线。
- 连接硬盘数据线和电源线。
- 连接光驱数据线和电源线。
- 连接内部控制线和信号线。

STEP 3 连接主要的外部设备，包括以下几点。

- 连接显示器。
- 连接键盘和鼠标。
- 连接音箱。
- 连接主机电源。

任务二 组装一台计算机

在做好一切准备工作后，就可以开始组装计算机的具体操作了，这也是组装计算机最重要的一个步骤。

一、 任务目标

本任务将练习组装一台计算机，组装时先安装计算机机箱中的各种硬件设备，然后连接各种线缆，最后连接外部设备。通过本任务的学习，可以掌握计算机的安装操作，并能熟练地安装各种类型的计算机。

二、相关知识

在开始组装计算机前，需要对组装的相关注意事项有所了解，包括以下几点。

- 通过洗手或触摸接地金属物体的方式释放身上所带的静电，防止静电对电脑硬件的损坏。另外，在装机时，只需释放一次静电的观点是错误的，因为在组装计算机的过程中，由于手和各部件不断地摩擦，还会产生静电，因此应多次释放。
- 在拧各种螺丝时，不能拧得太紧，拧紧后应再往反方向拧半圈。
- 各种硬件要轻拿轻放，特别是硬盘。
- 插板卡时一定要对准插槽均衡向下用力，并且要插紧；拔卡时不能左右晃动，要均衡用力地垂直插拔，更不能盲目用力，以免损坏板卡。
- 安装主板、显卡、声卡等部件时应安装平稳，并将其固定牢靠，对于主板，应尽量安装绝缘垫片。

操作提示

组装计算机最好在一个干净整洁的平台上进行，需要有良好的供电系统，并且远离电场和磁场。然后将各种硬件从包装盒中取出，放置在平台上，并将硬件中的各种螺丝钉、支架、连接线也有序地放置在平台上。

三、任务实施

（一）安装电源

首先打开机箱侧面板，然后将电源安装到机箱中，其具体操作如下。（拓展微课：光盘\微课视频\项目三\安装机箱内部硬件.wmv）

STEP 1 用十字螺丝刀拧下机箱后部固定螺丝，卸下机箱的侧面板，效果如图3-9所示。

STEP 2 用尖嘴钳将机箱后部的挡板拆掉，主要是拆掉第一个条形挡片，以方便安装显卡，如图3-10所示。

图3-9 拆卸机箱盖后

图3-10 拆卸条形挡片

操作提示

由于安装硬盘和光驱时需要将其固定在机箱的支架上，最好两侧都安装螺丝，所以最好将机箱两侧的面板都拆卸掉。

STEP 3 如果需要安装独立的声卡或网卡，还需要将条形挡片拆卸1~2个，然后继续用尖嘴钳将机箱后的主板接口挡板拆掉，如图3-11所示。

STEP 4 因为主板的外部接口不同，因此需要安装主板附带的挡板，这里将主板包装盒中附带的主板专用挡板扣在该位置（这一步也可以在安装主板时进行），如图3-12所示。

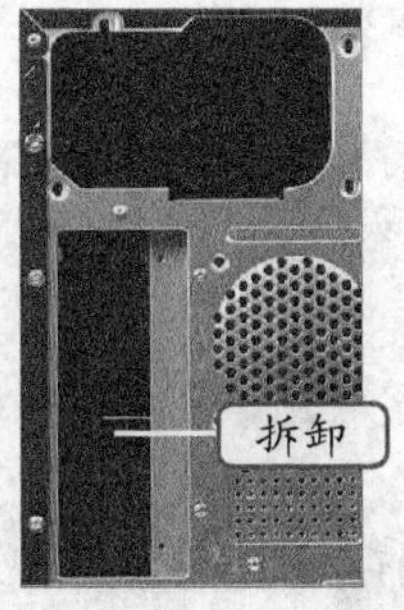

图3-11 拆卸机箱上的主板外部接口挡板

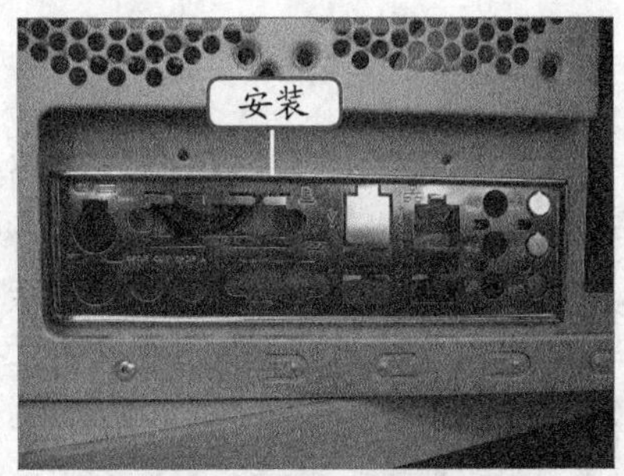

图3-12 安装主板外部接口挡板

STEP 5 接着放置电源，将电源有风扇的一面朝向机箱上的预留孔，然后将其放置在机箱的电源固定架上，如图3-13所示。

STEP 6 最后固定电源，将其后螺丝孔与机箱上的孔位对齐，使用机箱附带的的粗牙螺丝将电源固定在电源固定架上，然后用手上下晃动电源看其是否安装稳固，如图3-14所示。

图3-13 放置电源

图3-14 固定电源

（二）安装CPU

在安装完电源后，可以先将主板安装到机箱中，再安装CPU，但由于机箱内的空间比较小，对于初次组装计算机的用户来说，操作起来比较麻烦。为了保证安装的顺利进行，可以先将CPU安装到主板上，再将主板固定到机箱中。下面介绍安装CPU和散热风扇的方法，其具体操作如下。

STEP 1 将主板从包装盒中取出，放置在附带的防静电绝缘垫上，推开主板上CPU插座的拉杆，然后打开其上的CPU挡板，如图3-15所示。

STEP 2 接着安装CPU，使CPU缺口对准插座缺口，将其垂直放入CPU插座中，如图3-16所示。

图3-15 打开挡板

图3-16 放入CPU

操作提示

如果没有绝缘垫，也可以使用主板包装盒中的矩形泡沫垫代替，将其放置在包装盒上就可以进行主板安装。另外，有些CPU的一角上有个标记，如图3-17所示，将其对准主板CPU插座上的标记安装即可。

图3-17 CPU的安装标记

STEP 3 此时不可用力按压，应使CPU自滑入插座内，然后盖好CPU挡板并压下拉杆，完成CPU的安装，如图3-18所示。

STEP 4 在CPU背面涂抹导热硅脂，涂抹的正确方法是，挤出少许到CPU中心，然后然后给手指戴上胶套，将硅脂均匀抹开，如图3-19所示。

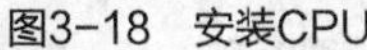
图3-18 安装CPU

图3-19 涂抹硅脂

导热硅脂的作用是填充CPU与散热器之间的空隙并传导热量，常见的导热硅脂有白色和灰色两种：白色的最常见，常温下是粘稠的液体状态，选购时要注意粘稠度适当；灰色是指Intel公司的原装导热硅脂，它在白色导热硅脂的基础上添加了一定的石墨，增强了导热性能。

STEP 5 将CPU风扇的4个膨胀扣对准主板上的风扇孔位，然后向下用力使膨胀扣卡槽进入孔位中，如图3-20所示。

STEP 6 转动膨胀扣上的把手，并向右旋转45°，分别转动其他把手，使风扇完全固定在主板上，然后将风扇的电源线插在主板上的3针电源插座上，如图3-21所示。

图3-20 安装风扇

图3-21 连接电源

大多数散热风扇，特别是CPU原装的散热风扇底部和CPU接触的位置都已经涂抹了散热硅脂，无需再进行步骤4的操作。

（三）安装内存

安装完CPU后就需要将内存插入主板插槽，其具体操作如下。

STEP 1 将内存插槽上的固定卡座向外轻微用力扳开，打开内存条卡扣，如图3–22所示。

STEP 2 将内存上的缺口与插槽中的防插反凸起对齐，向下均匀用力将内存水平插入插槽中，直到内存的金手指和内存插槽完全接触，再将内存卡座扳回，使其卡入内存卡槽中，如图3–23所示。

图3–22　扳开固定卡座

图3–23　插入内容存

知识补充

主板的内存插槽一般用两种颜色来表示不同的通道，如果需要安装两根内存条来组成双通道，则需要将两根内存条插入相同颜色的插槽。如果是三通道，则需要将3根内存条插入相同颜色的插槽，如图3–24所示。

图3–24　安装三通道内存

（四）安装主板

下面将安装好CPU和内存的主板安装到机箱中，其具体操作如下。

STEP 1 首先观察主板螺丝孔的位置，然后根据该位置将六角螺栓放置在机箱内，如图3–25所示。

STEP 2 使用螺丝刀将六角螺栓逐个拧紧，如图3–26所示。

STEP 3 将主板平稳地放入机箱内，使其外部接口与机箱背面安装好的该主板专用挡板孔位对齐，如图3–27所示。

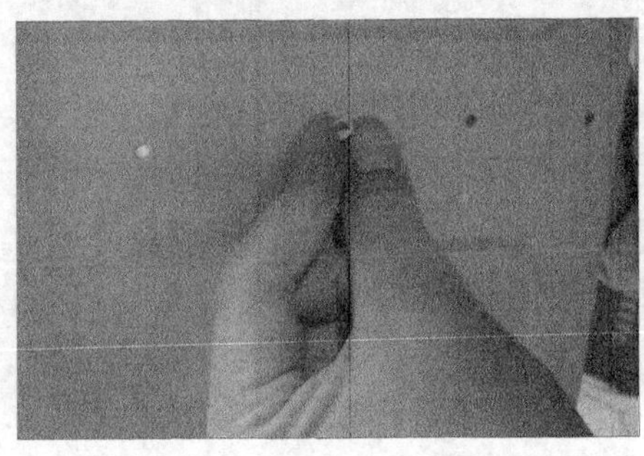

图3-25 放入六角螺栓

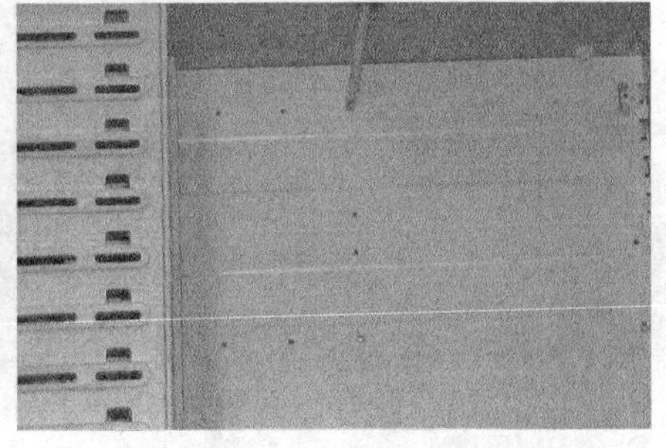

图3-26 安装六角螺栓

STEP 4 此时主板的螺丝孔与六角螺栓也相应对齐，然后用螺丝将主板固定在机箱侧面板上，如图3-28所示。

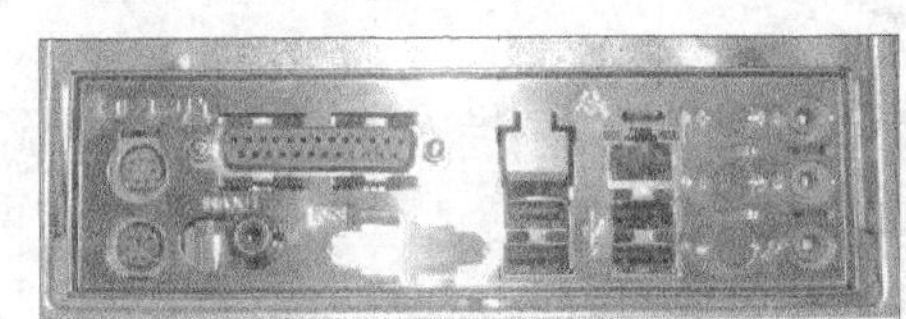

图3-27 对齐外部接口挡板

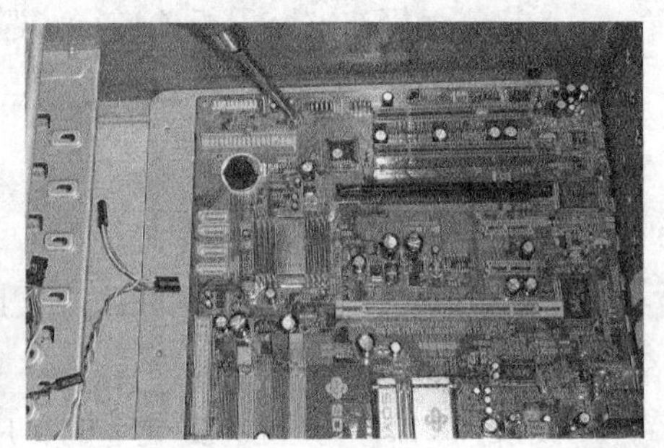

图3-28 固定主板

（五）安装显卡、声卡、网卡

其实很多主板都已集成了音频和网络芯片，因此只需安装显卡即可，但也有一些需要单独安装声卡或网卡，其具体操作如下。

STEP 1 主板上的PCI-Express显卡插槽上都有卡扣设计，所以首先需要按下打开卡扣，将显卡的金手指对准主板上的PCI-Express接口，然后轻轻按下显卡，如图3-29所示。

STEP 2 全部进入后则用螺丝将其固定在机箱上完成显卡安装，如图3-30所示。

图3-29 安装显卡

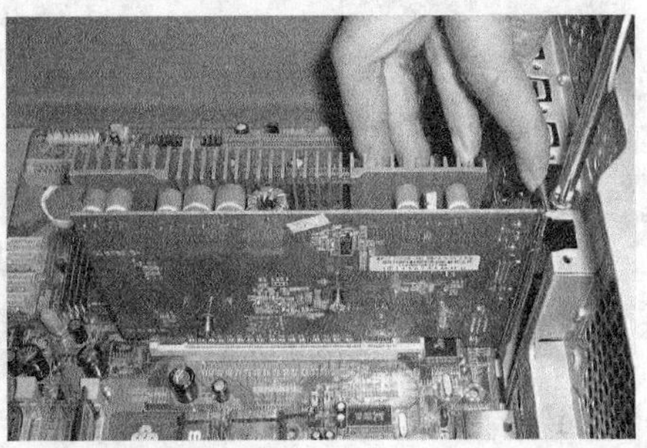

图3-30 固定显卡

STEP 3 将网卡的金手指对准PCI插槽插入，如图3-31所示。

STEP 4 确认网卡的金手指已完全插入PCI插槽后，即可用螺丝刀拧紧螺丝，将其固定在机箱上，如图3-32所示。

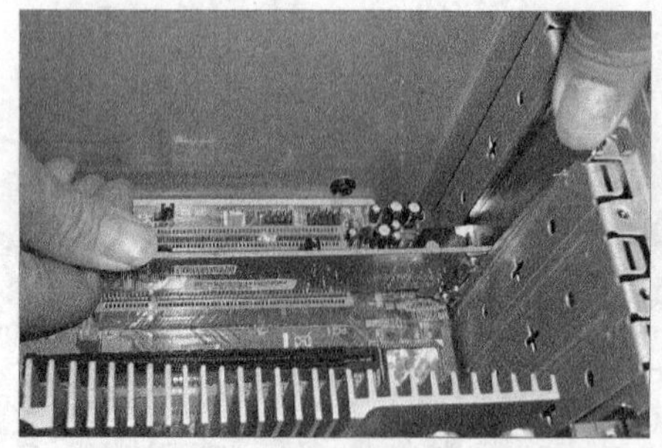
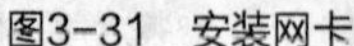

图3-31　安装网卡

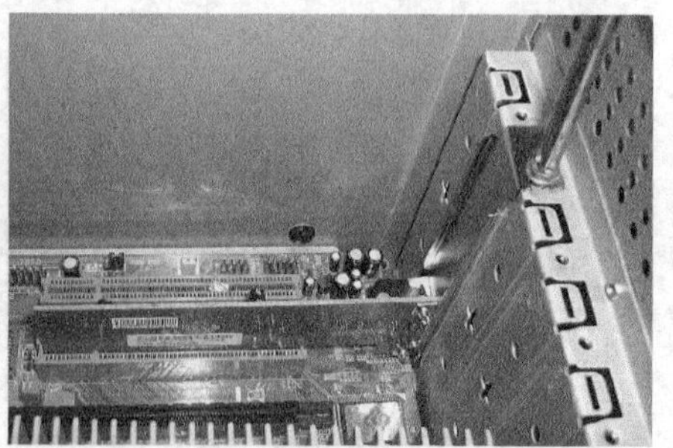

图3-32　固定网卡

在安装网卡或声卡前，还需要将机箱后面对应主板插槽的挡板拆除。这一操作最好在安装主板前进行，避免可能导致的物理损坏。

（六）安装硬盘

接下来就可以安装硬盘了，其具体操作如下。

STEP 1 将硬盘带有标签的一面朝向机箱上方，平直地将其推入机箱的3.5英寸驱动器支架上，如图3-33所示。

STEP 2 使硬盘的螺丝孔位与支架上的相应孔位对齐，然后用细牙螺丝将硬盘固定在支架上，如图3-34所示。

图3-33　安装硬盘

图3-34　固定硬盘

放入硬盘时不能太用力，固定硬盘时，不可用力拧紧螺丝，以避免硬盘受到机箱震动的影响，保留一定的缓冲。在固定硬盘时，最好在硬盘支架的两侧都安装螺丝，保证硬盘不会掉落。

（七）连接主板电源线

接下来就需要连接机箱内的各种连线，先将电源的电源插头连接到主板的插座，其具体操作如下。（拓展微课：光盘\微课视频\项目三\连接机箱内部各种线缆.wmv）

STEP 1 找到20针主板电源线，对准主板上的电源接口插入，如图3-35所示。

STEP 2 找到4针的主板辅助电源线，对准主板上的辅助电源接口插入，如图3-36所示。

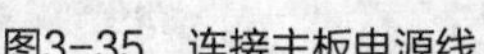
图3-35　连接主板电源线

图3-36　连接辅助电源线

（八）连接硬盘数据线和电源线

接下来就连接硬盘的数据线和电源线，其具体操作如下。

STEP 1 现在常用的是SATA接口的硬盘，其电源线的一端为“L”型，在主机电源的连线中找到该电源线插头，将其插入硬盘对应的接口中，如图3-37所示。

STEP 2 而SATA硬盘的数据线两端接口都为“L”型（该数据线属于硬盘的附件，在硬盘包装盒中），按正确的方向分别将其插入硬盘与主板的SATA接口中，如图3-38所示。

图3-37　连接硬盘电源线

图3-38　连接硬盘数据线

如果是IDE接口的硬盘，数据线和SATA硬盘的数据线不同，但也需要同时将其插入硬盘与主板的IDE接口中；而IDE接口的硬盘则需要使用电源中的D型电源线插头进行连接，如图3-39所示。

图3-39　连接IDE接口硬盘的数据线和电源线

（九）连接内部控制线和信号线

机箱内部的信号线主要是控制机箱前面板的按钮和信号灯，其具体操作如下。

STEP 1 从机箱信号线中找到机箱喇叭信号线插头，是一个4芯插头，但实际上只有两根线，将该插头和主板上的SPEAKER接口相连，如图3-40所示。

STEP 2 找到机箱的电源开关控制线插头，该插头为一个两芯的插头，和主板上的POWER SW或PWR SW接口相连，如图3-41所示。

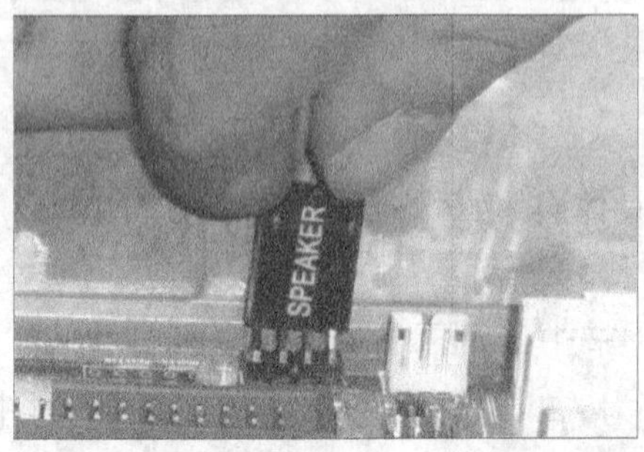

图3-40 连接SPEAKER信号线

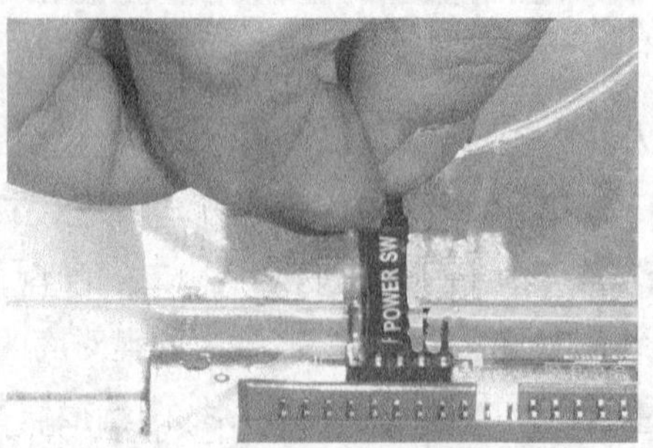

图3-41 连接电源开关控制线

知识补充

主板上都有这些信号线和控制线的接口，并且有文字标识，用户也可以通过主板说明书查看对应的位置。其中，H.D.D LED信号线连接硬盘信号灯，RESET SW控制线连接重新启动按钮，POWER LED信号线连接主机电源灯，SPEAKER信号线连接主机喇叭，POWER SW控制线连接开机按钮，USB控制线和AUDIO控制线分布连接机箱前面板中USB接口和音频接口。

STEP 3 找到硬盘工作状态指示灯信号线插头，为两芯插头，一根线为红色，另一根线为白色，将该插头和主板上的H.D.D LED接口相连，如图3-42所示。

STEP 4 找到机箱上的重启键控制线插头，并将其和主板上的RESET SW接口相连，如图3-43所示。

图3-42 连接硬盘指示灯信号线

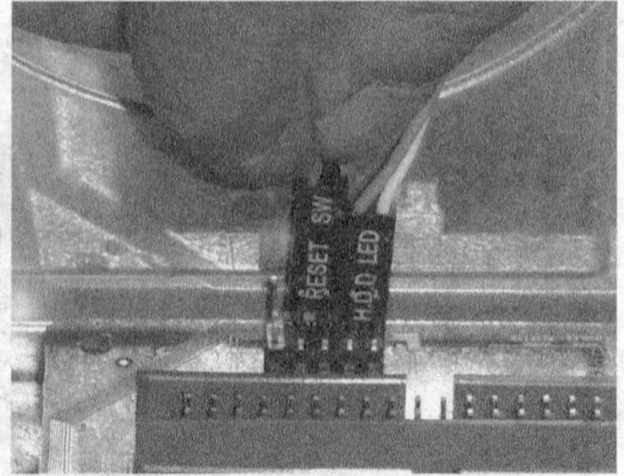

图3-43 连接重启键控制线

STEP 5 主机开关电源工作状态指示灯信号线是3芯的插头，将其和主板上的POWER LED接口相连，如图3-44所示。

STEP 6 在机箱中的前面板连接线中找到前置USB连线的插头，将其插入主板相应的接口上，如图3-45所示。

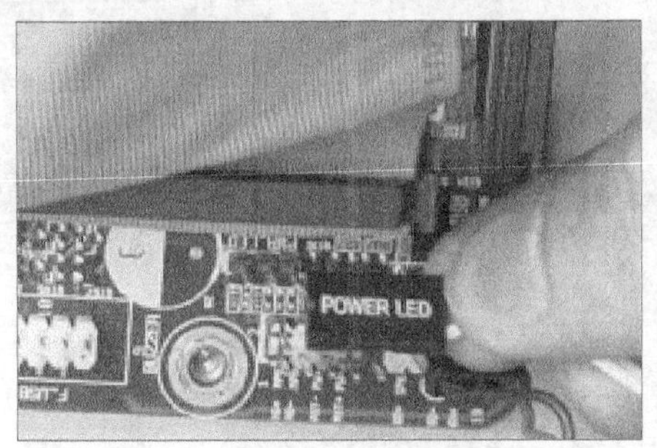

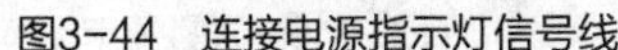

图3-44 连接电源指示灯信号线

图3-45 连接前置USB线

操作提示

有些信号线或控制线的插头需要区分正负极，通常白色线为负极，标记为⊖；正极通常为红色，标记为⊕。

STEP 7 在机箱中的前面板连接线中找到音频连线的插头，将其插入主板相应的接口上，如图3-46所示。

STEP 8 将机箱内部的信号线放在一起，用扎带捆绑起来，将光驱和硬盘的数据线和电源线理顺后用扎带将它们捆绑起来固定，并将所有电源线捆扎起来，如图3-47所示。

图3-46 连接前置音频线

图3-47 捆扎线缆

操作提示

连接完成后可以装上机箱侧面板，并用螺丝钉进行固定。不过在这之前，最好检查一遍机箱内的连线有无错误以及板卡安装是否到位。

（十）连接显示器

连接显示器主要是连接显示器的电源线，并将显示器的数据线连接到显卡上，其具体操作如下。（拓展微课：光盘\微课视频\项目三\连接外部设备.wmv）

STEP 1 先将显示器包装箱中配置的电源线一头插入显示器电源接口中，将显示器数据线的插头插入显示器的VGA接口中，然后拧紧插头上的两颗固定螺丝，如图3-48所示。

STEP 2 将显示器数据线另一头的VGA接头插入显卡的VGA接口中，然后拧紧插头上的两颗固定螺丝，如图3-49所示。

图3-48 连接显示器

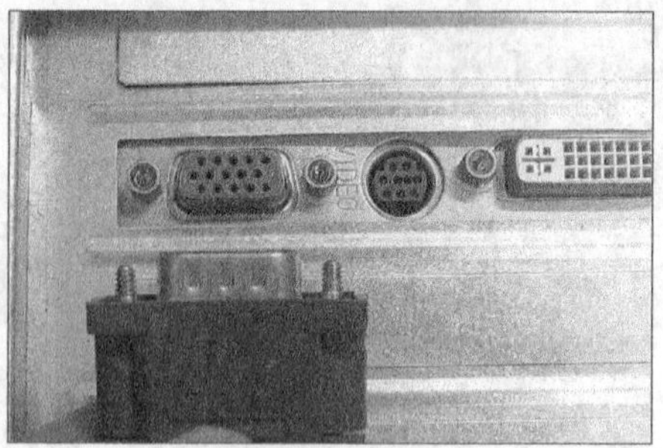

图3-49 连接显卡

（十一）连接鼠标和键盘

下面将鼠标和键盘连接到机箱后的主板外部接口上，其具体操作如下。

STEP 1 将PS/2键盘连接线插头对准主机后的紫色键盘接口并插入，如图3-50所示。

STEP 2 使用同样的方法将PS/2鼠标插头插入到主机后的绿色接口上，如图3-51所示。

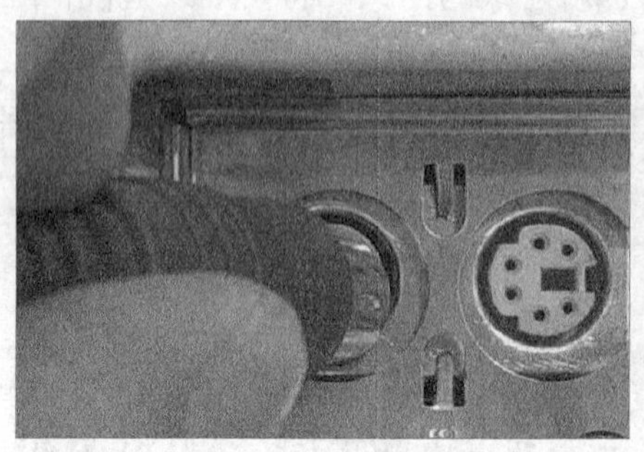

图3-50 连接键盘

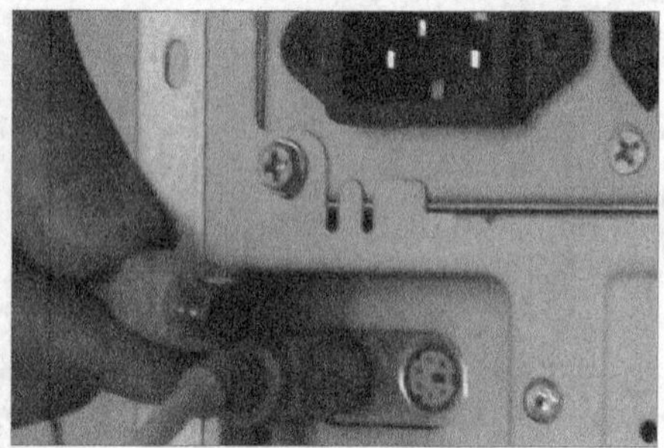

图3-51 连接鼠标

如果使用USB接口的鼠标或键盘，需要将其USB插头连接到机箱后主板外部接口的USB接口上，如图3-52所示。如果使用无线鼠标或键盘，则需要将无线信号收发器插入机箱后主板外部接口的USB接口上，如图3-53所示。

图3-52 连接USB接口的键盘或鼠标

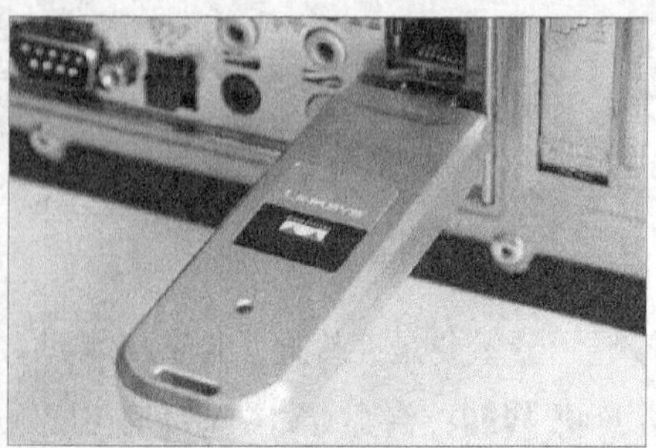

图3-53 连接无线信号收发器

知识补充

由于无线键盘和无线鼠标都要使用电池为其供电，所以在组装计算机时，需要为无线键盘和无线鼠标安装电池，如图3-54所示。

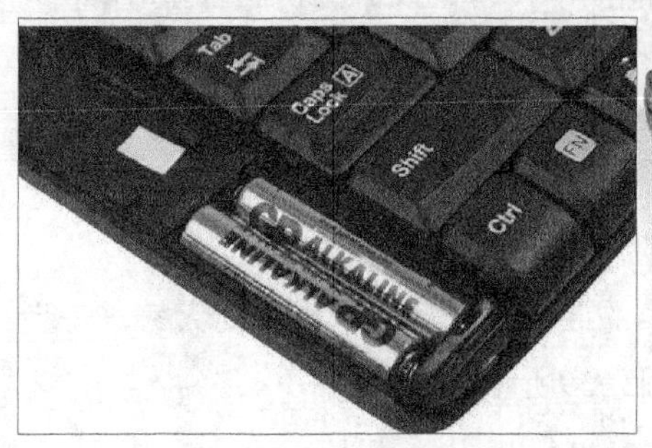

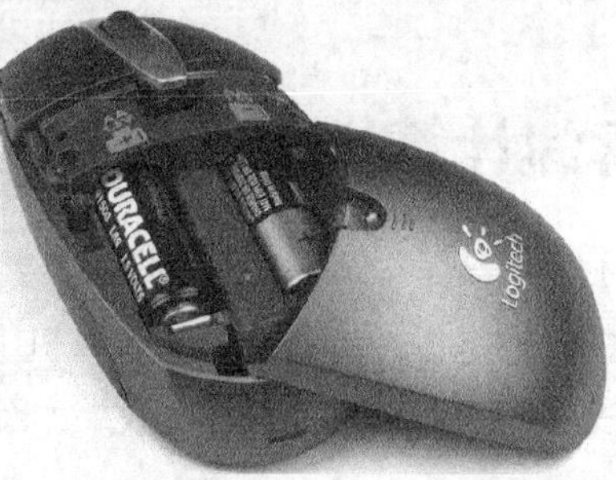

图3-54 安装无线鼠标和键盘的电池

（十二）安装侧面板并连接主机电源线

最后就是安装侧面板并连接主机电源，其具体操作如下。

STEP 1 将拆除的两个侧面板装上，如图3-55所示。

STEP 2 然后用螺丝固定侧面板，如图3-56所示。

图3-55 安装侧面板

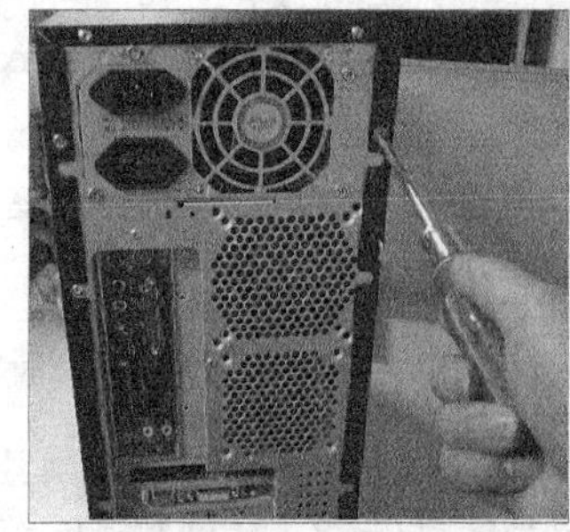

图3-56 用螺丝固定

STEP 3 检查前面安装的各种连线，确认连接无误后，就可以将主机电源线连接到主机后的电源接口，如图3-57所示。

STEP 4 将电源插头插入电源插线板中，完成计算机整机的组装操作，如图3-58所示。

图3-57 连接电源线

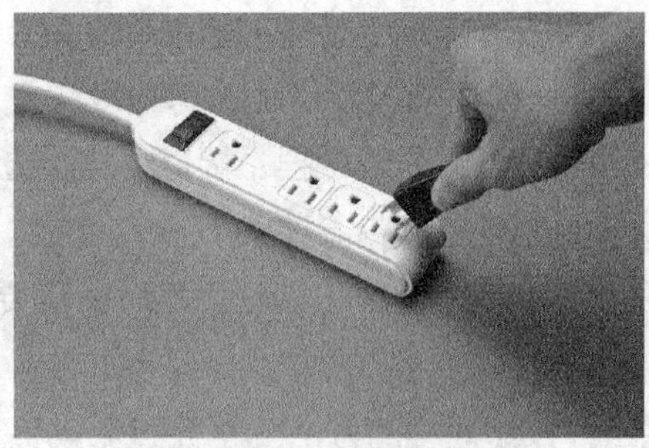

图3-58 接通电源

操作提示

计算机全部配件组装完成后，通常需再检测一下计算机是否安装成功。可以启动计算机，若能正常开机并显示自检画面，则说明整个计算机的组装已成功，否则会发出报警声音，出错的硬件不同，报警声也不相同。通常最易出现的错误是显卡和内存条未能插牢，将其拨下重新插入即可解决问题。

实训 拆卸计算机硬件连接

【实训要求】

本实训的目标是将一台组装好的计算机中的硬件都拆卸下来，帮助大家进一步了解计算机各硬件的安装。本实训的前后对比效果如图3-59所示。

图3-59 计算机拆卸前后对比效果

【实训思路】

完成本实训主要包括拆卸显示器、拆卸外部连线和拆卸机箱中的硬件3大步操作。

【步骤提示】

STEP 1 首先关闭电源开关，拔下主机箱上的电源线，在机箱后侧将一些连线的插头直接向外水平拔出，如键盘线、PS/2鼠标线、电源线、USB线、音箱线等。

STEP 2 在机箱后侧先将剩余连线的插头两侧螺钉固定把手拧松，再向外平拉，如显示器信号电缆插头或打印机信号电缆插头等。

STEP 3 拔下所有外设连线后就可以打开机箱了，机箱盖的固定螺钉大多在机箱后侧边缘上，用十字螺丝刀拧下机箱的固定螺钉就可以取下机箱盖。

STEP 4 打开机箱盖后就可以拆卸板卡了，拆卸板卡时，先用螺丝刀拧下条形窗口上固定插卡的螺钉，然后用双手捏紧接口卡的上边缘，平直地向上拔出板卡。

STEP 5 拆卸板卡后需要拔下硬盘的数据线和电源线，在拆卸时，只需捏紧插头的两端，平稳地沿水平方向拔出即可。然后就需要拆下硬盘，先拧下驱动器支架两侧固定驱动器的螺钉，然后握住硬盘向后抽出驱动器，在拆卸过程中应防止硬盘滑落损坏。

STEP 6 按照同样的方法拆下光盘驱动器。与拆下硬盘唯一的不同点是光盘驱动器应该从机箱的前面一侧抽出。

STEP 7 然后需要将插在主板电源插座上的电源插头拔下，现在的ATX电源插头上有一个小塑料卡，捏住塑料卡，然后就可以拔出。除了拔下主板的电源插头外，还需要拔下的插头还有CPU风扇电源插头和主板与机箱面板按钮连线插头等。

STEP 8 接着需要取出内存条，向外侧扳开内存插槽上的固定卡，捏住内存条的两端，向上均匀用力，将内存条取下。

STEP 9 然后就可以拆下CPU了，先将4个CPU风扇固定扣打开，取下CPU风扇，然后将CPU插槽旁边的CPU固定拉杆拉起，捏住CPU的两侧，小心地将CPU取下。

STEP 10 接着需要取出主板，将主板的各个部分与机箱分离后，就可以拧下固定主板的螺丝，将主板从主机箱中取出来。

STEP 11 最后拆下主机电源，先拧下固定的螺钉，再握住电源向后抽出机箱即可，至此就完成了计算机硬件的拆卸工作，并能看到组成计算机的几乎所有硬件。

常见疑难解析

问：主板上只有一个IDE插槽，但有两个IDE接口的硬盘，怎么办呢？

答：通常一条IDE数据线可以连接两个驱动器，两个插槽能够连接4个驱动器。当一条数据线连接两个硬盘后，需要为驱动器设置跳线，也就是常说的主从盘（即将一个硬盘设置为主盘，另一个设置为从盘，跳线的具体设置方法可参见驱动器后部跳线上方的标识）。

问：主板提供了连接机箱前置USB的接口，但机箱却没有用于连接该接口的连线，是机箱不支持吗？有什么好的方法代替前置USB接口吗？

答：可能该机箱没有提供前置USB接口，因为一些早期推出的机箱是没有提供该接口的，而现在的有些机箱为了节约成本，也在制造过程中省去了前置USB接口。其实要代替前置USB接口的方法很多，其中最简单的一种就是，去电脑城购买一条USB的延长线，将这条USB延长线的一端插入机箱后部任意一个USB接口中，然后将另一端牵引到机箱前端即可。这种方法的使用效果决不亚于使用机箱的前置USB端口。

拓展知识

很多计算机都需要安装音箱，安装音箱比较复杂的操作是音箱之间的连线，音箱与计算机的连线比较简单，通常都是一根绿色接头的输出线，其具体操作如下。

STEP 1 通常购买音箱时会附带相应的连接线，组装时只需使用其中的双头主音频线与左右声道音频线，将所需的音频线取出并整理好，如图3-60所示。

STEP 2 将双头主音频线按不同的颜色，分别插入音箱后面对应颜色的音频输入孔中（通常是红色插头对应红色输入孔，白色插头对应白色输入孔），如图3-61所示。

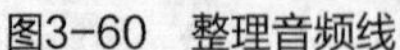

图3-60　整理音频线

图3-61　连接双头主音频线

STEP 3 然后将两根连接左右声道音箱的音频线按不同的颜色或正负极，将裸露的线头分别插入到低音炮与扬声器的左右音频输出口（即左右声道）中，并用手指将塑料卡扣压紧以固定音频线，如图3-62所示。

STEP 4 将双头音频线的另一头插入主板或声卡的声音输出口中（通常为绿色），完成音箱的组装操作，如图3-63所示。

图3-62　整理音频线

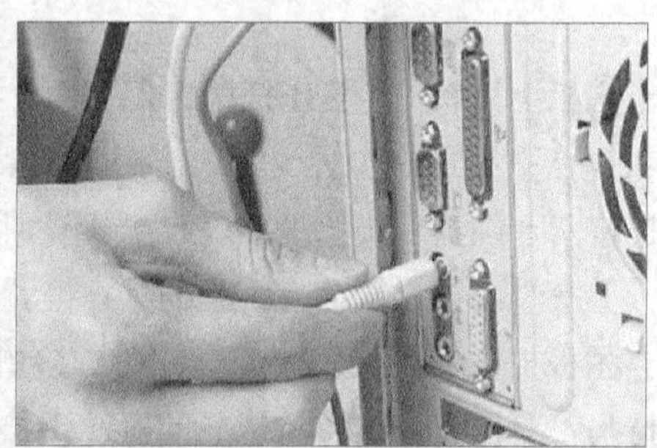

图3-63　连接音频输入口

课后练习

（1）简述计算机组装的基本流程。

（2）根据本项目的讲解，试着在一台计算机上卸载所有机箱内的硬件设备，然后重新组装一次。

（3）仔细查看主板说明书，找到主板上连接机箱内部连线的接口位置，将上面的连线拔掉，然后尝试将连线重新连接起来。

（4）拆卸计算机的外部设备，并将其重新安装。

（5）试着不按本项目的安装步骤，自行组装一台计算机。

（6）总结一种能够迅速地组装一台计算机的方法。

PART 4

项目四 设置BIOS和硬盘分区

情景导入

阿秀：小白，为什么把装好的计算机拆开?

小白：今天安装操作系统时，计算机提示没有找到硬盘，不会是硬盘坏了吧!

阿秀：不会吧，刚买的硬盘就坏了？对了，你对硬盘分区了吗?

小白：分区？什么是分区?

阿秀：原来是这样啊！计算机并不是安装好硬件就能安装操作系统的，还需要设置BIOS和对硬盘进行分区。

小白：为什么呢?

阿秀：因为硬盘出厂的时候里面是没有数据的，需要对硬盘进行分区，才能向里面安装操作系统。

小白：原来如此，那你就教教我怎么分区吧。

学习目标

- 认识BIOS的功能
- 熟练掌握设置BIOS的基本操作
- 熟练掌握对硬盘进行分区的基本操作
- 熟练掌握对硬盘进行格式化的基本操作

技能目标

- 能够轻松设置各种类型的BIOS
- 能够使用软件对硬盘进行分区
- 能够使用软件对硬盘进行格式化

任务一 设置BIOS

BIOS（Basic Input and Output System，基本输入和输出系统）是被固化在只读存储器（Read Only Memory，ROM）中的程序，因此又被称为ROM BIOS或BIOS ROM。BIOS程序在开机时即运行，执行了BIOS后才能使硬盘上的程序正常工作。由于BIOS是存储在只读存储器中的，因此它只能读取不能修改，且断电后仍能保持数据不丢失。

一、任务目标

本任务将熟悉BIOS的基本功能、类型、基本操作，以及BIOS设置界面中各主要选项的功能，并通过一些具体的BIOS设置熟悉常见的设置操作。

二、相关知识

不同的BIOS其进入方法有所不同，常见方法有以下两种。

- **AMI BIOS**：启动计算机，按【Delete】键或【Esc】键，有屏幕提示，如图4-1所示为AMI BIOS的主界面。
- **Phoenix-Award BIOS**：启动计算机，按【Delete】键，有屏幕提示，如图4-2所示为Phoenix-Award BIOS的主界面。

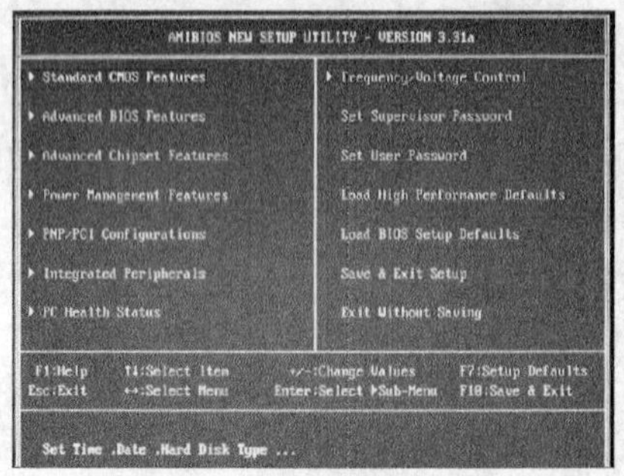

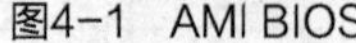
图4-1 AMI BIOS

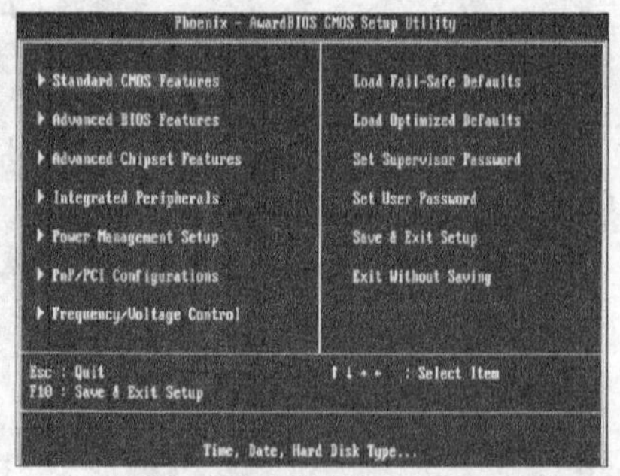

图4-2 Phoenix-Award BIOS

操作提示

打开计算机电源后，首先会看到BIOS的开机画面一闪而过，随后会显示主板BIOS的自检信息，此时在画面的左下方会出现“Press DEL to enter SETUP”之类的提示，此时按下【Delete】键便可以进入BIOS的设置窗口。

（一）BIOS的基本功能

BIOS的功能主要包括中断服务程序、系统设置程序、开机自检程序和系统启动自举程序4项，但经常使用到的只有后面3项。

- **中断服务程序**：实质上是指计算机系统中软件与硬件之间的一个接口，操作系统中对硬盘、光驱、键盘、显示器等外围设备的管理，都是建立在BIOS基础上的。
- **系统设置程序**：计算机在对硬件进行操作前必须先知道硬件的配置信息，这些配置信息存放在一块可读写的CMOS RAM芯片中，而BIOS中的系统设置程序主要用来设置CMOS RAM中的各项硬件参数，这个设置CMOS参数的过程称为BIOS设置。

- **开机自检程序**：在按下计算机电源开关后，POST（Power On Self Test，自检）程序将检查各个硬件设备是否工作正常，自检包括对CPU、640KB基本内存、1MB以上的扩展内存、ROM、主板、CMOS存储器、串并口、显示卡、软/硬盘子系统、键盘进行测试，一旦在自检过程中发现问题，系统将给出提示信息或鸣笛警告。
- **系统启动自举程序**：在完成POST自检后，BIOS将先按照CMOS中保存的启动顺序来搜寻软/硬盘驱动器、光盘驱动器、网络服务器等有效的启动驱动器，然后读入操作系统引导记录，再将系统控制权交给引导记录，最后由引导记录完成系统的启动。

知识补充

BIOS是计算机启动和操作的基础，若计算机系统中没有BIOS，则所有的硬件设备都不能正常使用。因此，BIOS对硬件的管理功能也能代表计算机系统的性能。

（二）BIOS的类型

通常BIOS的类型是按照品牌进行划分的，现在主要有以下两种。

- **AMI BIOS**：是AMI公司生产的BIOS，开发于20世纪80年代中期，早期计算机大多采用该BIOS，它具有即插即用和绿色节能等特点。图4-3所示为一块AMI BIOS芯片和开机自检画面。
- **Phoenix-Award BIOS**：现在的计算机大多使用Phoenix-Award BIOS，其功能和界面与Award BIOS基本相同，因此可以将Phoenix-Award BIOS当作是新版本的Award BIOS。图4-4所示为一块Phoenix-Award BIOS芯片开机自检画面。

图4-3 AMI BIOS

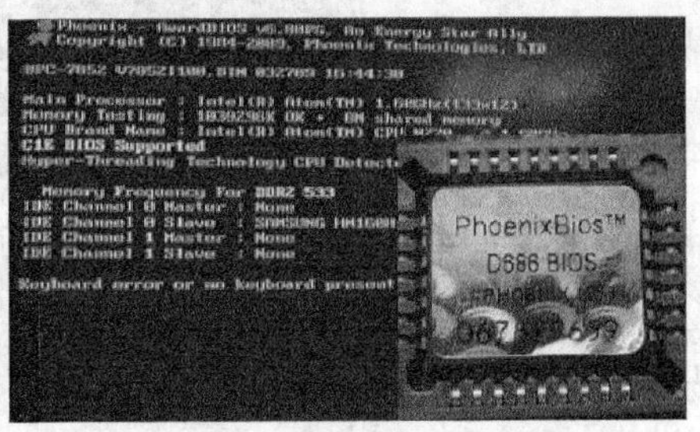

图4-4 Phoenix-Award BIOS

知识提示

通常所说的CMOS是计算机主板上的一块可读写并可修改的RAM（随机存储器）芯片，常被称为CMOS RAM，用于存储系统的硬件配置和用户对某些参数的设置。CMOS由主板上的CMOS电池供电，保证切断外部电源后，其中的数据不会丢失。如果要改变CMOS中的参数，就必须使用BIOS中的系统设置程序进行设置，通常也可以把BIOS设置说成CMOS设置。

（三）BIOS的基本操作

进入BIOS设置主界面后，可按以下的快捷键进行操作。

- 【←】、【→】、【↑】、【↓】键：用于在各设置选项间切换和移动。
- 【＋】或【Page Up】键：用于切换选项设置递增值。
- 【－】或【Page Down】键：用于切换选项设置递减值。
- 【Enter】键：确认执行和显示选项的所有设置值并进入选项子菜单。
- 【F1】或【Alt＋H】键：弹出帮助窗口，并显示说明所有功能键。
- 【F5】键：用于载入选项修改前的设置值。
- 【F6】键：用于载入选项的默认值。
- 【F7】键：用于载入选项的最优化默认值。
- 【F10】键：用于保存并退出BIOS设置。
- 【Esc】键：回到前一级画面或主画面，或从主画面中结束设置程序。按此键也可不保存设置直接要求退出BIOS程序。

（四）Standard CMOS Features（标准CMOS设置）

这项功能主要包括对日期和时间、硬盘和光驱、启动检查等选项的设置，其设置界面如图4-5所示。

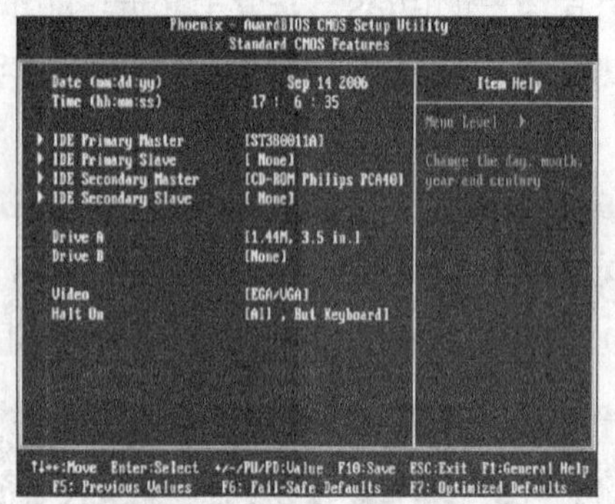

图4-5　Standard CMOS Features界面

- **Date和Time：**主要用于设置日期和时间，BIOS中的日期和时间即为系统所使用的日期和时间，如果设置的值与实际的值有所偏差，可以通过BIOS设置对其进行调整。
- **光驱和硬盘：**在其中显示硬盘和光驱的参数、硬盘自动检测功能、存取模式、相关参数的检测方式等，另外，还可以查看硬盘的容量大小。
- **Halt On：**该项用于设置启动检查，当计算机在启动过程中遇到错误时可暂停启动，从而避免在有问题的环境下运行系统。在BIOS中可对需要检查的内容进行设置。图4-5中的选项为检查键盘，一般在启动时需要按【F1】键才能继续启动。

（五）Advanced BIOS Features（高级BIOS特性设置）

在其中可以对CPU的运行频率、病毒报警功能、磁盘引导顺序、密码检查方式等选项进行设置，设置界面如图4-6所示，其中主要选项的设置方法分别介绍如下。

- **CPU Feature：**在该选项上按【Enter】键可在打开的界面中对CPU的运行频率进行设置，如果设置错误将导致系统出错，无法启动。

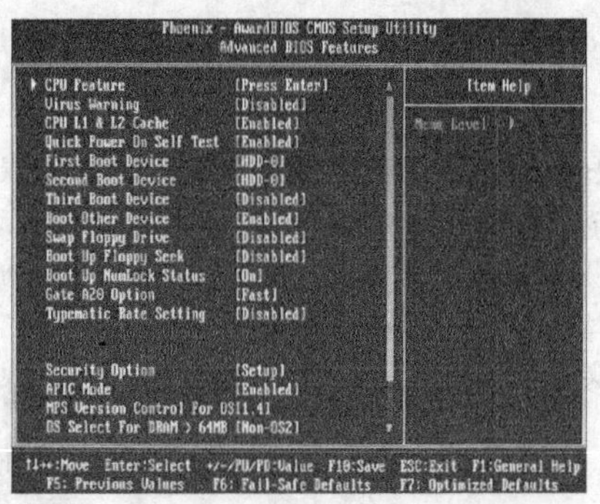

图4-6 Advanced BIOS Features界面

- **Virus Warning**：病毒警告功能，启用该功能后，BIOS只要检测到硬盘的引导扇区和硬盘分区表有写入操作时，就会将其暂停，并发出信息询问用户的意见，从而达到预防开机型病毒的目的。
- **磁盘引导顺序**：通过BIOS中的相应设置可决定系统在开机时先检测哪个设备并进行启动，包括第一、第二、第三启动的磁盘设置和是否启动其他磁盘，常用的可选择设备有CDROM、HDD-0等。
- **Security Option**：如果用户为自己的计算机设置了开机密码，则可通过设置该选项决定在什么时候需要输入密码，其中包括“Setup”和“System”两个选项。

通常“Enabled”表示该功能正在运行；“Disabled”表示该功能不能运行；“On”表示功能处于启动状态；“Off”表示功能处于未启动状态。

（六）Advanced Chipset Features（高级芯片组设置）

这项功能主要是针对主板采用的芯片组运行参数，通过其中各个选项的设置可更好地发挥主板芯片的功能。但其设置内容非常复杂，稍有不慎将可能导致系统无法开机或出现死机现象，所以不建议用户更改其中任何的设置参数，其设置界面如图4-7所示。

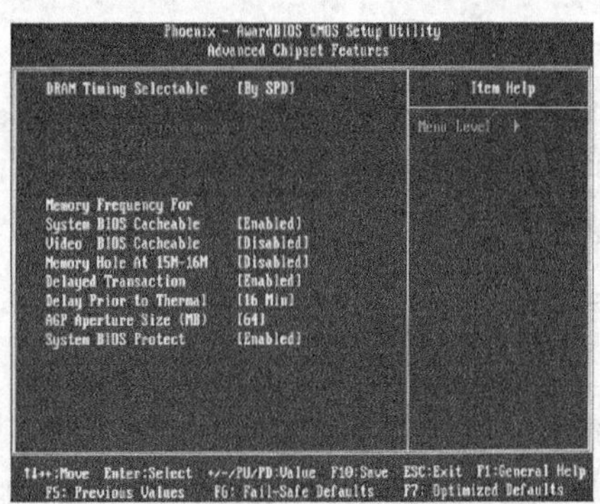

图4-7 Advanced Chipset Features界面

- **DRAM Timing Selectable**：设置芯片组运行参数，当选择“By SPD”选项时，表示由计算机自动控制，其下方的相关设置选项为不可用状态。

● Delayed Transaction：设置对延时的处理，如果不使用ISA显卡或与PCI 2.1标准不兼容，则应将其设定为“Disabled”。

● Video BIOS Cacheable：目前操作系统已很少请求视频BIOS，建议设定为“Disabled”以释放内存空间并降低冲突几率。

（七）Integrated Peripherals（外部设备设置）

这项功能主要对外部设备运行的相关参数进行设置，其中的内容较多，主要包括芯片组第一、第二个Channel的PCI IDE界面，第一、第二个IDE主控制器下的PIO模式，USB控制器，USB键盘支持，AC97音效等，其设置界面如图4-8所示。

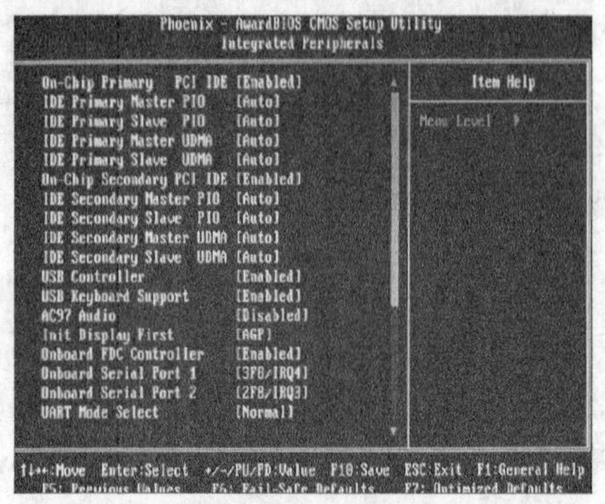

图4-8 Integrated Peripherals界面

● On-Chip Primary/Secondary PCI IDE：用于设置是否使用芯片组内建第一、第二个Channel的PCI IDE界面。如果硬盘和光驱等设备均采用SCSI接口，系统中没有使用IDE设备，则可设置为不使用第一和第二个通道的PCI IDE界面，以节省系统资源。

● AC97 Audio：该选项表示主板中集成了声卡，通过该选项可设置是否开启声效。如果要使用独立声卡，可将“AC97 Audio”选项设定为“Disabled”，屏蔽集成声卡。

● USB Keyboard Support：用于设置是否支持USB接口的键盘。

● USB Controller：用户设置是否开启USB控制器。最好将其设置为“Enabled”。

（八）Power Management Setup（电源管理设置）

这项功能主要配置计算机的电源管理功能，有效地降低系统的耗电量。计算机可以根据设置的条件自动进入不同阶段的省电模式，其设置界面如图4-9所示。

● HDD Power Down：用于设置IDE硬盘在多长时间内完全没有读写状态，系统便可切断硬盘电源以进入省电模式。

● Video Off Method：用于设置屏幕进入省电模式时系统的运行模式。

● Soft-Off by PWR-BTTN：用于设置当按下主机电源开关后，计算机所执行的操作，包括待机和关机两种，判断依据为按住电源开关持续的时间。

● Power Management：用于设置计算机的省电模式。

● Wake-Up by PCI Card：用于设置系统是否采用PCI插卡进行网络唤醒。

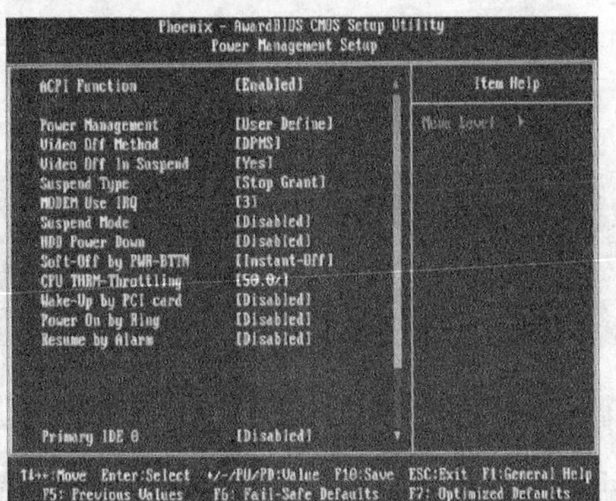

图4-9 Power Management Setup界面

- Resume by Alarm：用于设置系统是否采用定时开机。

（九）PnP/PCI Configuration（PnP/PCI配置）

这项功能主要用于对PCI总线部分的系统设置。该项配置设置内容技术性较强，所以不建议普通用户对其进行调整，一般采用系统的默认值即可，其设置界面如图4-10所示。

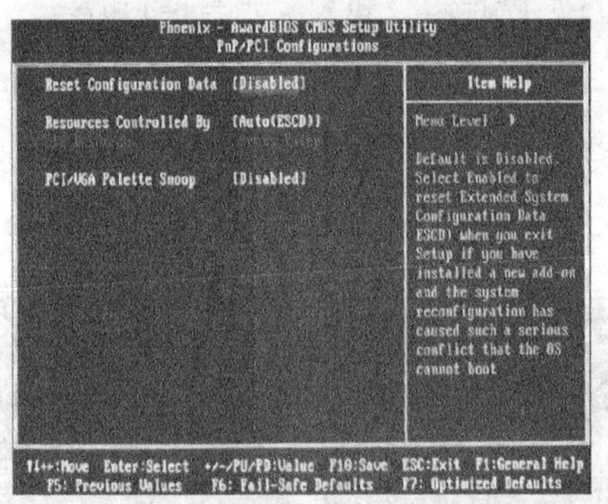

图4-10 PnP/PCI Configuration界面

- Reset Configuration Data：在新增硬件等情况时，将该项设置为“Enabled”，系统将在下次开机时自动重新配置PnP资源，配置完成后将自动切换到“Disabled”。
- Resources Controlled By：用于设置系统上的IRQ和DMA等资源由谁来进行分配，该项只需设定为默认值“Auto（ESCD）”即可。

对于常见的BIOS设置，在主板的说明书中通常会详细说明，也可以通过主板的官方网站进行查询。

（十）Frequency/Voltage Control（频率和电压控制）

这项功能主要用于对CPU频率和电压的系统设置。该项配置一般采用系统的默认值即可，其设置界面如图4-11所示。

（十一）Load Fail-Safe Defaults（载入最安全默认值）

最安全默认值是BIOS为用户提供的保守设置，是以牺牲一定的性能为代价最大限度地保证计算机中硬件的稳定性。用户可在BIOS主界面中选择“Load Fail-Safe Defaults”选项将其载入，如图4-12所示。

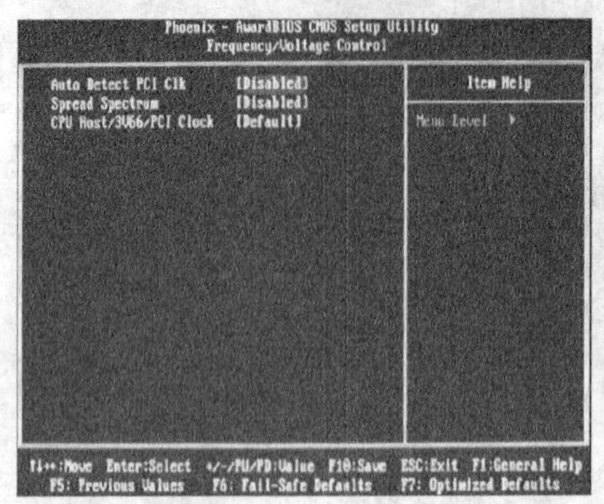

图4-11 Frequency/Voltage Control界面

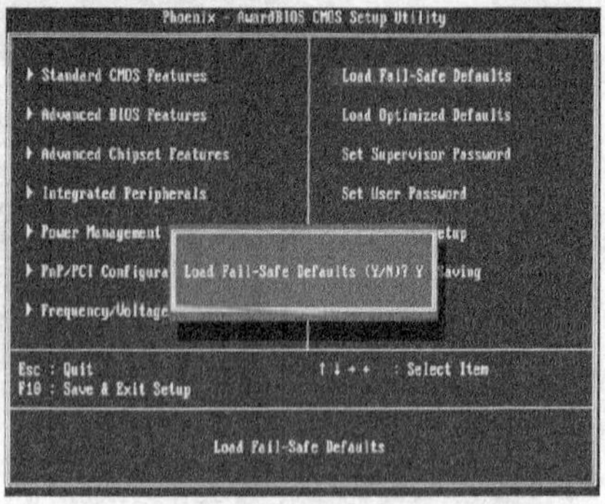

图4-12 载入最安全默认值

（十二）Load Optimized Defaults（载入最优化默认值）

最优化默认值是将各项参数更改为针对该主板的最优化方案。用户可在BIOS主界面中选择“Load Optimized Defaults”选项将其载入，如图4-13所示。

（十三）退出BIOS

在BIOS主界面中若选择“Save&Exit Setup”选项可保存更改并退出BIOS系统；若选择“Exit Without Saving”选项则不保存更改并退出BIOS系统，如图4-14所示。

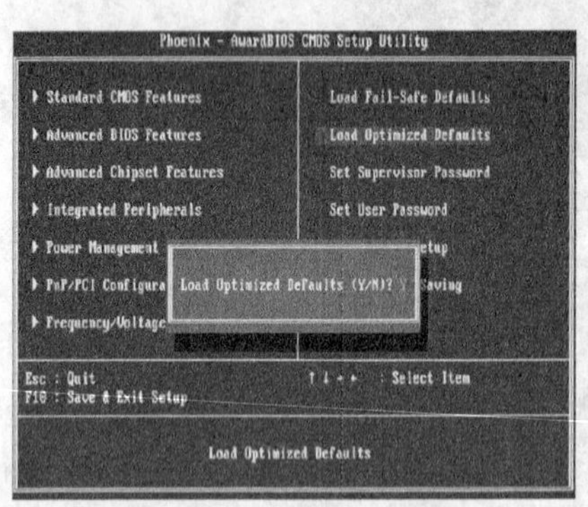

图4-13 载入最优化默认值

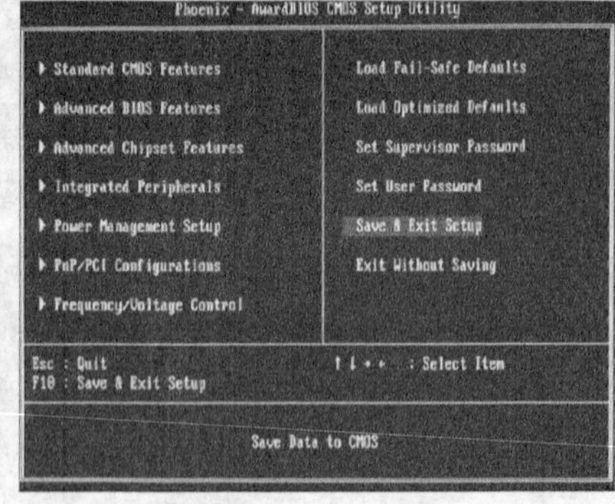

图4-14 退出BIOS

三、任务实施

（一）更改系统日期和时间

新组装计算机的系统时间与日期都为出厂时的默认设置，此时可将其更改为正确的时间与日期，其具体操作如下。（拓展微课：光盘\微课视频\项目四\设置系统日期和时间.swf）

STEP 1 启动计算机，当出现自检画面时按【Delete】键，进入BIOS设置主界面，光标默认停留在第一个选项“Standard CMOS Features（标准CMOS设置）”上，如图4-15所示。

STEP 2 按【Enter】键进入设置界面，然后在“Date”选项与“Time”选项中按【Page Up】键与【Page Down】键调整系统日期和时间为所需要的时间即可，如图4-16所示。

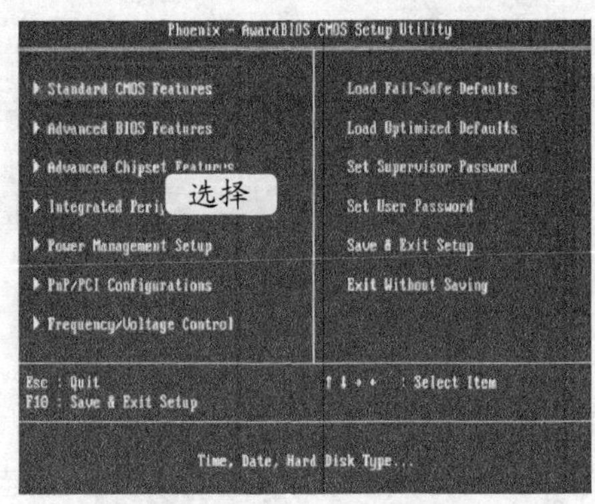

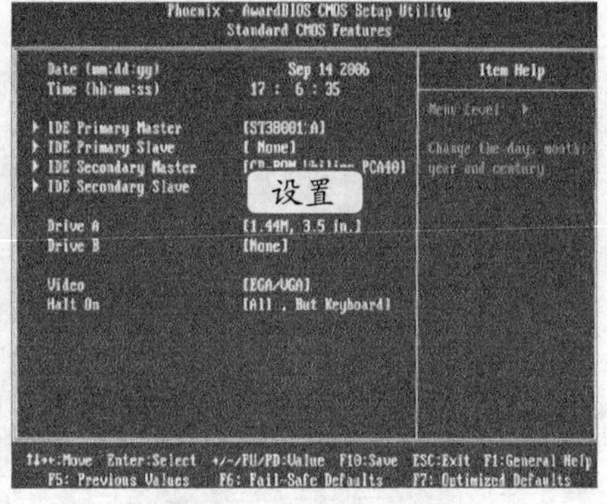

图4-15　进入BIOS设置　　　　图4-16　更改日期和时间

（二）设置启动顺序

启动顺序是指系统启动时将按设置的驱动器顺序查找并加载操作系统，是在高级BIOS设置界面中进行设置的，其具体操作如下。（拓展微课：光盘\微课视频\项目四\设置系统启动顺序.swf）

STEP 1 在BIOS设置主界面中，使用【↓】键将光标移动到“Advanced BIOS Features（高级BIOS设置）”选项上，如图4-17所示。

STEP 2 按【Enter】键进入高级BIOS设置界面，使用【↓】键将光标移动到“First Boot Device”选项上，如图4-18所示。

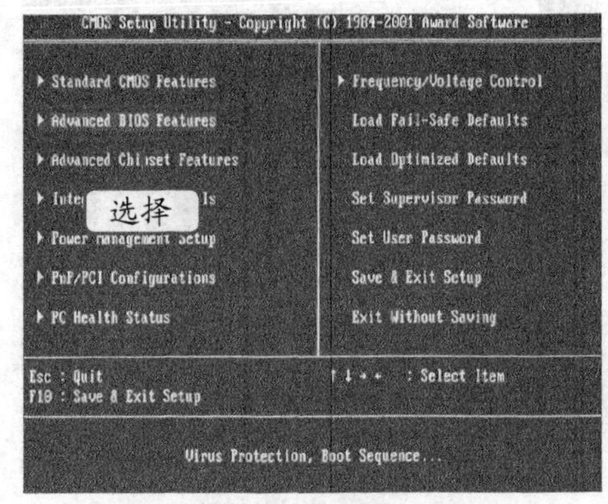

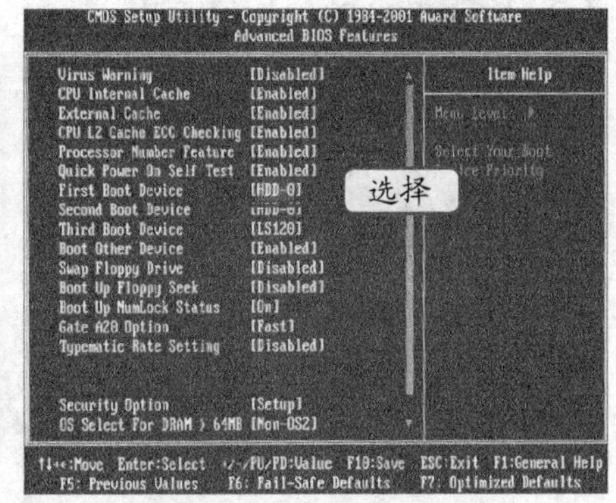

图4-17　选择高级BIOS设置　　　　图4-18　选择设置启动顺序选项

STEP 3 按【Enter】键打开“First Boot Device”对话框。使用【↓】键移动光标到“CDROM”选项上，即设置光驱为第一启动设备，设置完成后按【Enter】键，返回高级BIOS设置界面，如图4-19所示。

在打开的提示框中，“Floppy”选项表示软盘驱动器；“LS120”选项表示LS120软盘驱动器；“HDD-0、HDD-1、HDD-2……”选项表示硬盘；“SCSI”选项表示SCSI设备；“USB”选项表示USB设备。

STEP 4 移动光标到“Second Boot Device”选项上，以同样的方法设置HDD-0（第一主硬盘）为第二启动设备。设置完成后按【Esc】键，返回BIOS设置主菜单，如图4-20所示。

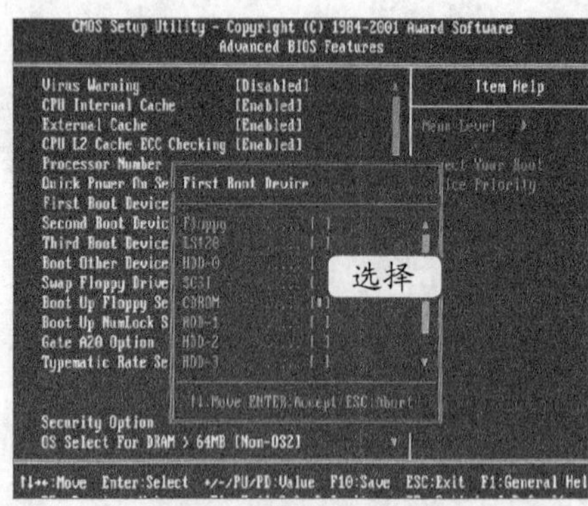

图4-19 设置第一启动设备

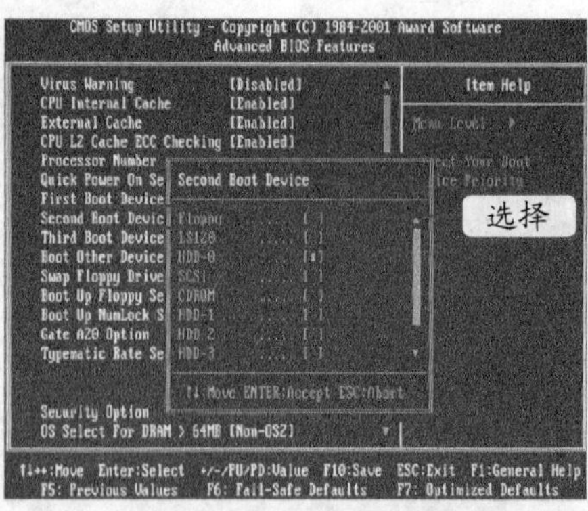

图4-20 设置第二启动设备

（三）启动病毒防护

由于某些计算机病毒会破坏主板BIOS，因此目前大多数主板的BIOS都提供了病毒防范功能，以防范这些病毒的攻击。下面在BIOS中启动病毒报警功能，其具体操作如下。（拓展微课：光盘\微课视频\项目四\启用病毒防护.swf）

STEP 1 在BIOS的主界面中，使用【↓】键将光标移动到“Adcanced BIOS Features”选项上，然后按【Enter】键，如图4-21所示。

STEP 2 选择“Virus Warning”选项并按【Enter】键，在打开的提示框中选择“Enabled”选项并按【Enter】键即可启动，如图4-22所示。

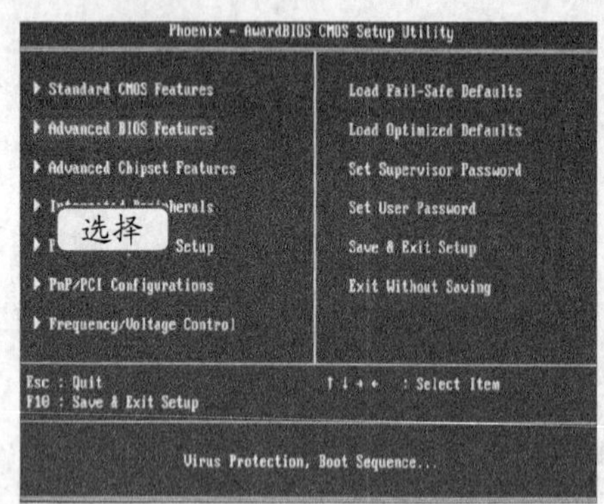

图4-21 选择高级BIOS设置

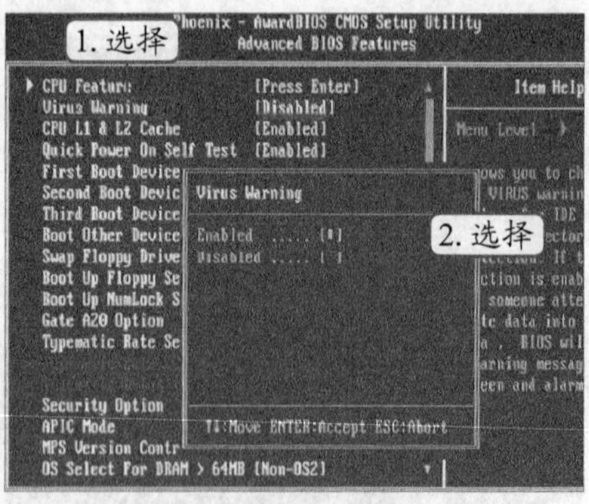

图4-22 启动病毒防护

（四）设置CPU报警温度

由于CPU过热有可能会导致出现计算机死机、重启等故障，严重时还可烧毁CPU，因此可以在BIOS为其设置报警温度，即当CPU达到设定的温度时将发出报警声，以使用户可以及时地发现故障并进行解决，其具体操作如下。（拓展微课：光盘\微课视频\项目四\设置CPU报警温度.swf）

STEP 1 启动计算机，按【Delete】键进入BIOS设置主界面中，用【↓】键移动光标到“PC Health Status（计算机健康状况）”选项上，然后按【Enter】键，如图4-23所示。

STEP 2 在计算机健康状况设置界面将光标移动到“CPU Warning Temperature”选项上，然后按【Enter】键，在打开的对话框中选择“70℃/158° F”选项并按【Enter】键，如

图4-24所示。

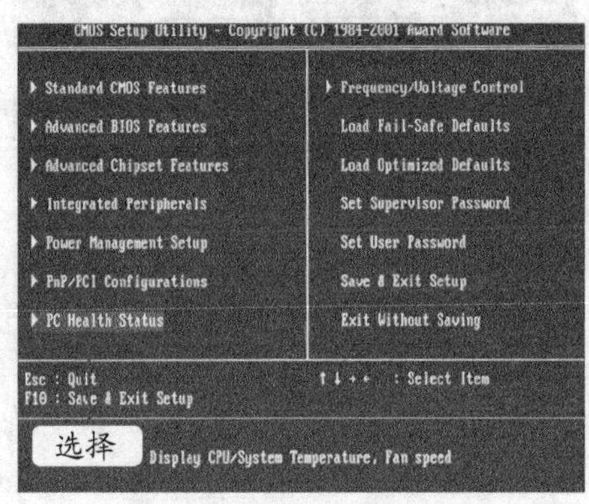

图4-23 选择计算机健康设置

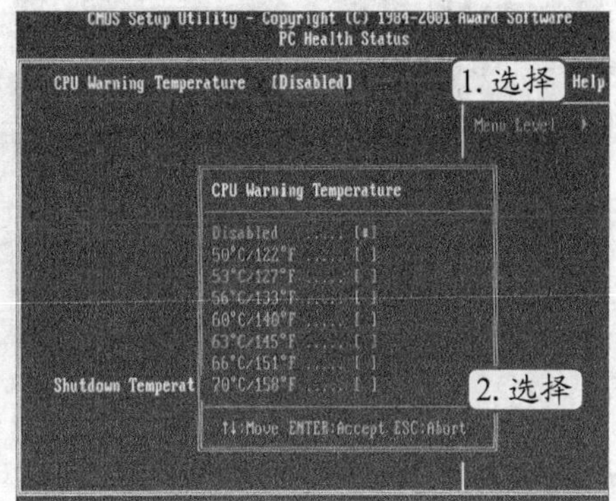

图4-24 设定报警温度

STEP 3 用【↓】键移动光标到“Shutdown Temperature（系统重启温度）”选项上，然后按【Enter】键，如图4-25所示。

STEP 4 进入设置系统重启温度的界面后，按与步骤2相同的方法将系统重启温度设置为75℃/167° F，即当CPU温度达到75℃时，系统将自动重新启动，如图4-26所示。

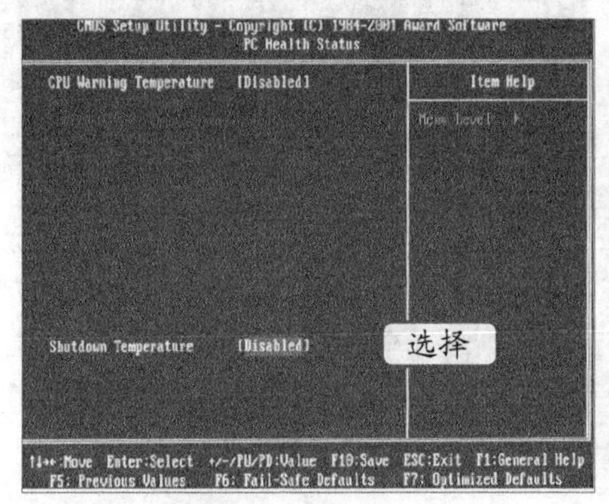

图4-25 选择选项

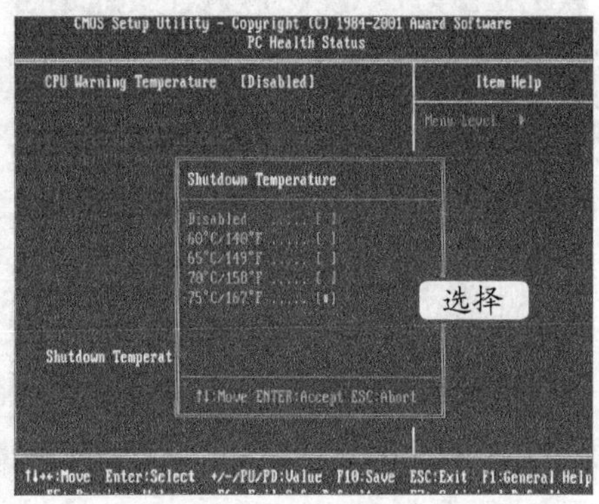

图4-26 设定计算机重启温度

（五）设置BIOS密码

在BIOS中可以为计算机设置两种密码，分别是用户密码与超级用户密码，其具体操作如下。（拓展微课：光盘\微课视频\项目四\设置BIOS密码.swf）

STEP 1 在BIOS主界面中，使用方向键将光标移动到“Set Supervisor Password（设置超级用户密码）”选项上，然后按【Enter】键，如图4-27所示。

STEP 2 系统将打开“Enter Password”文本框，在文本框中输入要设置的超级用户密码，然后按【Enter】键，如图4-28所示。

操作提示

在设置了BIOS密码后，如需要删除密码或更改密码，则必须先用用户密码进入BIOS设置主界面，在“Set Supervisor Password”选项或“Set User Password”选项上连续按3次【Enter】键即可删除密码。更改密码的操作过程与设置密码的操作相同。

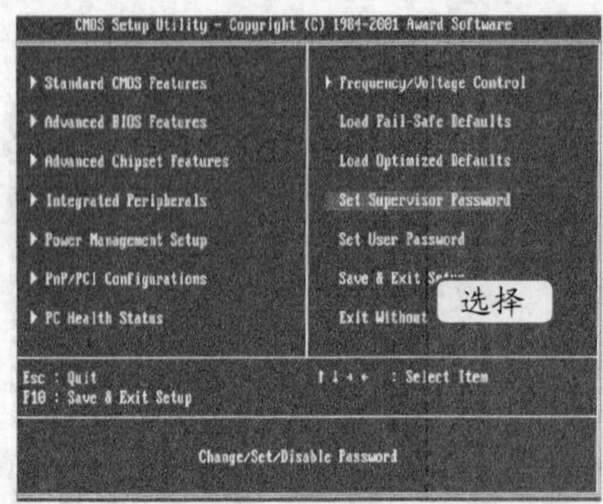

图4-27　选择选项

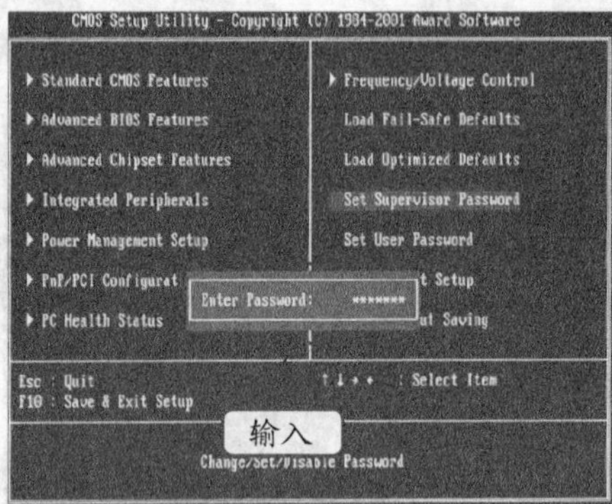

图4-28　输入超级用户密码

STEP 3　系统将提示再次输入密码，在文本框中再次输入要设置的密码，然后按【Enter】键，如图4-29所示。

STEP 4　返回BIOS主界面后，使用方向键将光标移动到“Set User Password（设置用户密码）”选项上，然后按【Enter】键，如图4-30所示。

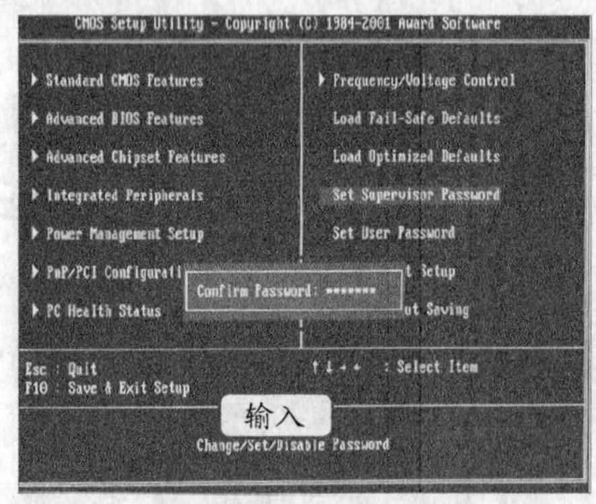

图4-29　确认密码

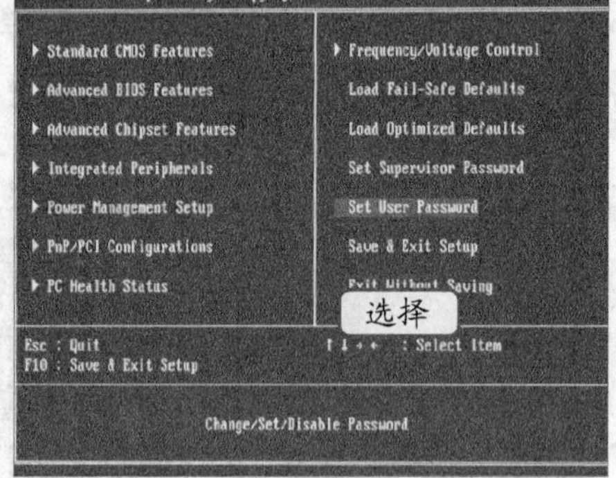

图4-30　设置用户密码

STEP 5　系统将弹出“Enter Password”文本框，在其中输入用户密码，然后按【Enter】键，如图4-31所示。

STEP 6　在打开的确认文本框中再次输入用户密码，然后按【Enter】键即可完成用户密码的设置，如图4-32所示。

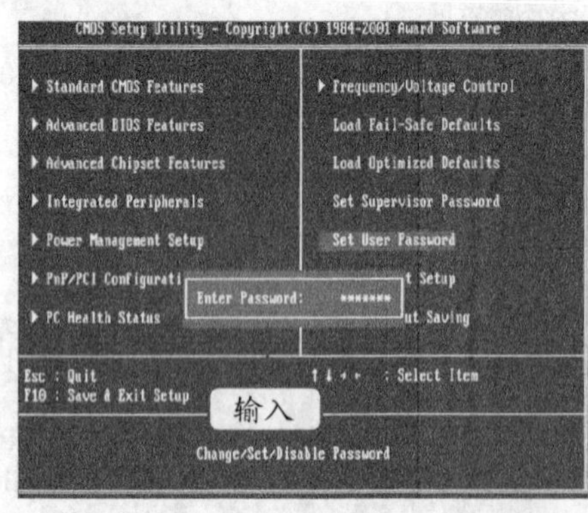

图4-31　输入用户密码

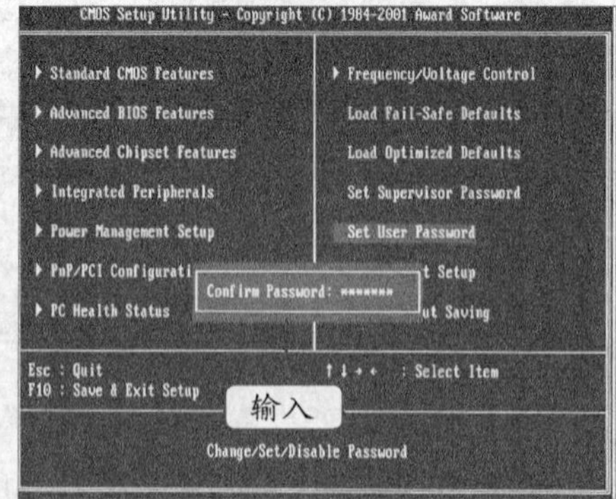

图4-32　确认密码

（六）保存与退出BIOS

对BIOS进行了各种设置后，需要保存设置并重新启动计算机，相关设置才会生效。下面介绍退出BIOS的方法，其具体操作如下。（拓展微课：光盘\微课视频\项目四\保存和退出BIOS.swf）

STEP 1 在BIOS设置主界面中，选择“Save & Exit Setup”（保存后退出）选项并按【Enter】键，在打开的提示对话框中按【Y】键，再按【Enter】键即可保存并退出BIOS，如图4-33所示。

STEP 2 如果需要不保存设置并退出BIOS，则选择“Exit Without Setup”（不保存退出）选项并按【Enter】键，在打开的提示对话框中按【Y】键，再按【Enter】键即可不保存退出BIOS，如图4-34所示。

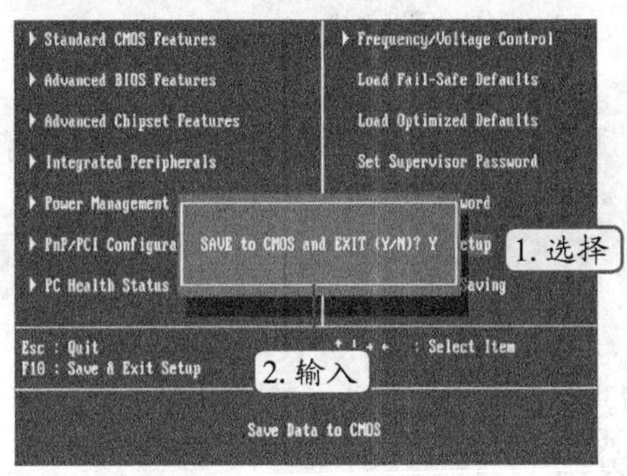

图4-33 保存后退出

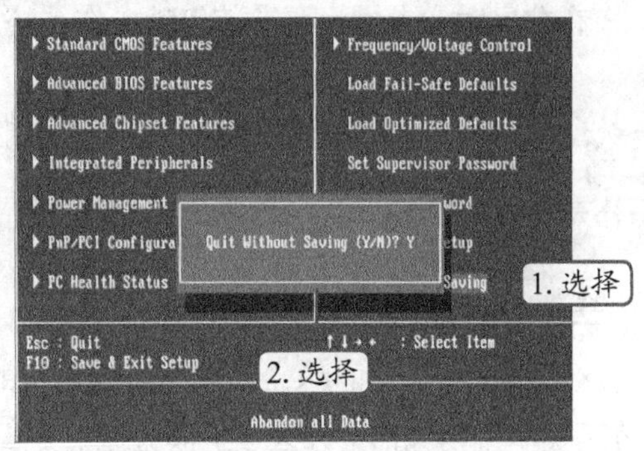

图4-34 不保存退出

任务二 硬盘分区

硬盘分区是指在一块物理硬盘上创建多个独立的逻辑单元，以提高硬盘利用率及实现数据的有效管理，这些逻辑单元即通常所说的C盘、D盘、E盘等。

一、任务目标

本任务将了解硬盘分区的原因和原则，并认识分区的类型和文件格式，最后实际操作对一个硬盘进行分区。通过本次任务，掌握为硬盘分区的具体操作方法。

二、相关知识

（一）分区的原因

对硬盘进行分区的原因主要有以下两个方面。

- **引导硬盘启动**：新出厂的硬盘并没有进行分区激活，这使得无法对硬盘进行读写操作，在硬盘分区时可以为其设置好各项物理参数，并指定硬盘的主引导记录及引导记录备份的存放位置。只有主分区中存在主引导记录，才可以正常引导硬盘启动，从而实现操作系统的安装及数据的读写。
- **方便管理**：未进行分区的新硬盘只具有一个原始分区，但随着硬盘容量越来越大，这一做法会使硬盘中的数据变得没有条理性，对计算机性能的发挥也相当不利，因此有必要对硬盘空间进行合理分配，将其划分为几个容量较小的分区。

（二）分区的原则

在对硬盘进行分区时不可盲目分配，需按照一定的原则来完成分区操作，分区的原则一般包括合理分区、实用为主、根据操作系统的特性分区。

- **合理分区**：合理分区是指分区数量要合理，不可太多，过多的分区数量，将降低系统启动及读写数据的速度，并且也不方便磁盘管理。
- **实用为主**：应根据实际需要来决定每个分区的容量大小，每个分区都有专门的用途，这种做法可以使各个分区之间的数据相互独立，不易产生混淆。
- **根据操作系统的特性分区**：同一种操作系统不能支持全部类型的分区格式，因此，在分区时应考虑将要安装何种操作系统，以便能作合理安排。

现在的硬盘容量都很大，通常分为系统、程序、数据、备份4个区。除了系统分区要考虑操作系统容量外，其余分区都是平价分配的。

（三）分区的类型

分区类型是在最早的DOS操作系统中出现的，其作用主要是为了描述各个分区之间的关系。分区类型主要包括主分区、扩展分区、逻辑分区。

- **主分区**：是硬盘上最重要的分区。在一个硬盘上最多能有4个主分区存在，但只能有一个主分区是激活的。主分区被系统默认分配为C盘。
- **扩展分区**：主分区外的其他分区统称为扩展分区。
- **逻辑分区**：逻辑分区包含在扩展分区中，只有其中的文件格式与操作系统兼容才能进行访问。逻辑分区的盘符默认从D盘开始（前提是硬盘上只存在一个主分区）。

（四）分区的文件格式

硬盘分区的文件格式决定了操作系统的兼容性及硬盘读写性能的差异。常用的分区文件格式有FAT32与NTFS两种。

- **FAT32**：是硬盘分区的主要文件格式，在分区容量小于8GB时，每簇的容量为4KB，从而减小单个文件占用的磁盘空间，同时支持的分区容量更大。除Windows 95和Windows NT操作系统外，其余Windows操作系统都支持这种分区的文件格式。
- **NTFS**：是目前最新的一种文件格式，该分区占用的簇更小，支持的分区容量更大，并且还引入了一种文件恢复机制，可最大限度地保证数据安全。Windows NT/2000/XP/2003/Vista/2008/7/8操作系统都支持这种分区的文件格式。

三、任务实施

硬盘分区需要专业的分区软件，现在最常用的是PartitionMagic（分区魔术师），下面就使用该软件对硬盘进行分区，其具体操作如下。（**拓展微课**：光盘\微课视频\项目四\创建主

分区.swf、创建扩展分区.swf、创建逻辑分区.swf）

STEP 1 将PartitionMagic程序光盘放入光驱中，然后启动计算机，打开程序界面，在其中即可看到计算机中所有的硬盘，如图4-35所示。

STEP 2 在界面窗口中选择需要分区的硬盘，在其上单击鼠标右键，在弹出的快捷菜单中选择【Create】命令，如图4-36所示。

还有一种硬盘分区的方法，就是安装大白菜等U盘启动工具，利用U盘启动计算机，然后在启动的系统中通过运行PartitionMagic对硬盘进行分区。

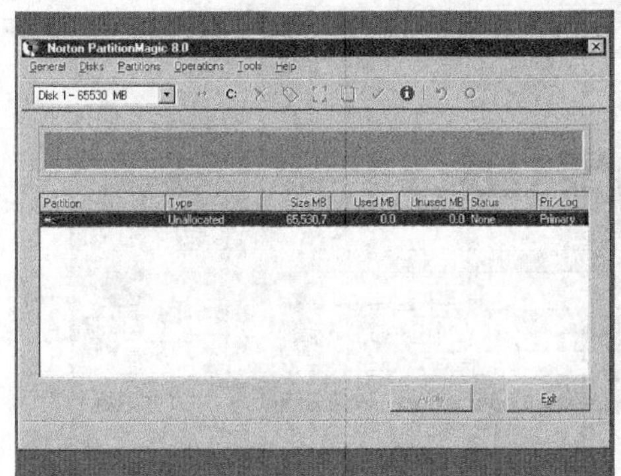

图4-35 启动PartitionMagic

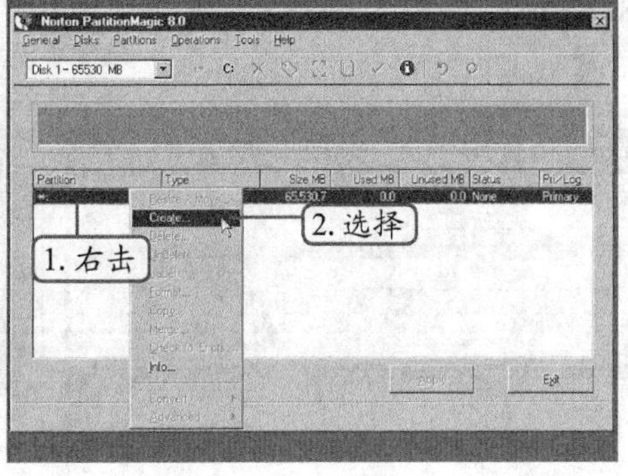

图4-36 选择命令

STEP 3 在打开对话框的“Create as”下拉列表中选择“Primary Partition”选项，在“Size”数值框中输入主分区的容量，单击 OK 按钮，如图4-37所示。

STEP 4 返回主界面，可以看到创建的主分区，如图4-38所示。

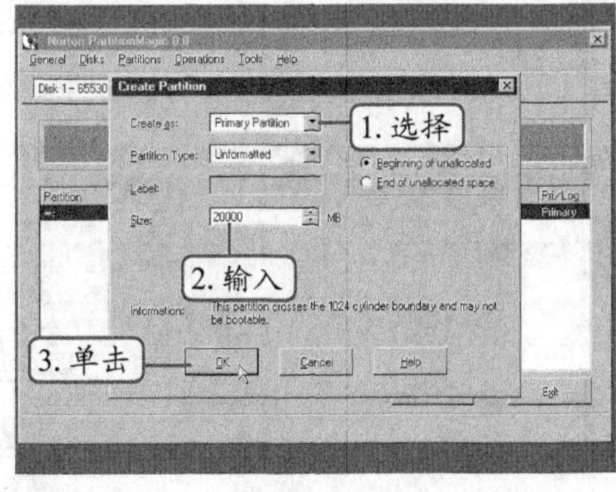

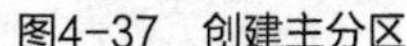

图4-37 创建主分区

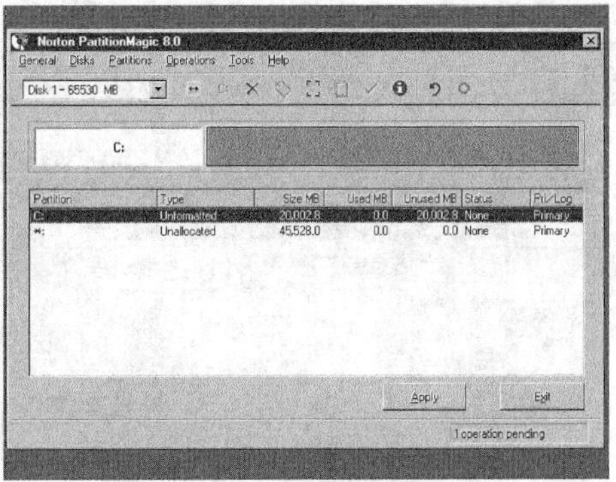

图4-38 创建后的效果

STEP 5 在未分配的区域中单击鼠标右键，在弹出的快捷菜单中选择【Create】命令，如图4-39所示。

STEP 6 在打开对话框的“Create as”下拉列表中选择“Logical Partition”选项，在“Size”数值框中输入一个逻辑分区的容量，单击 OK 按钮，如图4-40所示。

STEP 7 返回主界面，可以看到创建的逻辑分区，如图4-41所示。

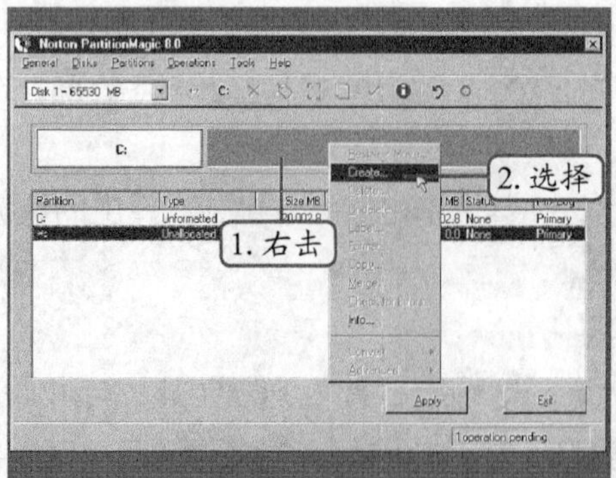

图4-39 选择命令

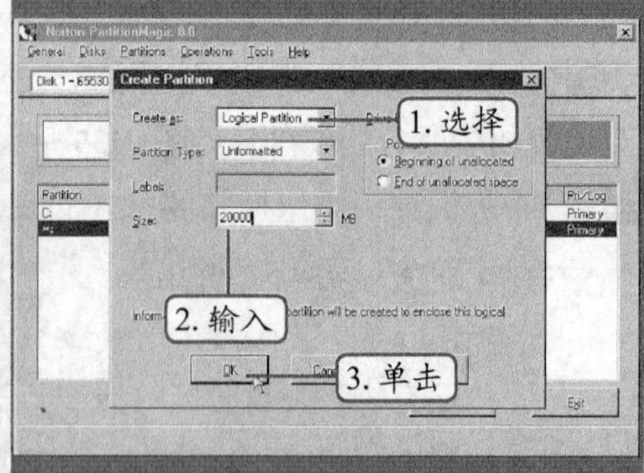

图4-40 创建逻辑分区

STEP 8 继续在未分配的区域中单击鼠标右键，在弹出的快捷菜单中选择【Create】命令，如图4-42所示。

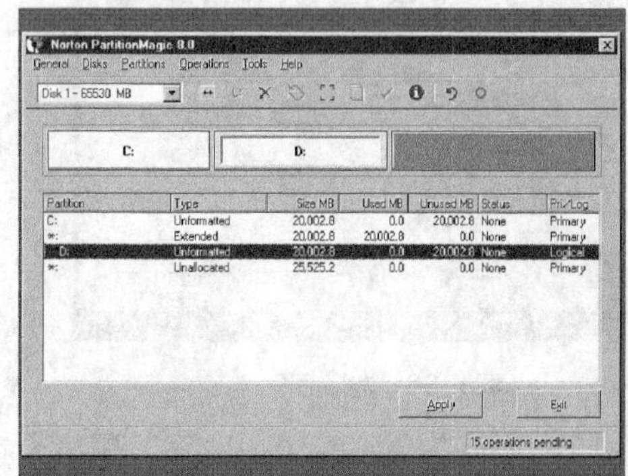

图4-41 创建的效果

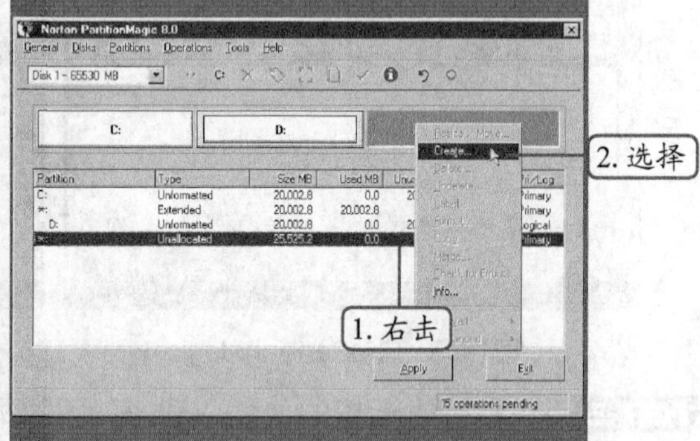

图4-42 选择命令

STEP 9 在打开对话框的“Create as”下拉列表中选择“Logical Partition”选项，单击 OK 按钮，如图4-43所示。

STEP 10 所有剩余的空间被创建为另一个逻辑分区，单击 Apply 按钮，如图4-44所示。

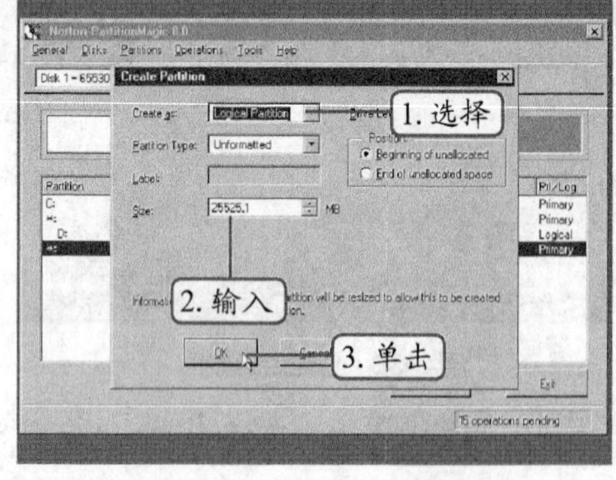

图4-43 创建另一个逻辑分区

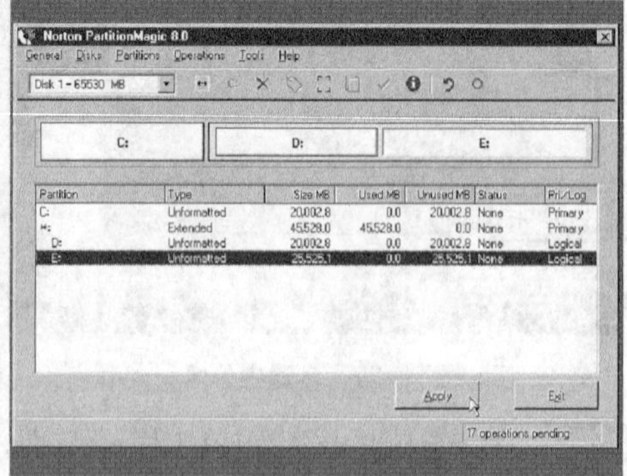

图4-44 执行操作

STEP 11 打开“Apply Changes”对话框，单击 Yes 按钮，如图4-45所示。

STEP 12 打开“Batch Progress”对话框，在其中执行所有的操作并显示进度，如图4-46

所示。

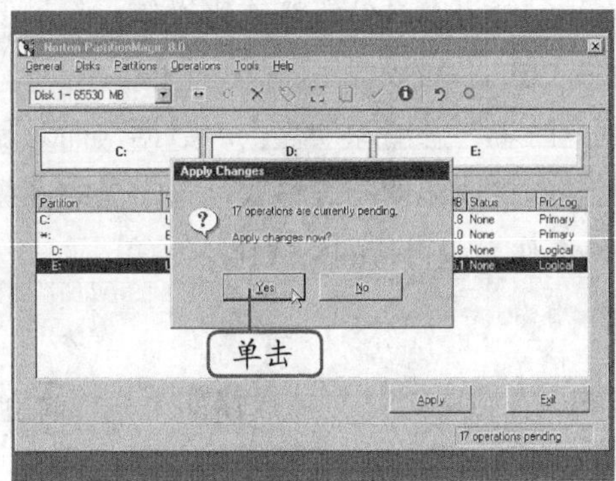

图4-45　执行操作

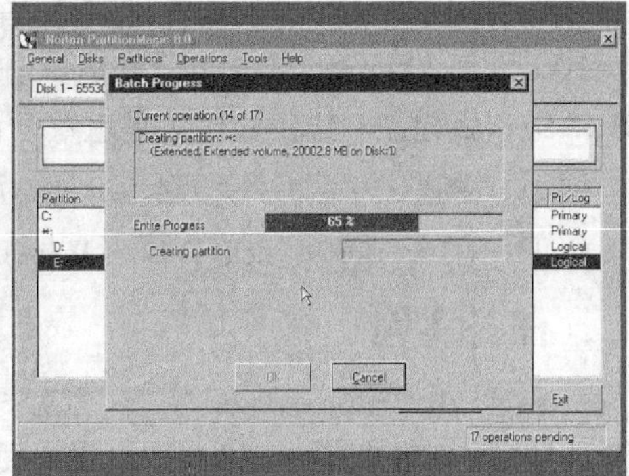

图4-46　显示进度

STEP 13 完成后，在“Batch Progress”对话框中显示已完成所有操作，单击 OK 按钮，如图4-47所示。

STEP 14 返回PartitionMagic主界面，单击 Exit 按钮，完成硬盘分区的所有操作，如图4-48所示。

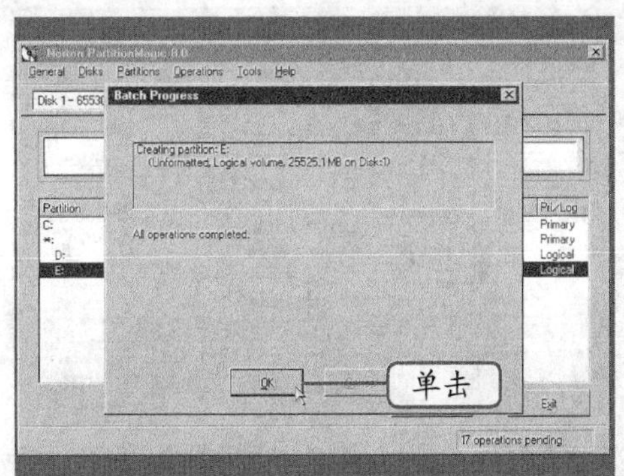

图4-47　完成操作

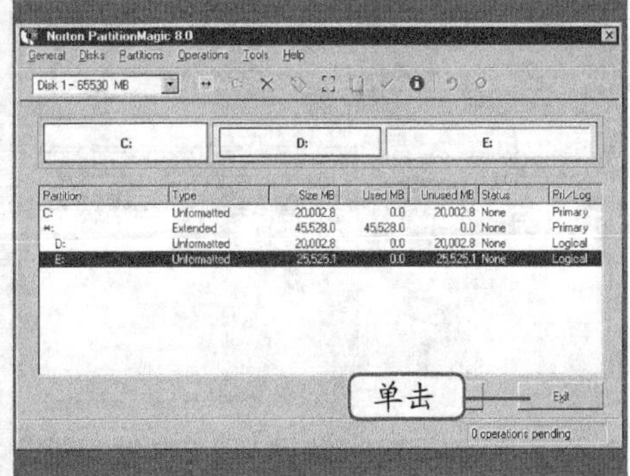

图4-48　完成硬盘分区

任务三　格式化硬盘

硬盘格式化是指对创建的分区进行初始化，并确定数据的写入区，只有经过格式化的分区，才可以安装软件及存储数据，而对于已存储数据的分区来说，格式化操作将会清除其中的所有内容。

一、任务目标

本任务将了解硬盘格式化的相关知识，并实际操作对已经分区的硬盘进行格式化，通过本次任务，掌握格式化硬盘的具体操作方法。

二、相关知识

硬盘格式化分为低级格式化与高级格式化两种。

- **低级格式化**：低级格式化又叫物理格式化，它将空白的磁盘划分出柱面和磁道，再将磁道划分为若干个扇区。硬盘在出厂时已经进行过低级格式化操作，常见低级格式化工具有lformat、DM以及硬盘厂商们推出的各种硬盘工具等。
- **高级格式化**：高级格式化只是重置硬盘分区表，并清除硬盘上的数据，而对硬盘的柱面、磁道、扇区并不作改动。通常所说的格式化即高级格式化，常见的高级格式化工具有PartitionMagic、Fdisk及Windows操作系统自带的格式化工具等。

三、任务实施

下面继续使用PartitionMagic格式化划分好的硬盘分区，其具体操作如下。（拓展微课：光盘\微课视频\项目四\用Format命令格式化硬盘分区.swf）

STEP 1 打开PartitionMagic主界面，先选择创建的主分区，在其上单击鼠标右键，在弹出的快捷菜单中选择【Format】命令，如图4-49所示。

STEP 2 打开“Format Partition”对话框，在“Partition Type”下拉列表中选择该分区的文件格式类型，在“Label”文本框中输入该分区的名称，在“Type OK to confirm partition format”文本框中输入“OK”，单击OK按钮，如图4-50所示。

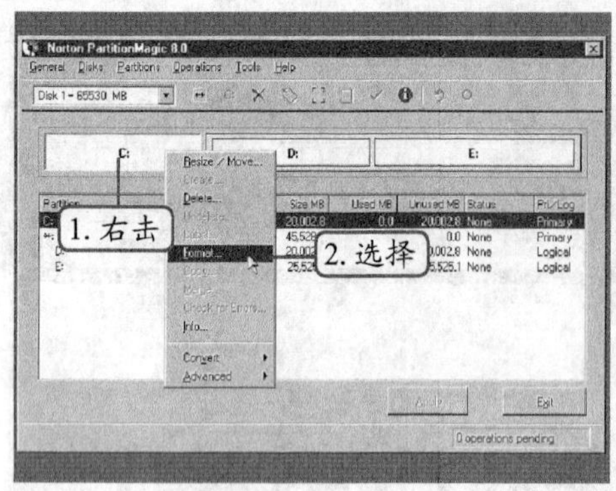

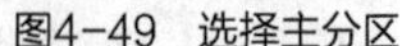

图4-49　选择主分区

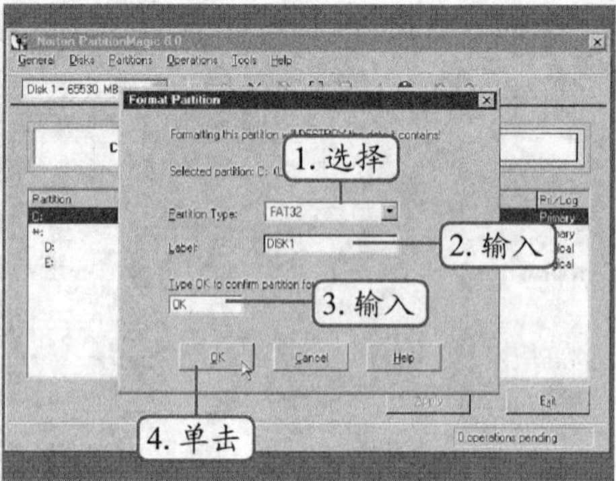

图4-50　格式化设置

知识补充

在组装计算机过程中，也可以不对硬盘进行分区和格式化操作。等到安装操作系统时，操作系统会要求用户对系统分区进行格式化，但这种操作只有在Windows系列操作系统中才能有应用。

STEP 3 返回PartitionMagic主界面，选择划分好的逻辑分区，在其上单击鼠标右键，在弹出的快捷菜单中选择【Format】命令，如图4-51所示。

STEP 4 打开“Format Partition”对话框，在“Partition Type”下拉列表中选择该分区的文件格式类型，在“Label”文本框中输入该分区的名称，在“Type OK to confirm partition format”文本框中输入“OK”，单击OK按钮，如图4-52所示。

STEP 5 返回PartitionMagic主界面，选择最后一个划分好的逻辑分区，在其上单击鼠标右键，在弹出的快捷菜单中选择【Format】命令，如图4-53所示。

STEP 6 打开“Format Partition”对话框，在“Partition Type”下拉列表中选择该分区的

文件格式类型，在“Label”文本框中输入该分区的名称，在“Type OK to confirm partition format”文本框中输入“OK”，单击OK按钮，如图4-54所示。

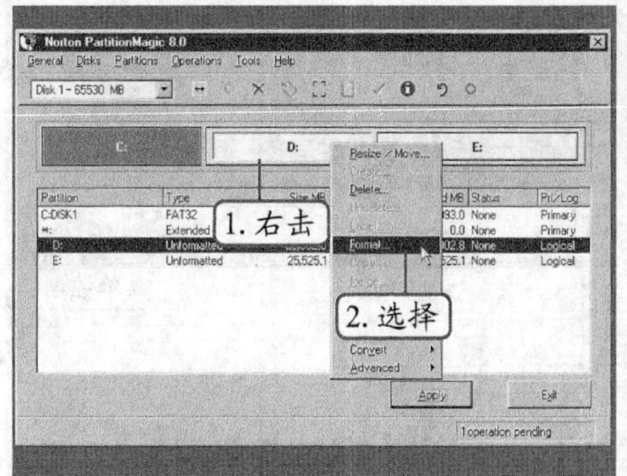

图4-51 选择逻辑分区

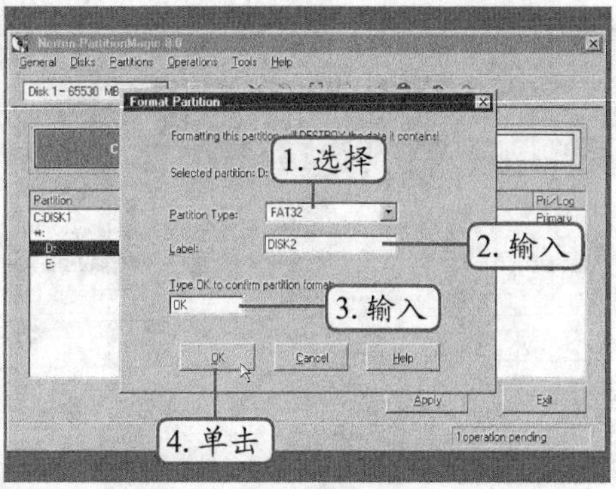

图4-52 格式化设置

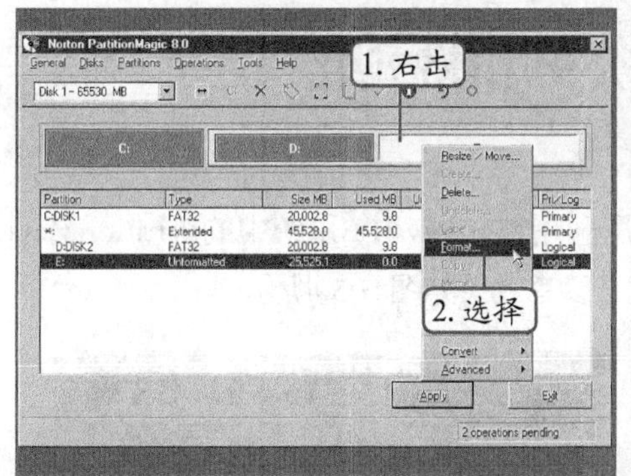

图4-53 选择其他分区

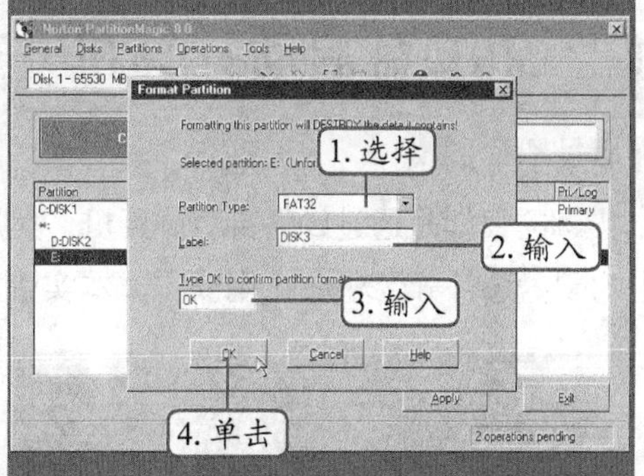

图4-54 格式化设置

STEP 7 返回PartitionMagic主界面，可以看到格式化的所有分区，单击Apply按钮，打开“Apply Changes”提示框，单击Yes按钮，如图4-55所示。

STEP 8 打开“Batch Progress”对话框，执行所有的操作并显示进度，如图4-56所示。

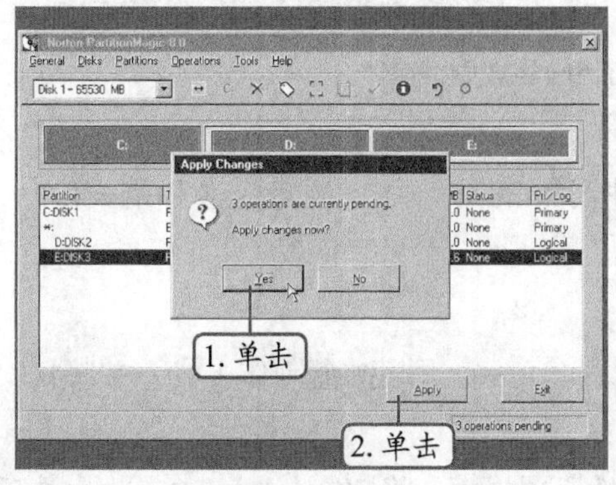

图4-55 执行操作

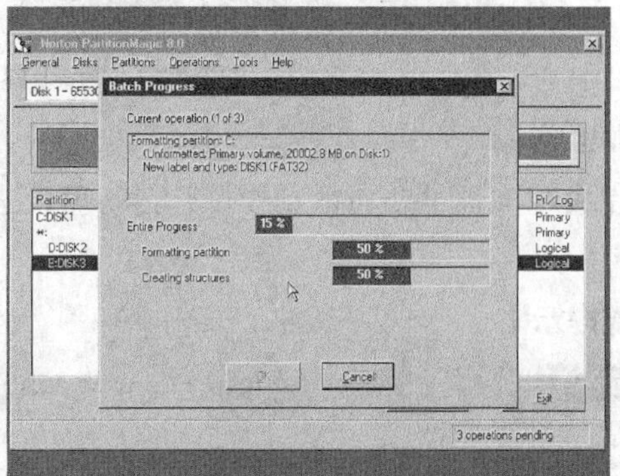

图4-56 显示进度

STEP 9 完成后，在“Batch Progress”对话框中显示已完成所有操作，单击OK按钮，如图4-57所示。

STEP 10 返回PartitionMagic主界面，单击 Exit 按钮，完成硬盘格式化的所有操作，如图4-58所示。

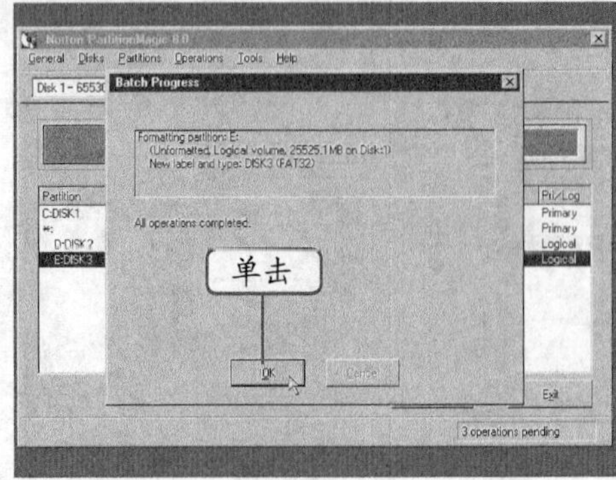

图4-57　完成操作

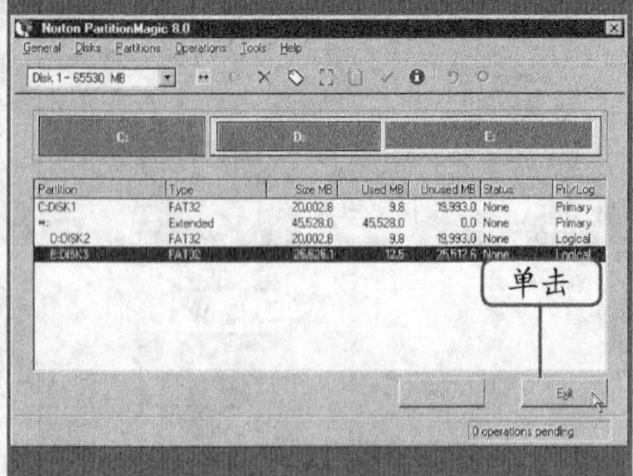

图4-58　完成格式化

实训一　用U盘启动计算机并分区和格式化

【实训要求】

本实训的目标是通过U盘启动计算机，然后利用Windows PE系统中的PartitionMagic对计算机中的硬盘进行分区和格式化操作。本实训的参考效果如图4-59所示。

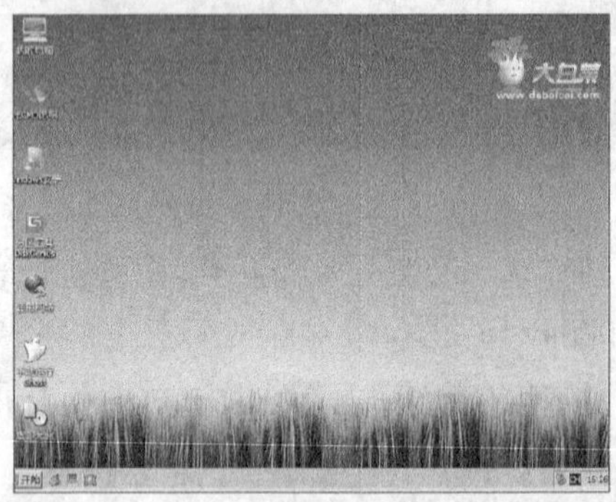

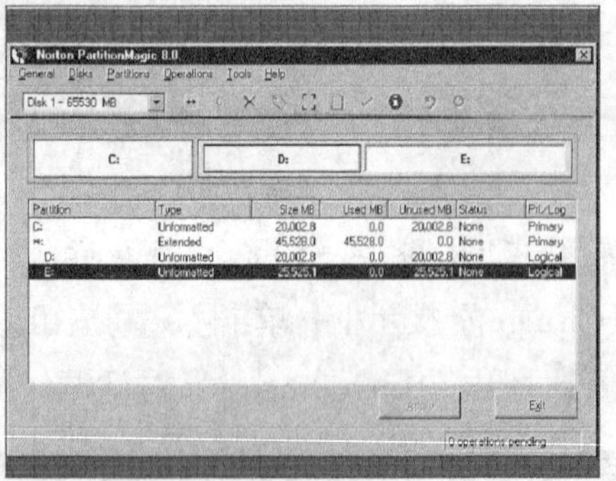

图4-59　WinPE界面和分区格式化界面

【实训思路】

完成本实训主要包括制作U盘启动盘、进入Windows PE、硬盘分区和格式化3大步骤操作。

【步骤提示】

STEP 1 到大白菜官网（http://www.winbaicai.com/）下载U盘制作工具，并将其安装到U盘中。

STEP 2 进入BIOS设置，进入高级BIOS特性设置界面，将“First Boot Device”选项设置为“USB”，保存并退出。

STEP 3 重新启动计算机，打开大白菜启动菜单，选择“运行Windows PE”选项，进入Windows PE系统，选择【开始】/【所有程序】/【装机工具】/【PartitionMagic】菜单命令，启动PartitionMagic。

STEP 4 先创建主分区，其容量为“40GB”，然后将整个硬盘剩余的空间平均分为3个逻辑分区。

STEP 5 分区完成后，分别对分区进行格式化操作。

实训二 设置计算机为光盘启动

【实训要求】

本实训的目标是启动计算机后进入BIOS，然后设置计算机的启动顺序，将计算机的第一启动项设为光驱。本实训的参考效果如图4-60所示。

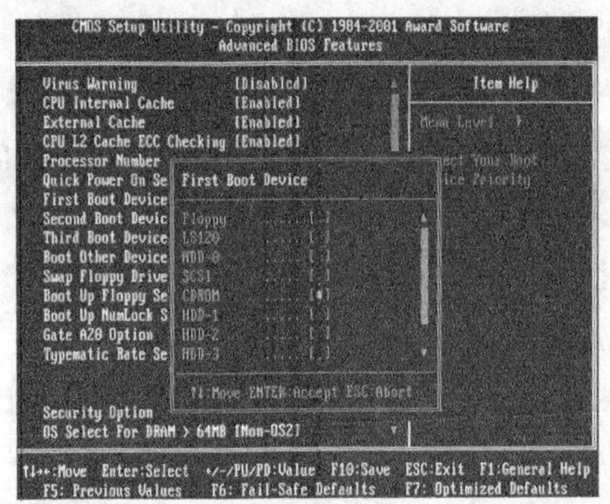

图4-60 光驱启动的设置界面

【实训思路】

本实训可综合运用前面所学知识首先启动计算机，然后进入BIOS设置界面，接着进入高级BIOS设置界面，最后选择第一启动设备选项，选择光驱作为第一启动设备。

【步骤提示】

STEP 1 在BIOS设置主界面中，使用【↓】键将光标移动到“Advanced BIOS Features（高级BIOS设置）”选项上。

STEP 2 按【Enter】键进入高级BIOS设置界面，使用【↓】键将光标移动到“First Boot Device”选项上。

STEP 3 按【Enter】键打开“First Boot Device”对话框，使用【↓】键移动光标到“CDROM”选项上，即设置光驱为第一启动设备，然后保存退出。

常见疑难解析

问：如果忘记了已设置的密码，无法进入BIOS进行设置，应该怎么办？

答：若忘记已设置的密码，无法进入BIOS，可试试BIOS厂商的通用密码，一般厂商为了方便工程人员的使用，会设置通用密码，无论用户设置什么密码，该密码都能进入BIOS进行设定。其中AMI BIOS的通用密码是“AMI（仅适用于1992年以前的版本）”，Award BIOS的通用密码是“Award”、“H996”、“WANTGIRL”、“Syxz”等（注意区分大小写）。其次是对主板进行放电处理，可将主板中的CMOS电池取下并等待5分钟以上，然后再将电池放回原位即可解除密码。

问：在扩展分区下可以再创建多少个逻辑分区？

答：若硬盘空间足够大，可以在扩展分区下创建任意多个逻辑分区，但如果逻辑分区太多，会给磁盘管理带来一定的困难，最常见的分区方式就是将硬盘分为4分区，即一个主分区，3个逻辑分区。

问：在设置BIOS密码时，“Security Option”选项中的两个参数的作用是什么？

答：这两个参数表示BIOS密码的两种状态：若选择“Setup”，在开机时不会出现密码输入提示，只有在进入BIOS设置时才要求输入密码，密码设置的目的在于禁止未授权用户设置BIOS，保证BIOS设置的安全；若选择“System”，则每次开机启动时都会要求输入密码（输入超级用户密码或用户密码均可），密码设置的目的在于禁止其他人使用计算机，设置“System”密码的安全性更高一些。

问：某台计算机已经使用了很长时间，现在每次启动后，系统的时间都自动返回到2000年1月1日，这是什么原因？

答：出现这种故障的主要原因可能是主板CMOS电池损坏或电池没电了，只需为主板更换一块CMOS电池即可。

问：硬盘中曾经装过Windows 8操作系统，现在需要将硬盘重新进行分区，但是为什么在Fdisk中将所有分区都删除之后，却发现Windows 8所在的分区仍然存在，根本无法删除，应该怎样处理？

答：这是因为硬盘中的Windows 8操作系统所在分区采用的为NTFS格式，Fdisk无法识别这种格式的分区，自然不能将其删除。可使用Windows 8安装光盘启动系统，然后执行安装程序，在安装过程中可选择将NTFS格式转化为FAT32格式，将其转化后，退出安装程序，再次进入Fdisk，即可对该分区进行操作。最简单的方法是使用PartitionMagic等分区软件进行删除。

问：为什么主分区不能为其分配太多容量？

答：主分区（C盘）是系统盘，硬盘的读写比较多，产生错误和磁盘碎片的几率也较大，扫描磁盘和整理碎片是日常工作，而C盘的容量过大，往往会使这两项工作进展缓慢，从而影响工作效率。还有主分区除了操作系统，建议不要放置程序和资料，最好将各种程序放置到程序分区中；各种文本、表格、文档等需要其他程序才能打开的资料，都放置到资料分区中，这样即使系统瘫痪，不得不重装时，可用的程序和资料完整不缺，很快就可以恢复工作，而不必为了重新找程序恢复数据而头疼。

问：Fdisk和PartitionMagic在分区时应该选择哪一款呢？

答：Fdisk是过去常用的硬盘分区工具，程序短小精悍，容易学习，使用方面，本身属于

Windows 98自带启动盘中的程序，不会与Windows系统出现兼容性问题。但Fdisk程序只支持FAT32格式，且最大分区容量为60GB。硬盘分区工具中以PartitionMagic功能最为强大，但整个软件系统较为复杂，占用磁盘空间较大；从磁盘空间考虑，Fdisk最小；从安全性考虑，则以Fdisk最为安全；从稳定性和实用性考虑，则是PartitionMagic。

拓展知识

1. 设置U盘启动

不同主板设置U盘启动的方法有所不同。在BIOS中设置从U盘启动并不复杂，首先是进入BIOS，然后进入高级设置，再找到启动项设置，选择U盘即可，最后保存退出，计算机自动重启，之后即可进入U盘了。下面介绍几种最常见的方法。

- **Phoenix-Award BIOS主板（适合2010年之后的主流主板）1**：启动计算机，进入BIOS设置界面，选择“Advanced BIOS Features”选项，在“Advanced BIOS Features”界面里，选择“Hard Disk Boot Priority”选项，进入BIOS开机启动项优先级选择，选择“USB-FDD”或“USB-HDD”之类的选项（计算机会自动识别插入计算机中的U盘），如图4-61所示。

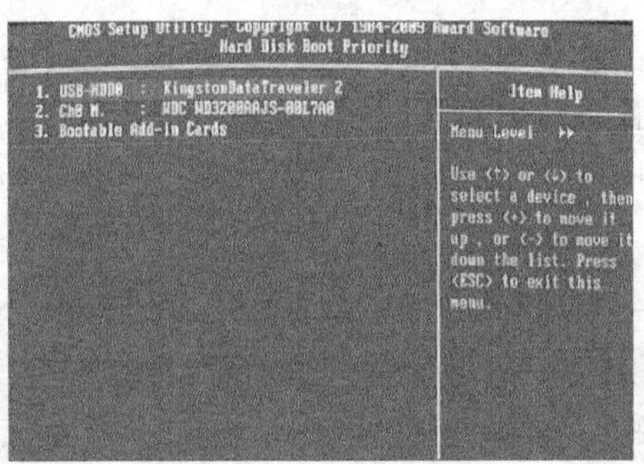

图4-61 设置从U盘启动

- **Phoenix-Award BIOS主板（适合2010年之后的主流主板）2**：启动计算机，进入BIOS设置界面，选择“Advanced BIOS Features”选项，在“Advanced BIOS Features”界面里，选择“First Boot Device”选项，在打开的界面中选择“USB-HDD”选项，如图4-62所示。

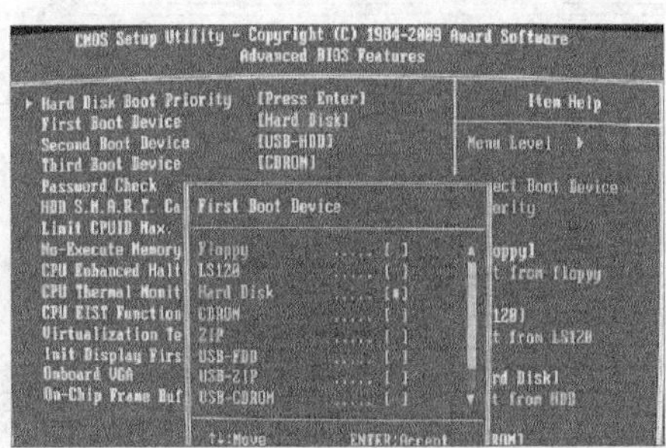

图4-62 选择启动设备

● **其他的一些BIOS**：启动计算机，进入BIOS设置界面，按方向键选择“Boot”选项，在“Boot”界面里，选择“Boot Device Priority”选项，然后选择“1st Boot Device”选项，在该选项里选择插入计算机中的U盘作为第一启动设备，如图4-63所示。

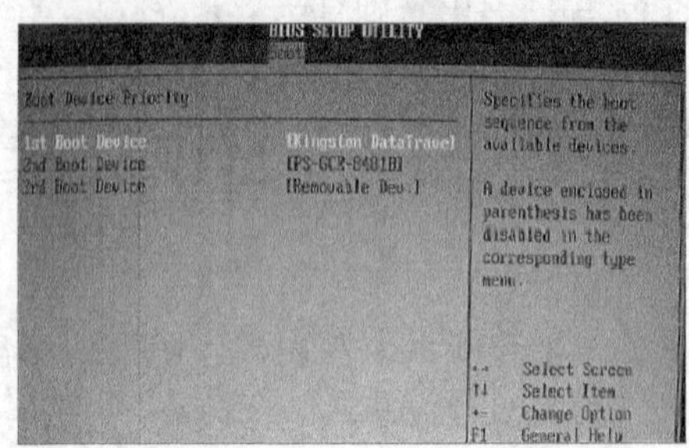

图4-63 选择启动其他设备

2. 制作U盘启动盘

如今U盘也成为一种安装操作系统的工具，只需要使用一些专业软件将U盘制作成启动盘，然后将制作的Windows XP/7/8系统镜像文件放入到U盘中，最后再安装即可，整个过程十分简单。下面就介绍制作U盘启动盘的具体操作步骤。

STEP 1 准备U盘，最好选用8GB以上，16GB容量最好，大容量U盘可以同时将多种操作系统镜像文件直接放入U盘中，方便后期随意选择安装需要的系统。

STEP 2 接下来，将U盘插入计算机中，然后去网上下载U盘启动制作工具，目前网上有很多U盘启动制作工具，如老毛桃、大白菜、U大师等。下面以U大师U盘启动制作工具软件为例进行讲解，先下载再安装。

STEP 3 运行“U大师-U盘启动制作工具 .exe”文件，在“选择U盘”下拉列表中选择对应的U盘作为启动盘，单击“一键制作USB启动盘”按钮。

STEP 4 弹出提示框，提示U盘重要数据备份，若U盘有重要数据的可以先单独备份，避免数据丢失，若已经备份则单击[确定]按钮，开始制作USB启动盘。

STEP 5 制作USB启动盘的时候会将U盘原先的数据格式化，制作完成之后会弹出提示框，单击[确定]按钮即可，将U盘安全删除并拔出重新插上便可将USB当作启动盘来使用。

课后练习

（1）在某台计算机中，设置日期和时间为2014年1月1日，并关闭光盘驱动。

（2）在某台计算机中，设置BIOS的Set User Password密码，然后使用Supervisor Password密码看看能不能取消它。

（3）在某台计算机中，设置开机顺序为光驱-USB-硬盘。

（4）在某台计算机中，使用PartitionMagic对其中的硬盘进行分区，要求划分2个主分区，1个逻辑分区，然后对这些分区进行格式化。

（5）尝试一些使用其他软件对硬盘进行分区和格式化操作，如Fdisk或DiskGunius。

PART 5

项目五 安装操作系统和常用软件

情景导入

阿秀：小白，你到技术部把软件的安装光盘拿过来，今天我们学习安装操作系统和常用软件。

小白：太好了，过去只看到过别人安装系统，今天我要亲自动手了。那需要准备哪些安装光盘呢?

阿秀：首先是Windows XP和Windows 7的操作系统光盘；然后是主板和显卡的驱动程序光盘；最后是常用软件的安装光盘。

小白：需要这么多光盘!

阿秀：驱动程序和常用软件的安装程序我们可以通过网络下载，你可以不拿这两种，快去快回。

小白：好吧，看来今天又是忙碌的一天啊!

学习目标

- 了解安装操作系统、驱动程序、常用软件的相关知识
- 熟练掌握安装操作系统的基本操作
- 熟练掌握安装驱动程序的基本操作
- 熟练掌握安装和卸载常用软件的基本操作

技能目标

- 学会安装Windows XP/7操作系统，并能安装其他版本的操作系统。
- 能安装各种硬件的驱动程序
- 能根据不同的用途和需要安装或卸载各种常用软件。

任务一 安装Windows操作系统

操作系统是计算机软件的核心，是计算机能正常运行的基础。没有操作系统，计算机将无法完成任何工作，其他应用软件也只能安装在一种操作系统下，没有操作系统的支持，应用软件也不能发挥作用。

一、任务目标

本任务将练习在计算机中全新安装Windows XP和Windows 7操作系统。通过本任务的学习，可以掌握Windows操作系统安装的相关操作。

二、相关知识

在安装操作系统前，还需要了解两方面的相关知识，一是选择安装的方式，二是要了解安装操作系统的流程。

（一）选择安装方式

Windows操作系统有升级安装和全新安装两种安装方式。

- **升级安装**：是在计算机中已安装有操作系统的情况下，将其升级为更高版本的操作系统。但是，由于升级安装会保留已安装系统的部分文件，为避免旧系统中的问题遗留到新的系统中，建议删除旧系统，使用全新安装的方式。
- **全新安装**：是在计算机中没有任何操作系统的基础上安装一个全新的操作系统。

（二）了解安装流程

安装Windows 操作系统的流程大致如下，不同的版本相差不大。

（1）启动计算机并放入安装光盘。

（2）设置安装分区。

（3）复制安装程序。

（4）设置安装信息。

（5）激活操作系统。

三、任务实施

（一）安装Windows XP操作系统

下面主要以全新安装Windows XP Professional为例进行讲解，其具体操作如下。

（拓展微课：光盘\微课视频\项目五\全新安装Windows XP操作系统.swf）

STEP 1 在BIOS中将第一启动设备设置为光盘驱动器，并将Windows XP安装光盘放入光驱并重新启动计算机，当出现如图5-1所示界面时，快速按下【Enter】键，否则不能成功启动Windows XP安装光盘并进入安装向导。

STEP 2 这时计算机将自动运行光盘中的安装程序，检测计算机的硬件设备，并自动加载安装所需要的文件，如图5-2所示。

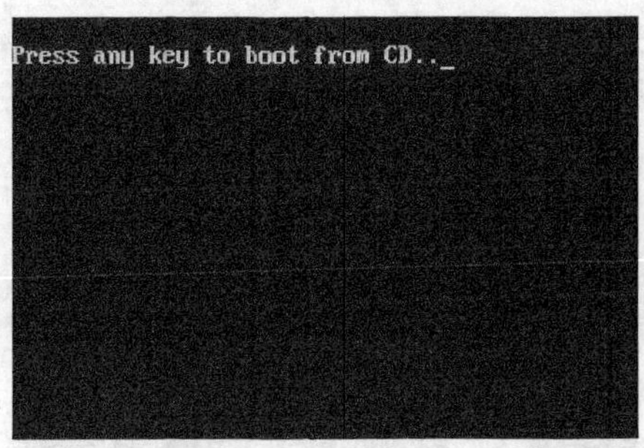

图5-1　选择光盘安装

图5-2　检测硬件

STEP 3 当Windows XP安装程序加载完系统驱动后，将打开如图5-3所示的“欢迎使用安装程序”界面，在其中按【Enter】键，开始安装Windows XP。

STEP 4 此时安装程序开始对硬盘进行检测，在检测完毕后打开如图5-4所示的界面，询问用户是否接受许可协议，阅读协议后按【F8】键同意该协议，继续安装。

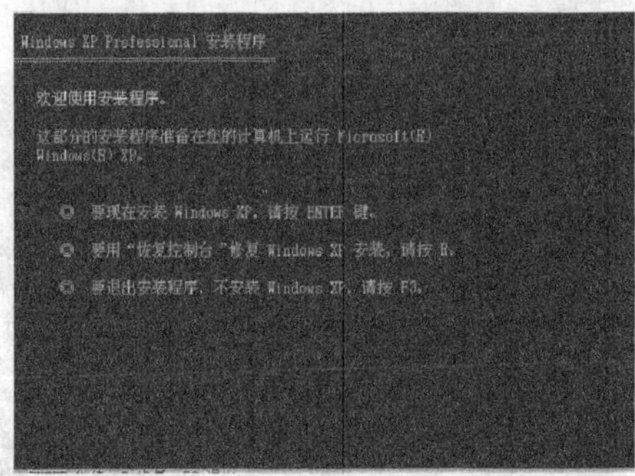

图5-3　“欢迎使用安装程序”界面

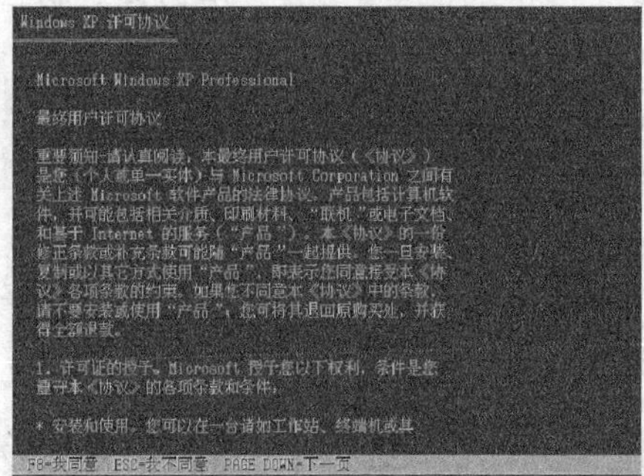

图5-4　接受许可协议

STEP 5 在打开的界面中，安装程序将提示选择安装Windows XP操作系统的分区，一般按方向键选择C分区，再按【Enter】键，如图5-5所示。

STEP 6 此时安装程序打开界面询问用户选择何种文件系统格式，这里选择“用NTFS文件系统格式化磁盘分区（快）”选项，按【Enter】键，如图5-6所示。

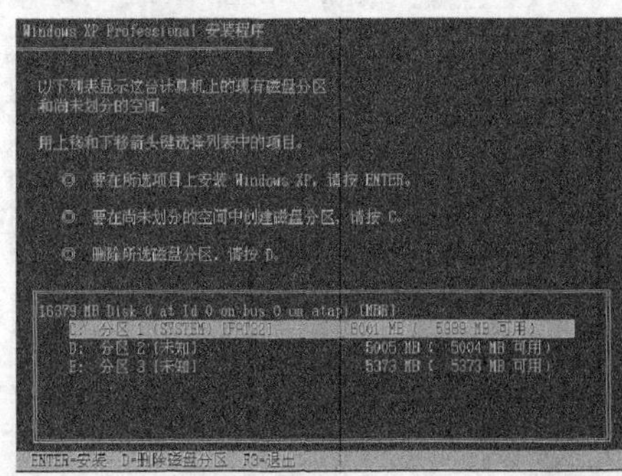

图5-5　选择安装分区

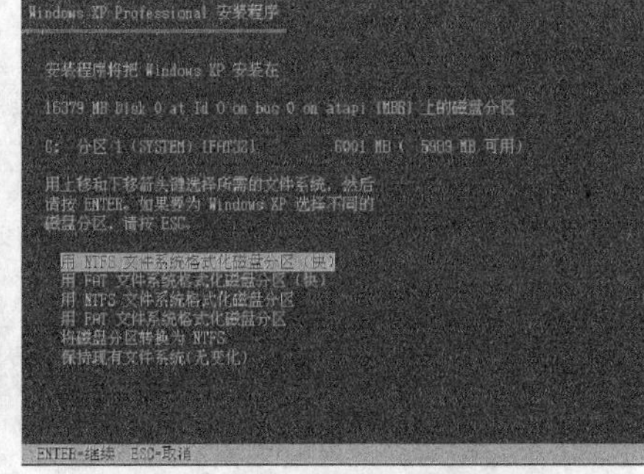

图5-6　设置文件系统格式

STEP 7 在打开的界面中，要求用户确认是否进行格式化，按【F】键即可将 C 盘格式化为 NTFS 格式，如图 5-7 所示。

STEP 8 此时安装程序打开界面显示格式化进度，如图5-8所示。

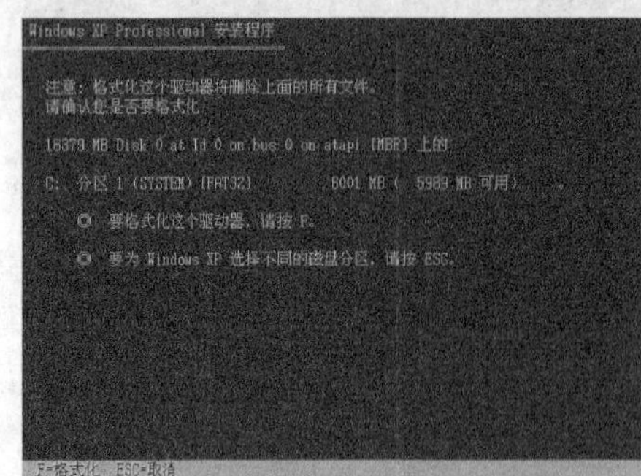

图5-7 格式化硬盘并转换格式

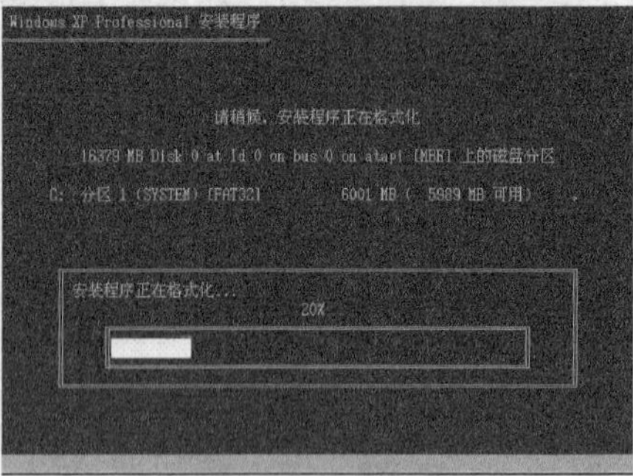

图5-8 显示进度

STEP 9 格式化完成后，Windows XP安装程序会将程序文件复制到本地硬盘中，如图5-9所示。

STEP 10 复制完程序文件后，Windows XP安装程序会重新启动计算机，如图5-10所示。

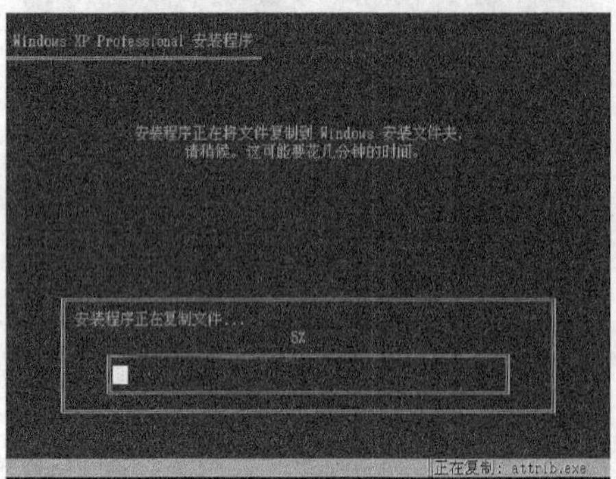

图5-9 复制文件

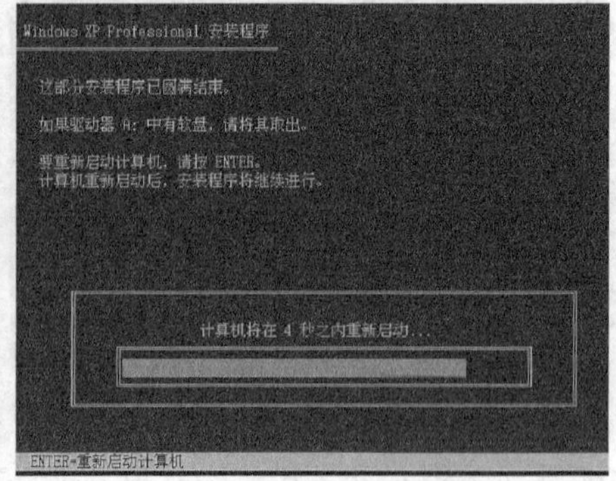

图5-10 重新启动计算机

STEP 11 重新启动计算机后，Windows XP安装程序会自动进行安装，如图5-11所示。

STEP 12 在安装7分钟左右，安装程序将打开一个“设置区域和语言选项”对话框，一般情况下不需要设置，采用默认设置即可，用鼠标单击 下一步(N) > 按钮，如图5-12所示。

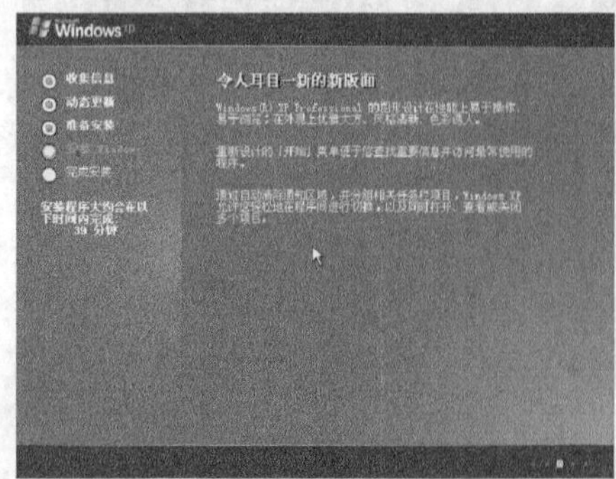

图5-11 进入安装界面

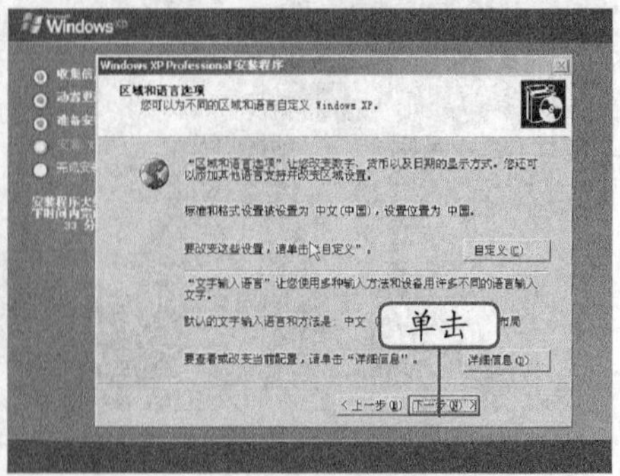

图5-12 设置区域和语言选项

STEP 13 在打开的“自定义软件”对话框中，按要求分别在“姓名”和“单位”文本框中输入“姓名”和“单位”，单击下一步(N) >按钮，如图5-13所示。

STEP 14 在打开的“您的产品密钥”对话框中，按要求输入产品密钥，单击下一步(N) >按钮，如图5-14所示。

知识补充

产品密匙就是软件的产品序列号，一般在安装光盘包装盒的背面。任何正版操作系统的安装光盘，其背面都有一张黄色的贴纸，上面的25位数字和字母的组合就是产品密匙。

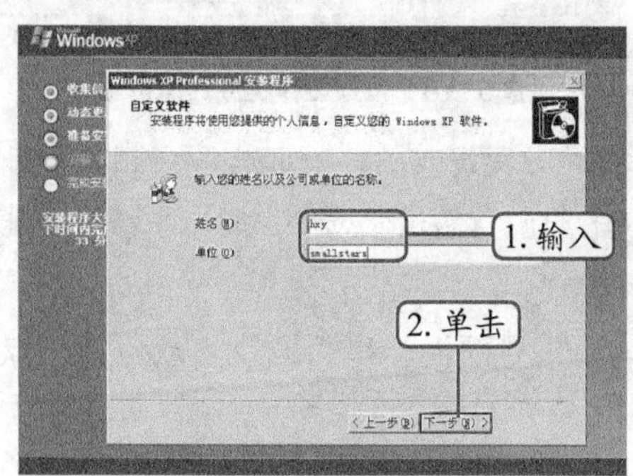

图5-13 自定义软件

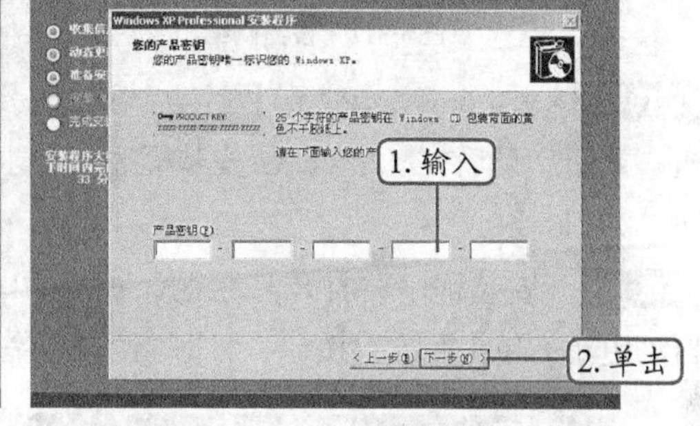

图5-14 输入产品密钥

STEP 15 在打开的“设置计算机名和系统管理员密码”对话框中，提示输入计算机的名称和管理员密码，可以不输入，单击下一步(N) >按钮，如图5-15所示。

操作提示

这里设置的计算机名称通常在网络中使用，而管理员密码可在安装的操作系统中设置。

STEP 16 在打开的“日期和时间设置”对话框中，提示输入计算机的时区、日期、时间。默认时间为BIOS内存储的时间，保持默认设置，单击下一步(N) >按钮，如图5-16所示。

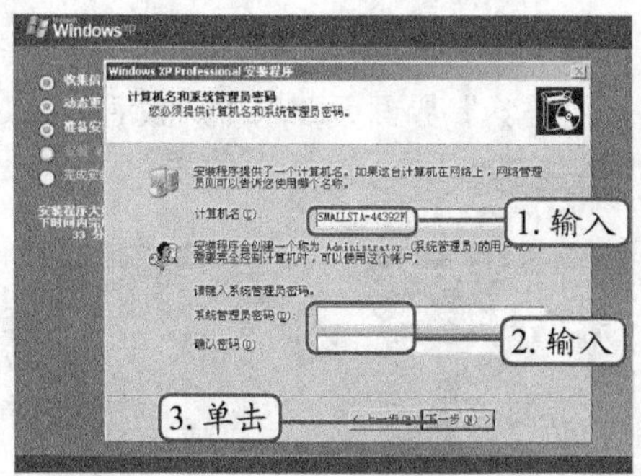

图5-15 设置计算机名和系统管理员密码

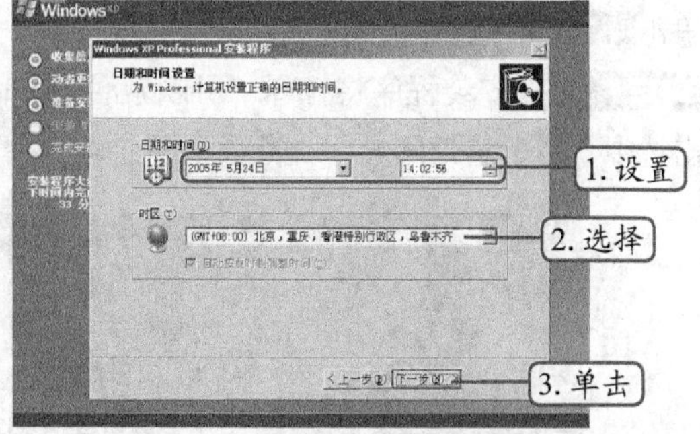

图5-16 设置日期和时间

STEP 17 在打开的“网络设置”对话框中，提示选择网络设置类型，保持默认选中“典型设置”单选项，单击下一步(N) >按钮，如图5-17所示。

STEP 18 在打开的“工作组或计算机域”对话框中，提示设置网络工作模式，采用默认工作组“WORKGROUP”模式，单击下一步(N) >按钮，如图5-18所示。

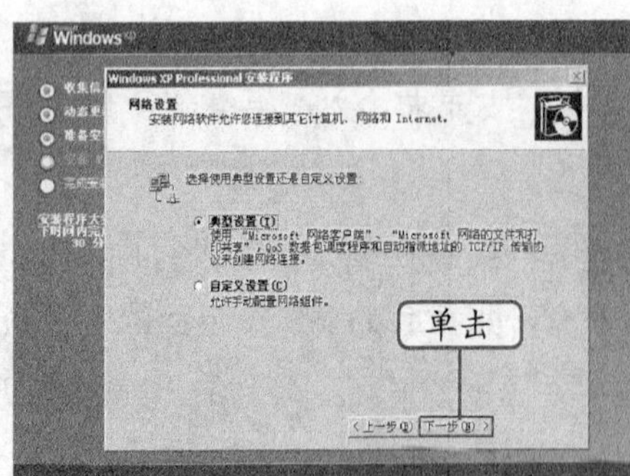

图5-17　设置网络

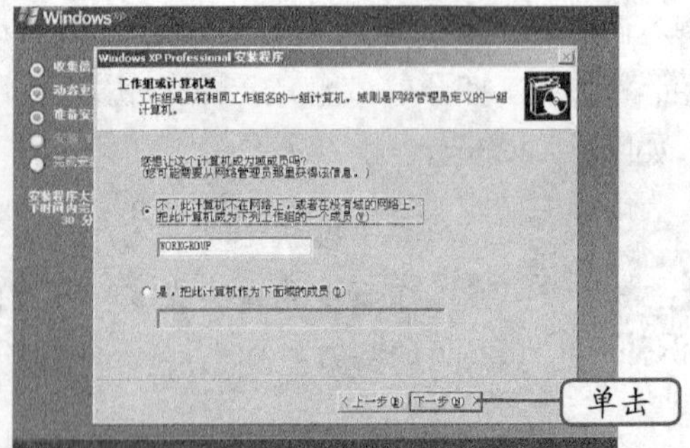

图5-18　设置工作组或计算机域

STEP 19　Windows XP安装程序继续进行安装，安装完成后，安装程序会自动重新启动计算机，重新启动后Windows XP安装程序会要求用户设置Windows XP操作系统，单击下一步(N)按钮，如图5-19所示。

STEP 20　安装程序将打开“帮助保护您的电脑”界面提示是否启动自动更新，默认为启动自动更新，单击下一步(N)按钮，如图5-20所示。

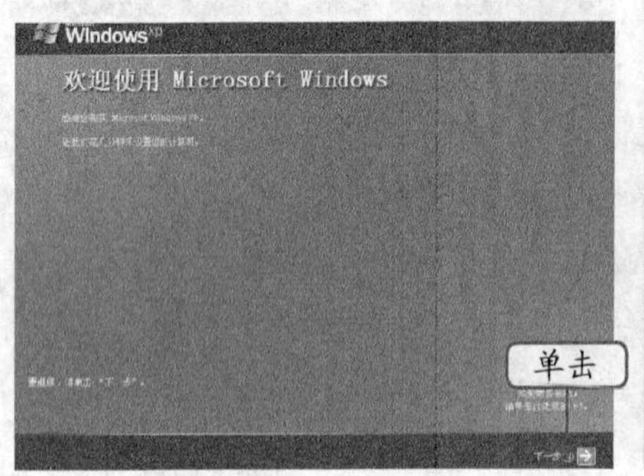

图5-19　打开欢迎界面

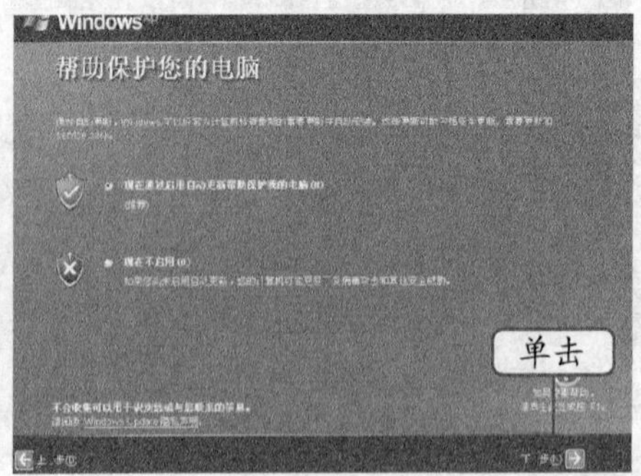

图5-20　设置自动更新

STEP 21　安装程序将打开“正在检查您的Internet连接”界面检测系统与Internet的连接，单击跳过(S)按钮跳过检测，如图5-21所示。

STEP 22　安装程序将打开“可以激活Windows了吗？”界面，要求用户激活Windows，单击选中“否，请每隔几天提醒我”单选项，单击下一步(N)按钮，如图5-22所示。

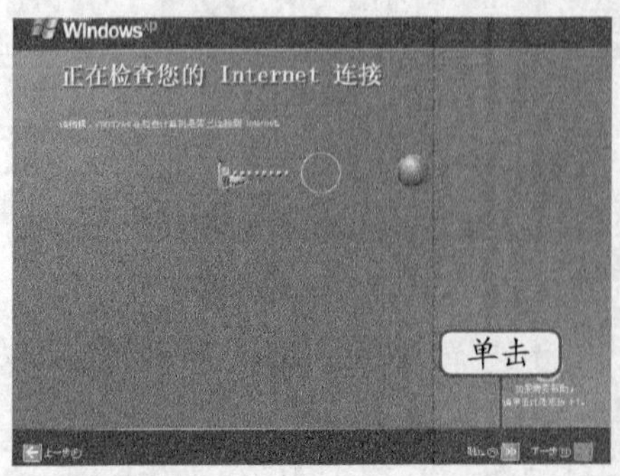

图5-21　跳过Internet连接

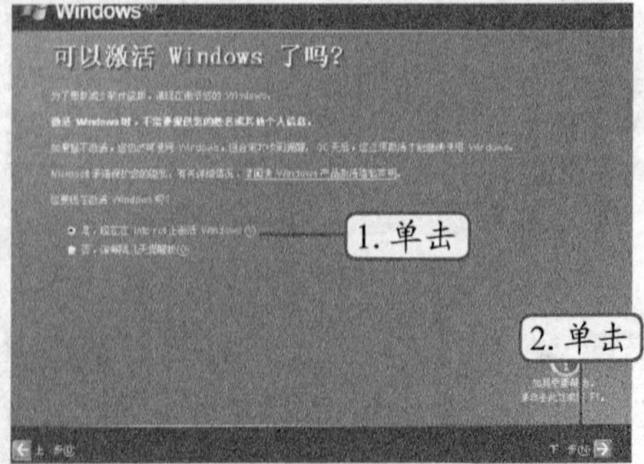

图5-22　设置激活

STEP 23　安装程序将打开“谁会使用这台计算机？”界面，在该界面中设置计算机的用户名，单击[下一步(N)]按钮，如图5-23所示。

STEP 24 安装程序将打开“谢谢！”界面提示设置完成，单击[完成(F)]按钮即可基本完成Windows XP的安装，如图5-24所示。

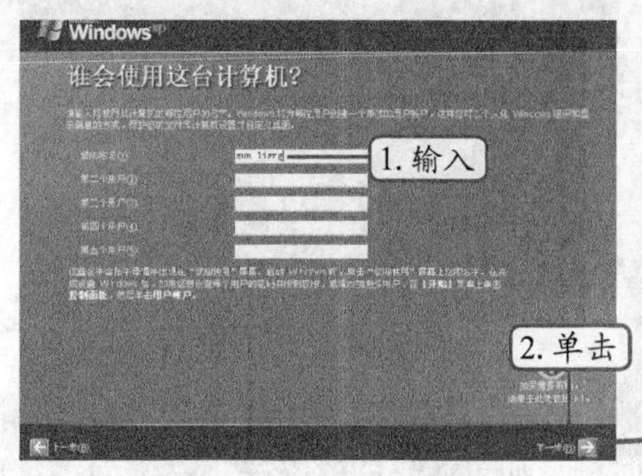

图5-23 设置用户

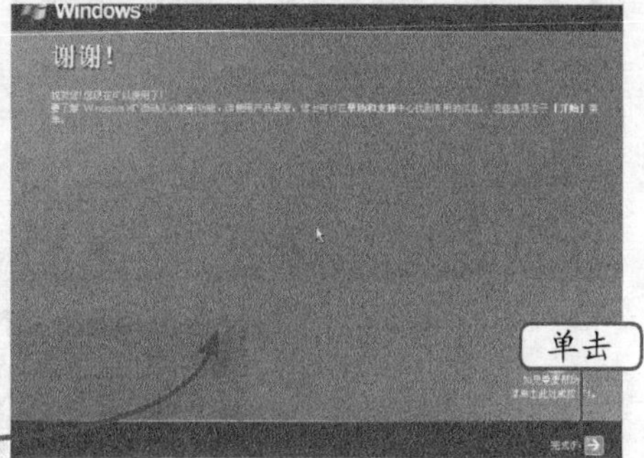

图5-24 完成安装

知识补充

所有的正版Windows操作系统都只有30天的试用期，并且没有连上Internet不能进行激活。但是，如果没有激活，30天试用期过后，除了激活功能可用之外其他所有功能都将被禁用。

STEP 25 重新启动计算机，选择相应的用户名，即可登录到Windows XP操作系统的主界面。桌面上除了背景的蓝天白云外，只有回收站图标和任务栏，如图5-25所示。

STEP 26 单击[开始]按钮，选择【所有程序】/【激活Windows XP】菜单命令，启动激活向导。在打开的窗口中设置激活的方式，这里单击选中“是，现在通过Internet激活Windows”单选项，如图5-26所示。

图5-25 进入Windows XP

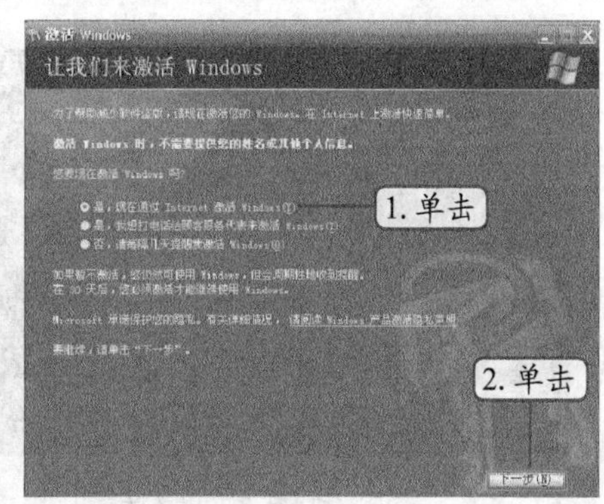

图5-26 设置激活方式

STEP 27 激活向导打开“向Microsoft注册吗？”窗口，这里单击选中“否，我现在不想注册，只想激活Windows”单选项，单击[下一步(N)]按钮，如图5-27所示。

STEP 28 然后按照网络提示进行激活，激活完成后，在“谢谢！”窗口中单击[确定]按钮，完成Windows XP的安装，用户即可使用Windows XP操作系统进行工作和娱乐了，如图5-28所示。

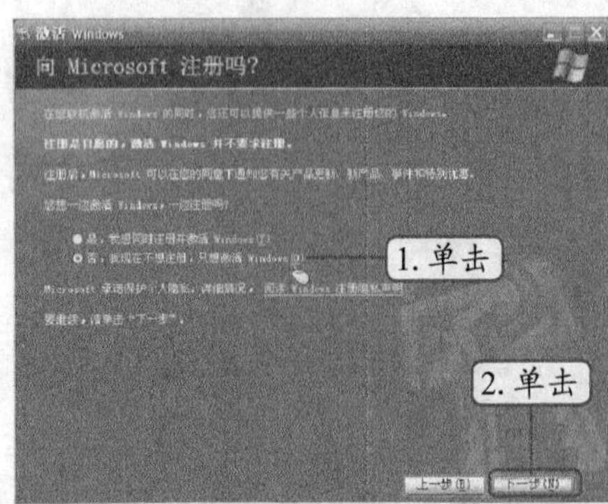

图5-27　注册激活

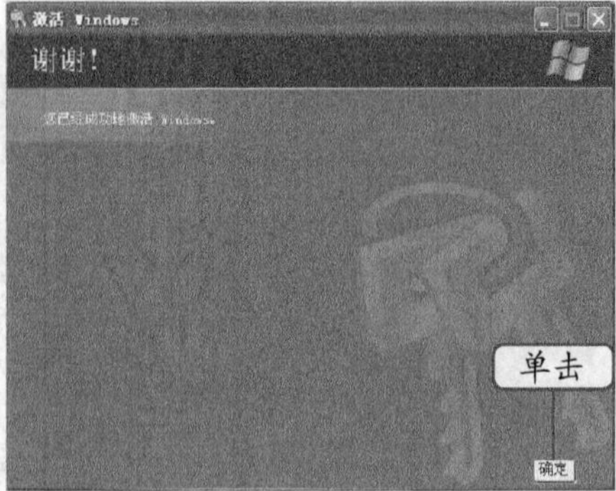

图5-28　完成激活

要完成Windows操作系统的激活操作，首要的前提就是基本完成该操作系统的安装，由于激活的方式有两种，如果选择网络激活，必须使计算机连接到Internet中；如果选择电话激活，则需要了解客服代表的电话，可以在光盘包装盒的背面找到，激活操作最好由计算机用户自行操作。

（二）安装Windows 7操作系统

下面通过Windows 7的安装光盘全新安装Windows 7操作系统，其具体操作如下。（拓展微课：光盘\微课视频\项目五\全新安装Windows 7操作系统.swf）

STEP 1 将Windows 7的安装光盘放入光驱，启动计算机后将自动运行光盘中的安装程序。这时将对光盘进行检测，屏幕中将显示安装程序正在加载安装需要的文件，如图5-29所示。

STEP 2 文件复制完成后将运行Windows 7的安装程序，在打开的窗口中进行设置，这里保持默认设置，单击下一步(N)按钮，如图5-30所示。

图5-29　载入光盘文件

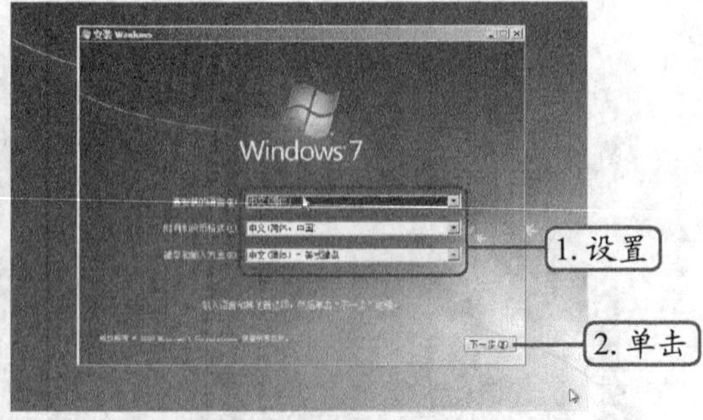

图5-30　设置系统语言

STEP 3 在打开的对话框中单击“现在安装”按钮现在安装(I)，安装Windows 7，如图5-31所示。

STEP 4 打开“请阅读许可条款”对话框，单击选中“我接受许可条款”复选框，单击下一步(N)按钮，如图5-32所示。

STEP 5 打开“您想进行何种类型的安装”对话框，单击相应的选项，如图5-33所示。

STEP 6 在打开的“您想将Windows安装在何处？”对话框中选择安装Windows 7的磁盘分区，单击下一步(N)按钮，如图5-34所示。

图5-31　开始安装

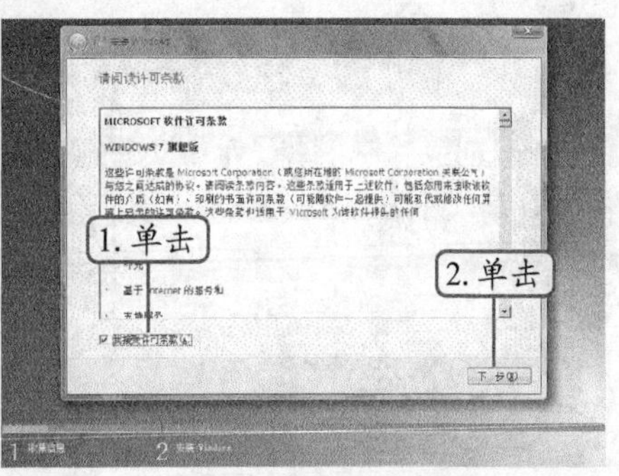

图5-32　接受许可条款

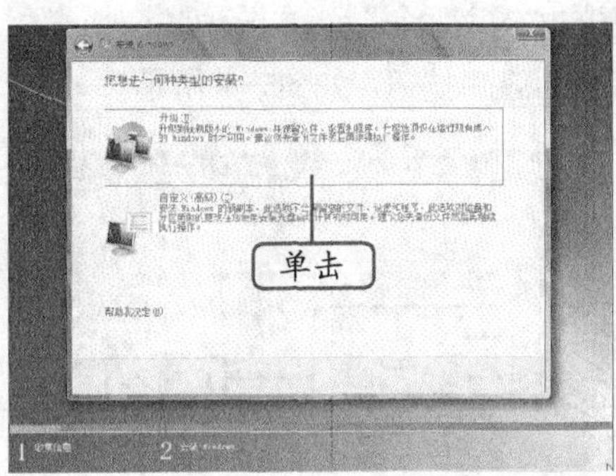

图5-33　选择安装类型

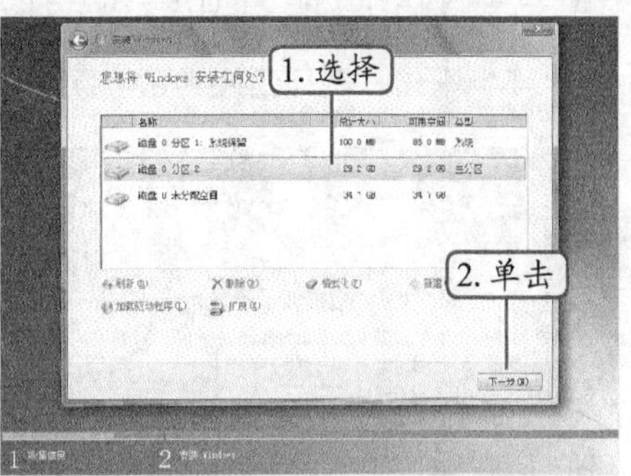

图5-34　选择安装的磁盘分区

STEP 7　在打开的“正在安装Windows”对话框中将显示安装进度，如图5-35所示。

STEP 8　在安装过程中将显示一些安装信息，包括更新注册表设置和正在启动服务等，用户只需等待自动安装即可，如图5-36所示。

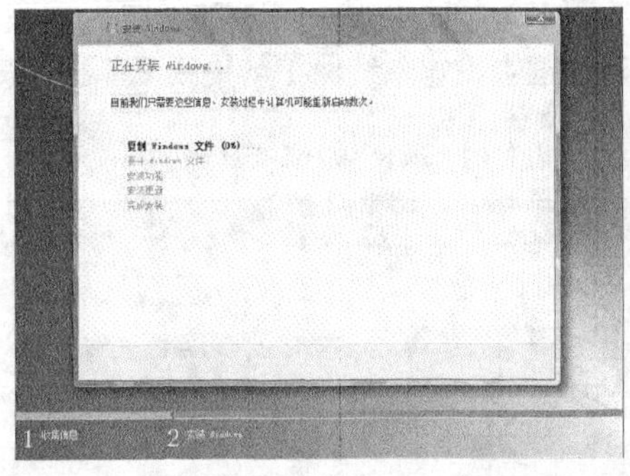

图5-35　正在安装

图5-36　更新注册表

STEP 9　在安装复制文件过程中会要求重启计算机，约10秒后会自动重启。重启后将继续进行安装，如图5-37所示表示正在进行最后的安装。

STEP 10　安装完成后将提示安装程序将在重启计算机后继续进行安装，如图5-38所示。

STEP 11　重启计算机后，将打开设置用户名的对话框，在“键入用户名”文本框中输入用户名，在“键入计算机名称”文本框中输入该台计算机在网络中的标识名称，单击下一步(N)按钮，如图5-39所示。

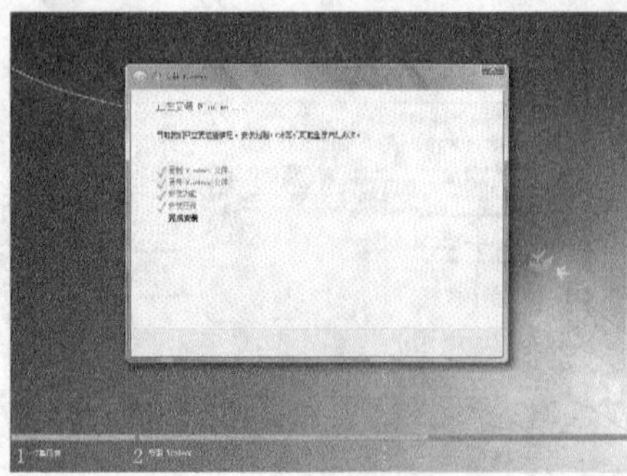
图5-37 继续安装

图5-38 重启计算机

STEP 12 在打开的“为账户设置密码”对话框的“键入密码”、“再次键入密码”、“输入密码提示”文本框中输入用户密码和密码提示，单击下一步(N)按钮，如图5-40所示。

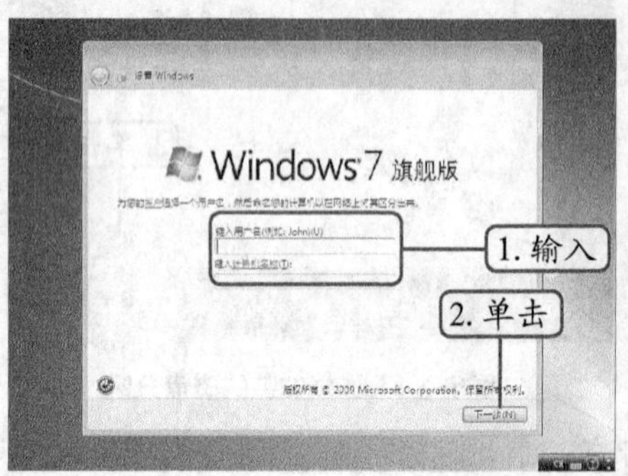

图5-39 设置用户名

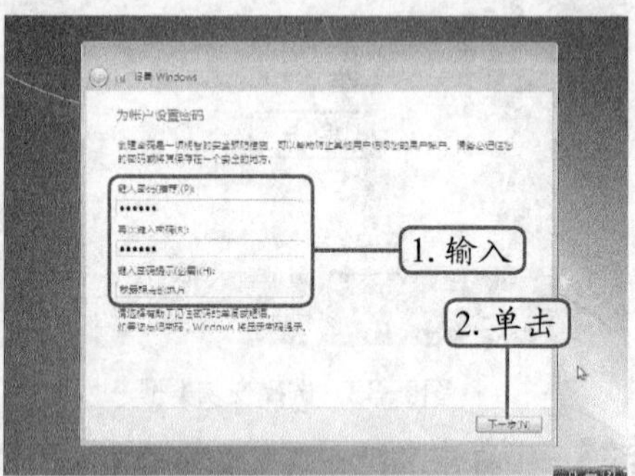

图5-40 设置密码

STEP 13 打开“键入您的Windows产品密钥”对话框，在“产品密钥”文本框中输入产品密钥，选中“当我联机时自动激活Windows”复选框，单击下一步(N)按钮，如图5-41所示。

STEP 14 在打开的“帮助自动保护Windows”对话框中设置系统保护与更新，单击“使用推荐设置”选项，如图5-42所示。

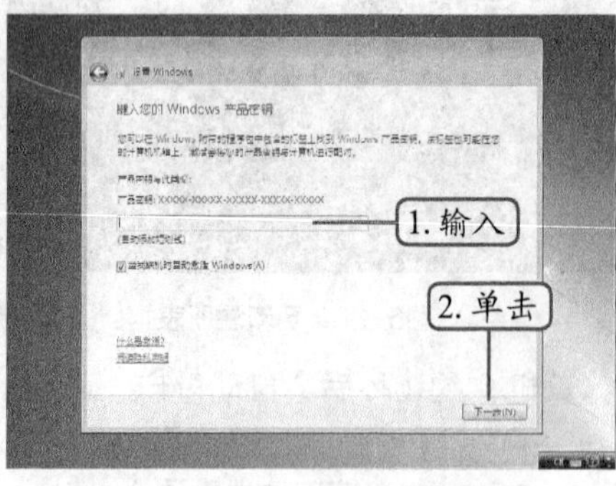

图5-41 输入产品密钥

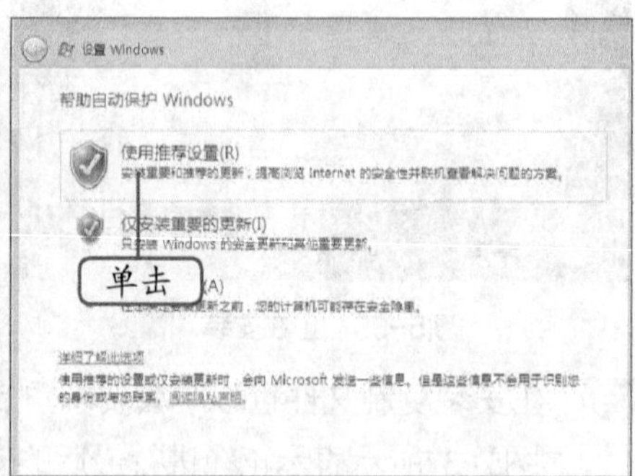

图5-42 设置自动更新

STEP 15 打开“查看时间和日期设置”对话框，在“时区”下拉列表中选择“(UTC+08:00)北京，重庆，香港特别行政区，乌鲁木齐”选项，然后设置正确的日期和时间，单击下一步(N)按钮，如图5-43所示。

STEP 16 在打开的“请选择计算机当前的位置”对话框中设置计算机当前所在位置，这里单击“公共场所”选项，如图5-44所示。

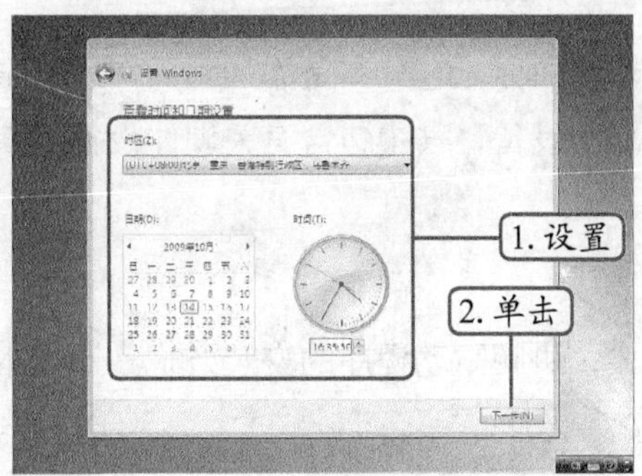

图5-43 设置系统时间

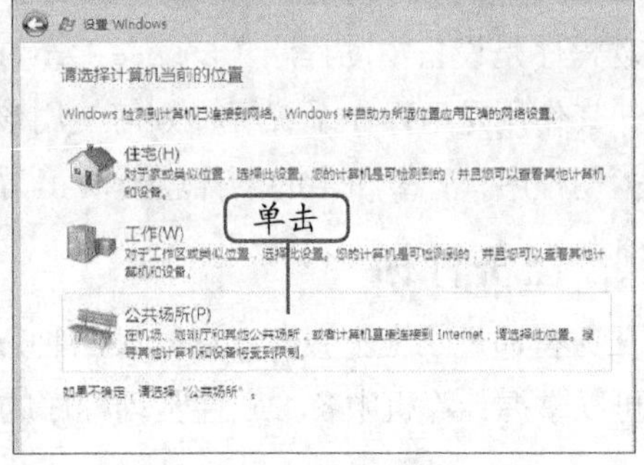

图5-44 设置网络

STEP 17 在打开的“设置Windows”对话框中进行Windows 7的设置，如图5-45所示。

STEP 18 此时将登录Windows 7并显示正在进行个性设置，稍后即可进入Windows 7操作系统，如图5-46所示。

图5-45 完成设置

图5-46 个性设置

STEP 19 在登录Windows 7操作系统时若设置了用户密码，在登录界面中输入用户密码后，再单击按钮或按“Enter”键登录，如图5-47所示。

STEP 20 此时将显示出Windows 7操作系统的桌面，至此完成Windows 7的安装操作，如图5-48所示。

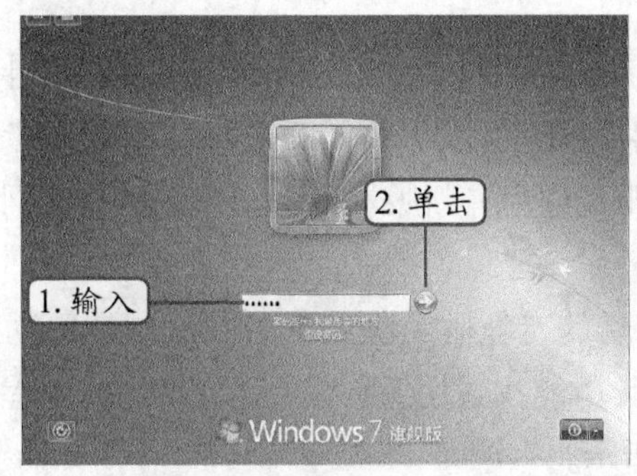

图5-47 登录系统

图5-48 显示桌面

任务二 安装驱动程序

驱动程序是设备驱动程序（Device Driver）的简称，它其实是添加到操作系统中的一小段代码，其作用是给操作系统解释如何使用该硬件设备，其中包含有关硬件设备的信息。如果没有驱动程序，计算机中的硬件就无法正常工作。

一、任务目标

本任务将通过网上下载和光盘安装两种方式，讲解驱动程序的安装方式。通过本任务的学习，可以掌握计算机中各种硬件驱动程序的安装方法。

二、相关知识

在操作系统中“我的电脑”图标上单击鼠标右键，在弹出的快捷菜单中选择【属性】命令，然后单击“硬件”选项卡，再单击 设备管理器(D) 按钮，打开“设备管理器”窗口，可查看已经安装了的硬件设备及驱动程序，如图5-49所示。

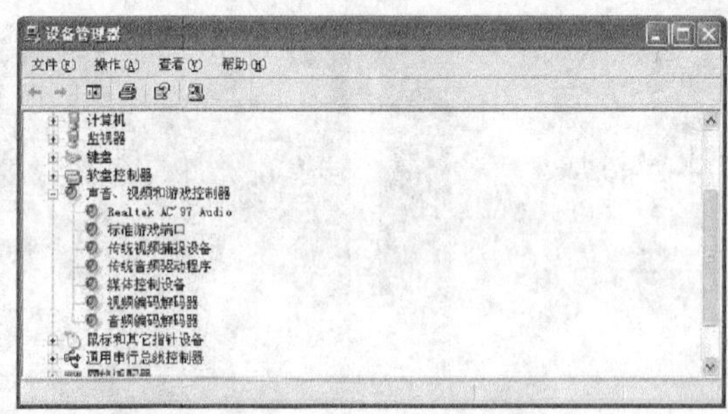

图5-49 “设备管理器”窗口

（一）驱动安装光盘

在购买硬件设备时，在其包装盒内通常会附带一张安装光盘，通过该光盘便可进行硬件设备的驱动安装。为了避免出现以后重装系统而又没有备份驱动的情况，需将驱动程序的安装光盘保存好。图5-50所示为主板盒中的驱动光盘和说明书。

（二）网络下载驱动程序

在网络中获取各种资源非常方便，驱动程序也不例外，通过网络可找到各种硬件设备的驱动程序。在网上可通过以下两种方式获取硬件的驱动程序。

- **访问硬件厂商的官方网站**：当硬件的驱动程序有新版本发布时，在其官方网站都可第一时间找到。
- **访问专业的驱动程序下载网站**：最著名的专业驱动程序下载网站是“驱动之家”（http://drivers.mydrivers.com/），在其中能找到几乎所有硬件设备的驱动程序，并且有多个版本供用户选择，如图5-51所示。

（三）选择驱动程序的版本

同一个硬件设备的驱动程序在网上会有很多版本以供下载，如公版、非公版、加速版、测试版、WHQL版等多种版本，用户可以根据需要及硬件的具体情况，下载不同的版本进行安装。

图5-50　驱动光盘

图5-51　驱动下载网站

- **公版**：由硬件厂商开发的驱动程序，具有最大的兼容性，适合该硬件的所有产品。
- **非公版**：这类驱动程序是在公版驱动程序的基础上，根据某型号硬件产品的功能进行改进，并加入一些调节硬件属性的工具，可最大限度地提高该硬件产品的性能。
- **加速版**：由硬件爱好者对公版驱动程序进行改进后产生的版本，其目的是使硬件设备的性能达到最佳，不过其兼容性和稳定性要低于公版和非公版驱动程序。
- **测试版**：硬件厂商在发布正式版驱动程序前会提供测试版驱动程序供用户测试，这类驱动分为Alpha版和Beta版，其中Alpha版是厂商内部人员自行测试版本，Beta版是公开测试版本。此类驱动程序的稳定性未知，适合喜欢尝新的用户。
- **WHQL版**：供Windows硬件质量实验室使用的版本，主要负责测试硬件驱动程序的兼容性和稳定性，验证其是否能在Windows系列操作系统中稳定运行。

三、任务实施

（一）安装显卡驱动程序

下面安装从网上下载的显卡驱动程序，其具体操作如下。（拓展微课：光盘\微课视频\项目五\安装显卡驱动.swf）

STEP 1 双击开始解压安装程序，并显示进度，如图5-52所示。

STEP 2 在打开“Language Selection（语言选择）”对话框的“Select Installation Language（选择安装语言）”列表框中设置安装驱动程序时的语言，这里选择“Chinese（Simplified）（简体中文）”选项，单击 OK 按钮，如图6-53所示。

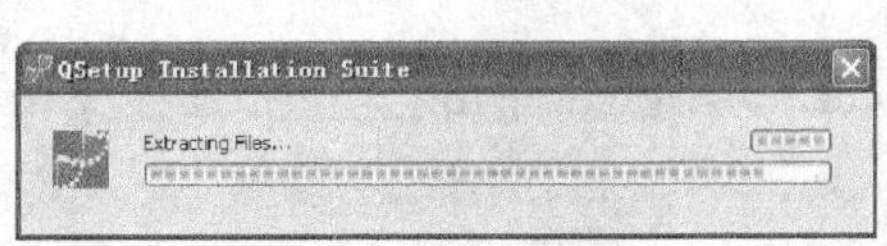

图5-52　解压安装程序

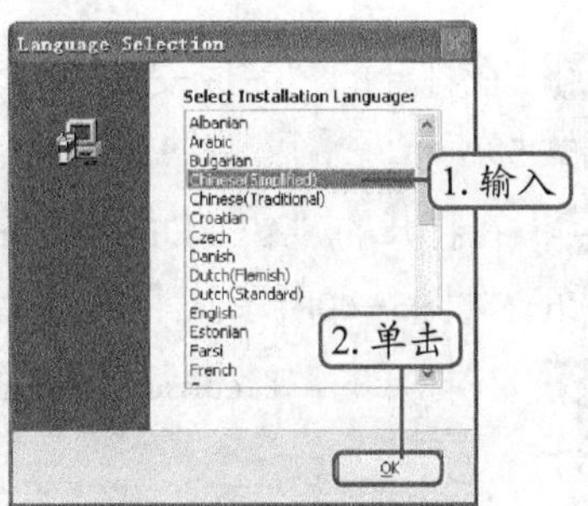

图5-53　设置语言

通常在安装操作系统的过程中，系统会自动安装显卡的驱动程序（包含在操作系统安装程序中），但为了保证显卡的运行效果，最好安装与显卡型号相匹配的驱动程序。

STEP 3 在打开的“欢迎”对话框中单击下一步(N) >按钮，如图5-54所示。

STEP 4 在打开“许可协议”对话框中阅读驱动程序的安装许可协议，并单击选中“是-我接受许可协议中的条款！”单选项，单击下一步(N) >按钮，如图5-55所示。

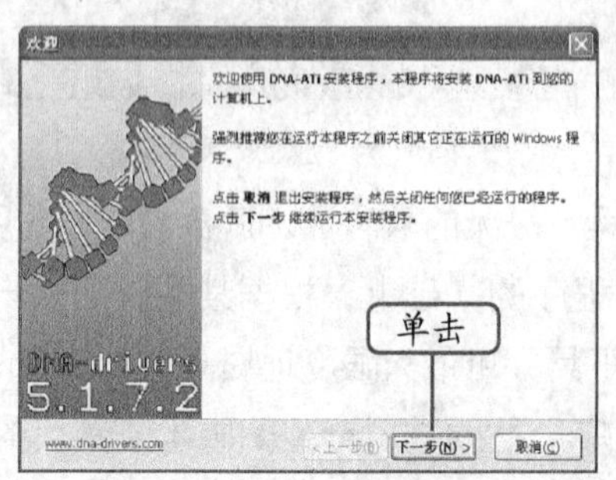

图5-54　打开欢迎界面

图5-55　接受许可协议

STEP 5 在打开的“自述”对话框中阅读该驱动程序的自述文件，单击下一步(N) >按钮，如图5-56所示。

STEP 6 在打开的“选择组件”对话框中选择需安装的组件，这里保持默认设置，单击下一步(N) >按钮，如图5-57所示。

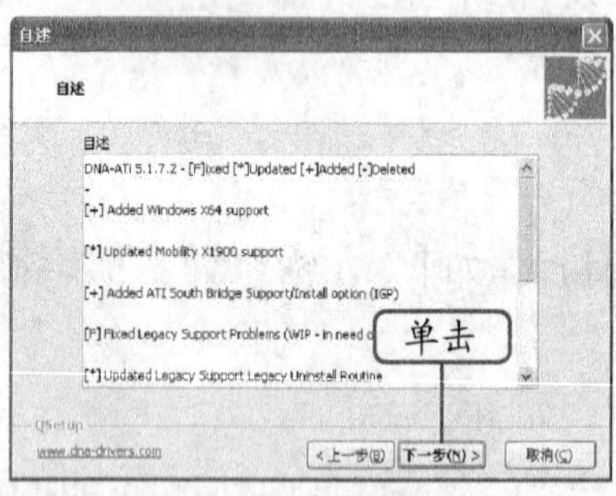

图5-56　阅读自述文件

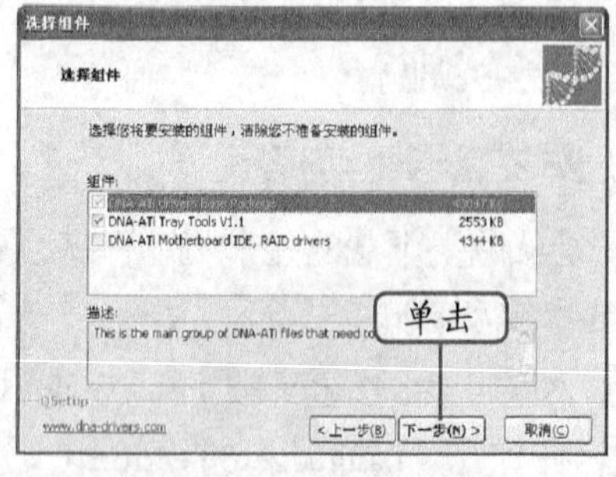

图5-57　选择需安装的组件

STEP 7 在打开的“确认安装设置”对话框中确认安装设置，单击下一步(N) >按钮，如图5-58所示。

STEP 8 在打开的“完成安装”对话框中显示已经完成安装程序的复制，单击完成(F)按钮，如图5-59所示。

STEP 9 在打开的“ATI Display Driver Setup（ATI显示驱动安装）”对话框中直接单击Next >按钮，如图5-60所示。

STEP 10 在打开的“License Agreement”对话框中单击Yes按钮接受许可协议，如图5-61所示。

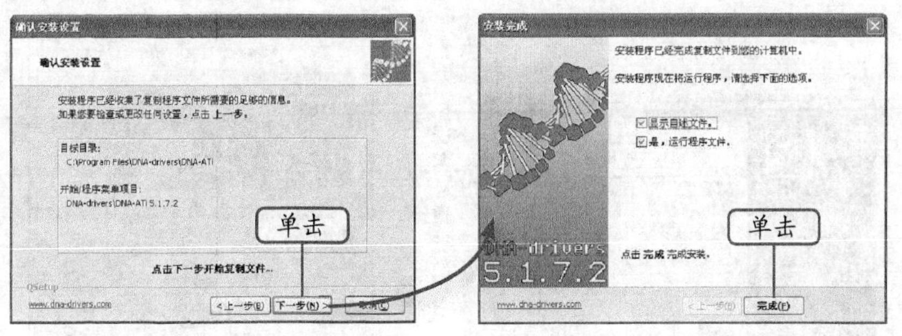

图5-58　确认安装设置　　　　图5-59　完成安装程序的复制

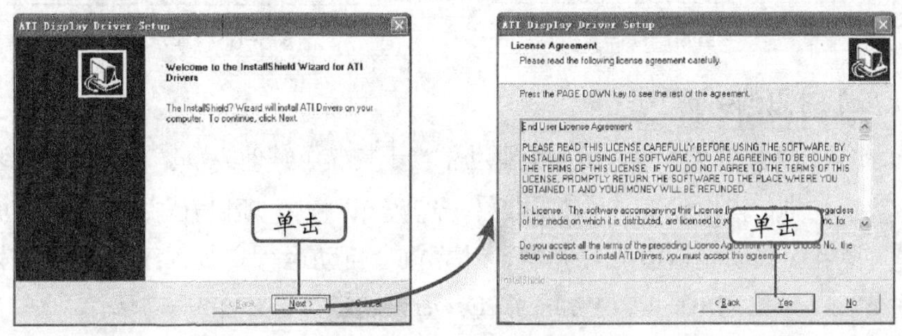

图5-60　开始安装显卡驱动　　　　图5-61　接受许可协议

STEP 11　在打开的“硬件安装”对话框中单击[仍然继续(C)]按钮继续安装驱动程序，如图5-62所示。

STEP 12　安装程序打开一个“Information”提示框，提示在安装过程中可能出现的问题，单击[确定]按钮，如图5-63所示。

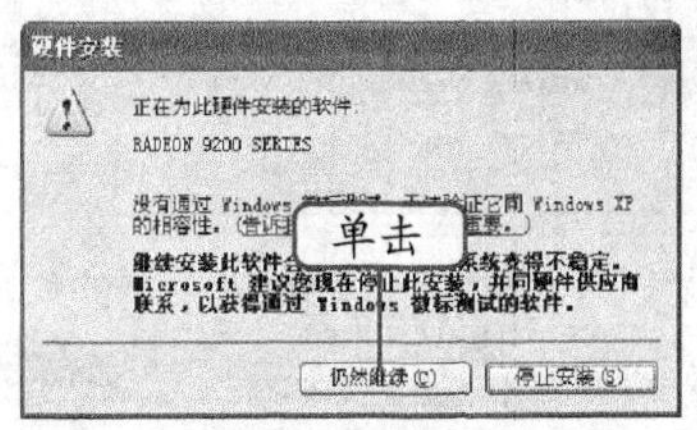

图5-62　硬件安装

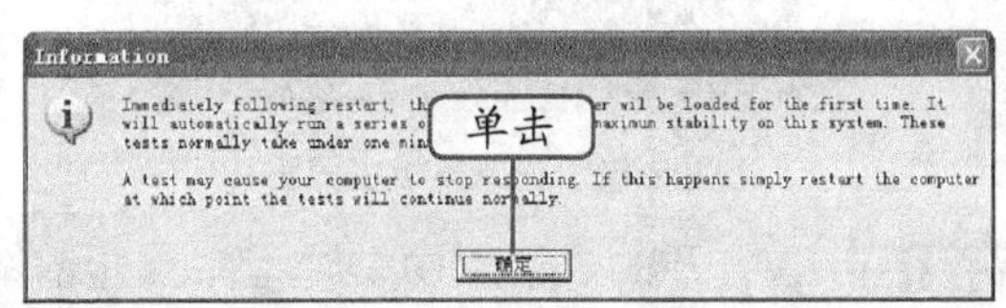

图5-63　信息提示

STEP 13　在打开的对话框中选择重新启动计算机的方式，这里保持默认设置，单击[Finish]按钮重新启动计算机，如图5-64所示。

STEP 14　调整显示的相关设置即可完成显卡驱动程序的安装。图5-65所示为安装好显卡驱动后的计算机显示属性。

知识补充

驱动程序的组成文件包括.exe、.386、.inf、.dat、.cat、.cpl、.vxd、.dll、.ini、.drv和、.sys等，且驱动程序安装后一般都保存在“Windows\System”目录中。

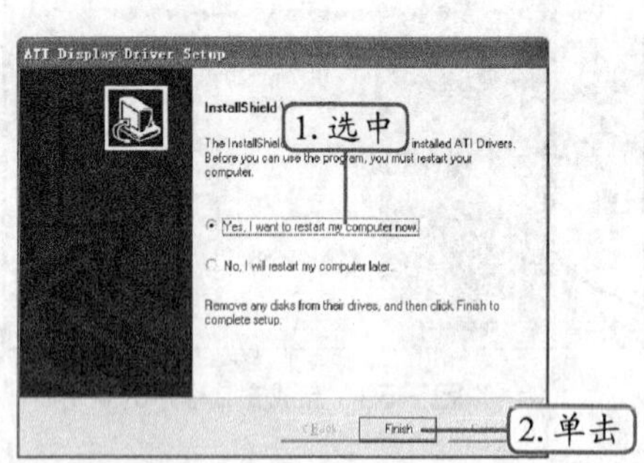

图5-64　重新启动计算机

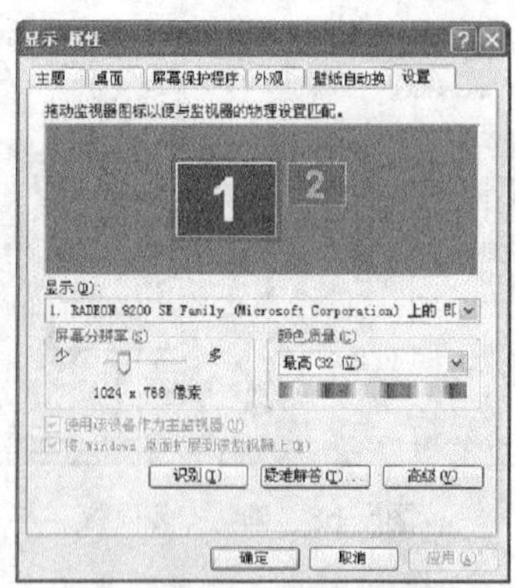

图5-65　显示属性

（二）安装主板驱动程序

主板可能集成声卡和网卡，安装主板驱动相当于安装了其他驱动。下面使用安装光盘安装主板驱动程序，其具体操作如下。（拓展微课：光盘\微课视频\项目五\安装主板驱动.swf）

STEP 1　将主板驱动光盘放入光驱中，计算机会自动运行安装程序，并打开安装主板驱动程序的主界面。单击“Install VIA Chipset Driver”超链接，如图5-66所示。

STEP 2　安装程序会打开“Welcome”对话框，直接单击Next >按钮，如图5-67所示。

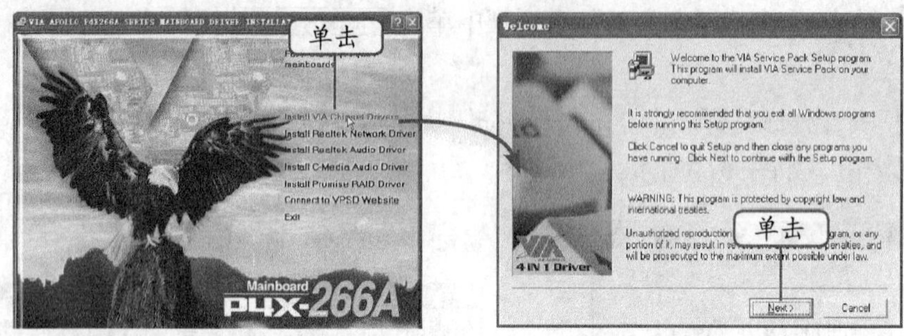

图5-66　进入安装主界面　　　图5-67　开始安装主板驱动

STEP 3　在打开的对话框中安装程序会显示许可协议，单击Yes按钮同意许可协议，如图5-68所示。

STEP 4　在打开的对话框中选择主板驱动程序的安装方式，这里保持默认单击选中“Normally Install”单选项，单击Next >按钮，如图5-69所示。

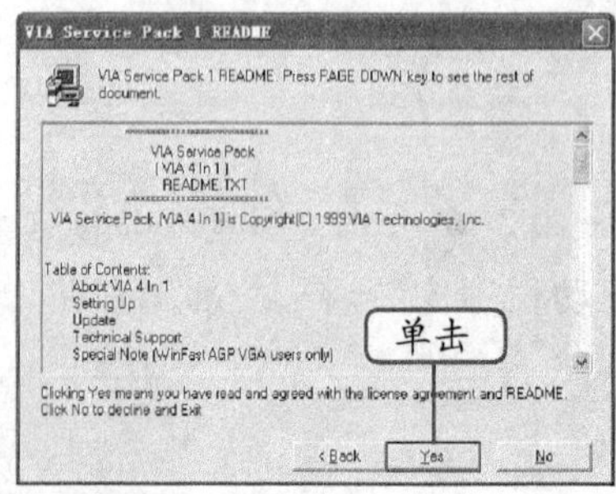

图5-68　同意许可协议

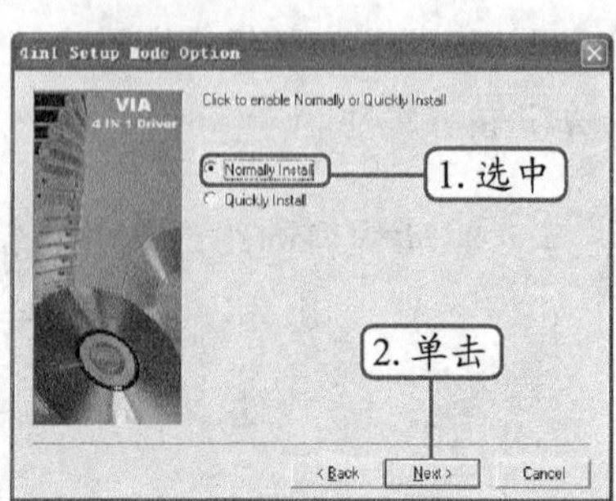

图5-69　设置安装方式

STEP 5 在打开对话框中安装程序要求用户确认安装的驱动程序，这里保持默认单击选中“VIA INF Driver 1.30”复选框，单击Next >按钮，如图5-70所示。

STEP 6 在安装结束后将打开“Setup Complete”对话框，保持默认单击选中的“Yes, I want to restart my computer now.”单选项，单击Finish按钮，计算机将重新启动，完成主板驱动程序的安装，如图5-71所示。

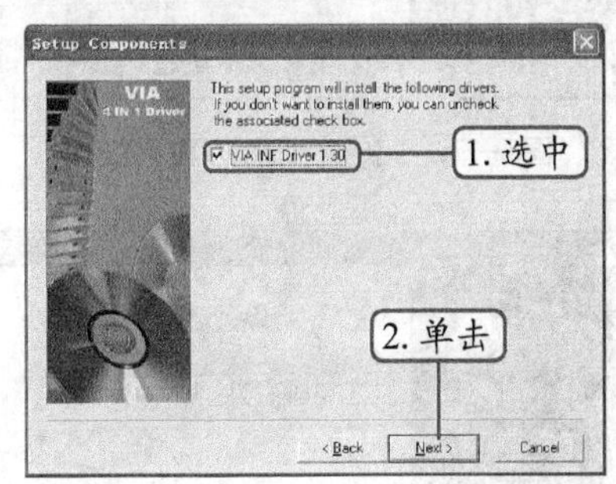

图5-70　确认安装的驱动程序

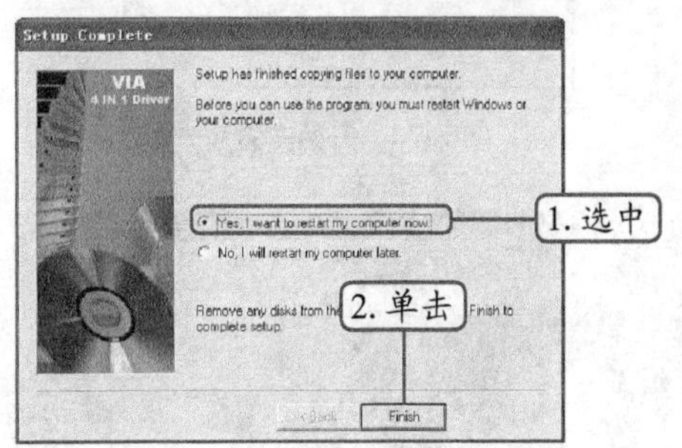

图5-71　完成主板驱动安装

操作提示

在步骤6中，可以单击选中“No，I will restart my computer later.”单选项，待声卡和网卡驱动都安装完成后，再一次重新启动计算机，节约安装时间。

STEP 7 重启计算机后，安装程序将自动打开安装主板驱动程序的主界面，单击“Install Realtek Audio Driver”超链接，如图5-72所示。

STEP 8 安装程序自动开始读取驱动文件准备安装，如图5-73所示。

图5-72　安装声卡驱动

图5-73　准备安装向导

STEP 9 读取完声卡驱动文件后，安装程序会自动开始安装声卡的驱动，并显示安装进度，如图5-74所示。

STEP 10 在安装结束后将打开“维护完成”对话框，保持默认选中的“是，立即重新启动计算机。”单选项，单击完成按钮，计算机将重新启动，完成声卡驱动程序的安装，如图5-75所示。

STEP 11 重启计算机后，安装程序将自动打开安装主板驱动程序的主界面，单击“Install Realtek Network Driver”超链接，如图5-76所示。

STEP 12 安装程序将打开安装向导对话框，单击下一步(N)按钮，如图5-77所示。

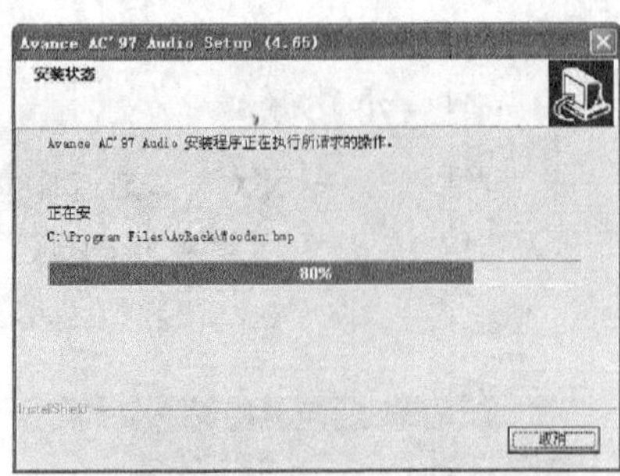

图5-74　开始安装声卡驱动程序

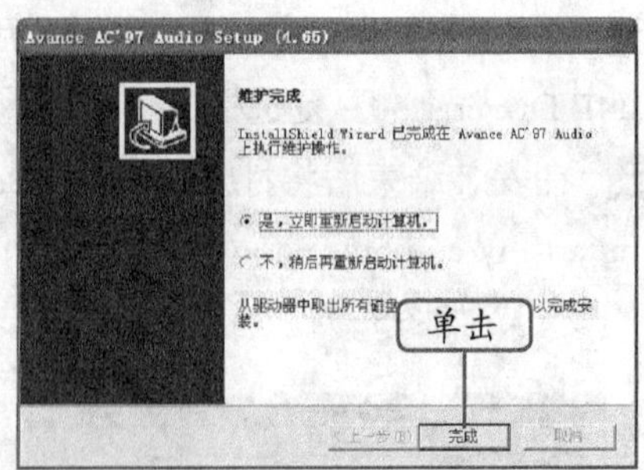

图5-75　完成声卡驱动程序的安装

图5-76　安装网卡驱动程序

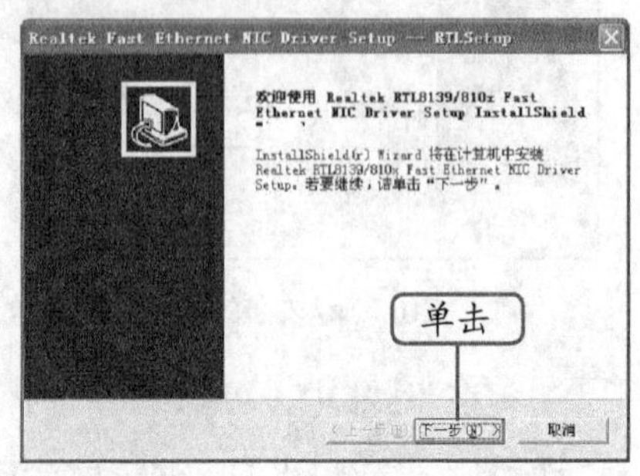

图5-77　开始安装

STEP 13　安装程序自动开始准备安装向导，然后安装程序开始读取网卡驱动文件，如图5-78所示，并自动搜索网卡并安装网卡的驱动程序。

STEP 14　安装程序打开对话框提示网卡驱动程序安装完成，单击 完成 按钮，如图5-79所示。

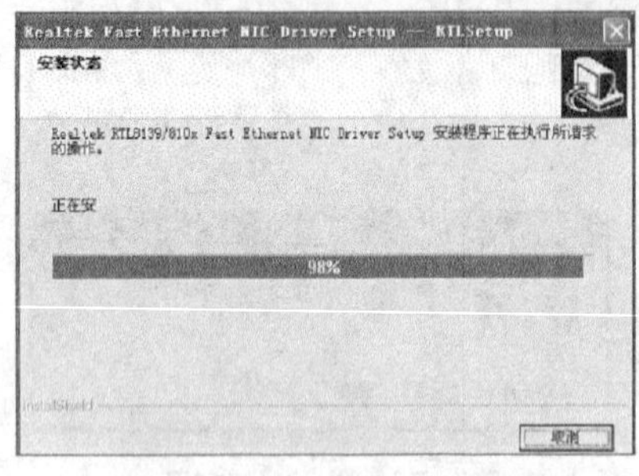

图5-78　读取安装文件

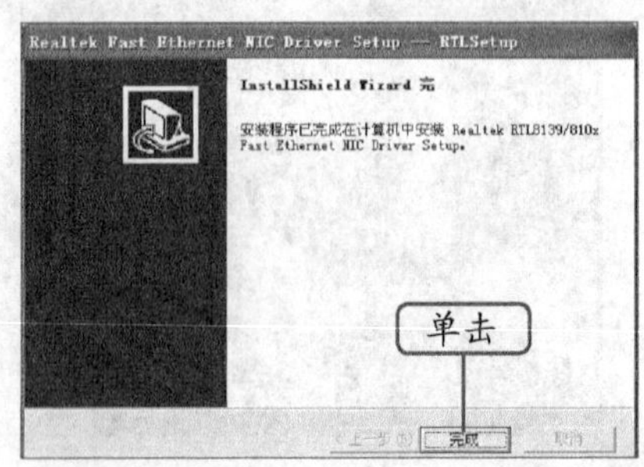

图5-79　完成网卡驱动程序的安装

任务三　安装与卸载常用软件

安装完驱动程序后，就可以为计算机安装一些常用的软件，下面将讲解常用软件的安装与卸载的相关知识。

一、 任务目标

本任务将通过实际操作，讲解安装与卸载常用软件的相关操作。通过本任务的学习，可以掌握计算机中各种软件的安装与卸载方法。

二、相关知识

安装常用软件前，需要了解一些基本的知识，包括软件的安装方式和软件的版本类型。

（一）软件的安装方式

根据软件的获取方式，安装时也有通过向导安装和解压安装两种方式。

- **通过向导安装**：只要是在软件专卖店购买的软件，都采用向导安装的方式安装到计算机中。运行安装文件启动安装向导，然后在安装向导的提示下进行安装。
- **解压安装**：在网络中下载的软件，由于网络的传输速度方面的原因，一般都制作成一个压缩包的形式，这类软件使用解压缩软件解压到一个目录后，一些需要通过安装向导安装，另一些（如绿色软件）直接运行主程序就可启动软件。

在安装软件的过程中需要用户设置安装目录、安装组件、快捷方式等，对于一些大型的商业软件，在安装过程中还需用户输入安装序列号。启动安装向导的可执行文件名一般为“setup.exe”或“install.exe”，有的是以软件名称命名。

（二）软件的版本

了解软件的版本将有助于选择适合自己需要的软件，主要包括以下几种。

- **测试版**：表示软件还在开发中，其各项功能不完善，也不稳定。开发者会根据使用测试版用户反馈的信息对软件进行修改，会在软件名称后面注明测试版或Beta版。
- **试用版**：是将正式版软件有限制地提供给用户使用，用户觉得软件符合使用要求，可以通过付费的方法解除限制的版本。试用版又分为全功能限时版和功能限制版。
- **正式版**：是正式上市，用户通过购买就能使用的版本，它经过开发者的测试已经能稳定运行。对于普通用户来说，应该尽量选用正式版的软件。
- **升级版**：是软件上市一段时间后，开发者会在原有功能基础上增加部分功能，并修复已经发现的错误和漏洞，然后推出的更新版本。安装升级版需要先安装软件的正式版，然后在其基础上安装更新或补丁程序。

三、任务实施

（一）安装软件

软件的类型虽然很多，但其安装过程比较相似，下面就以安装从网上下载的Windows优化大师为例，讲解安装软件的基本方法，其具体操作如下。（拓展微课：光盘\微课视频\项目五\安装软件.swf）

STEP 1 从网上下载Windows优化大师的安装程序，双击安装文件，打开安装向导，单击继续(N) >按钮，如图5-80所示。

STEP 2 在打开的“许可协议”对话框中阅读软件的许可协议，单击选中“我接受协议”单选项，单击继续(N) >按钮，如图5-81所示。

图5-80　打开安装向导

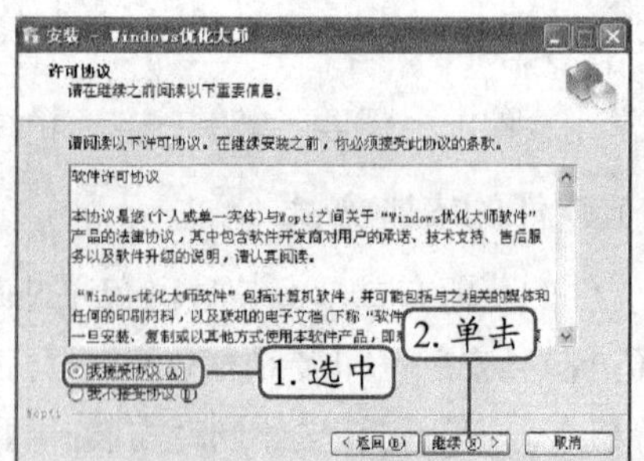

图5-81　接受许可协议

STEP 3 在打开的"选择目标位置"对话框中，单击浏览(R)...按钮设置软件的安装路径，单击继续(N) >按钮，如图5-82所示。

STEP 4 在打开的"选择开始菜单文件夹"对话框中，单击浏览(R)...按钮设置软件快捷方式的安装位置，这里保持默认设置，单击继续(N) >按钮，如图5-83所示。

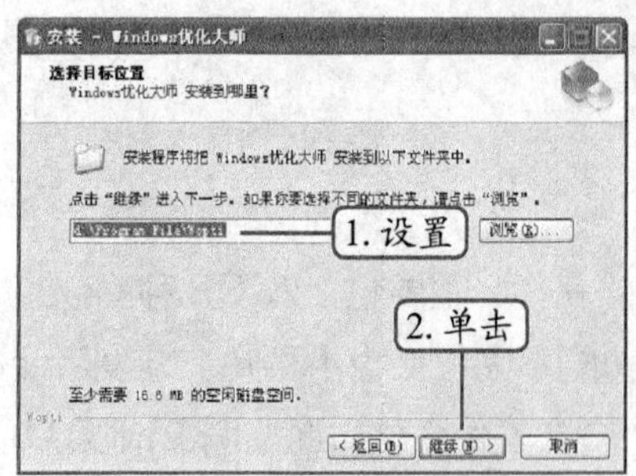

图5-82　设置安装位置

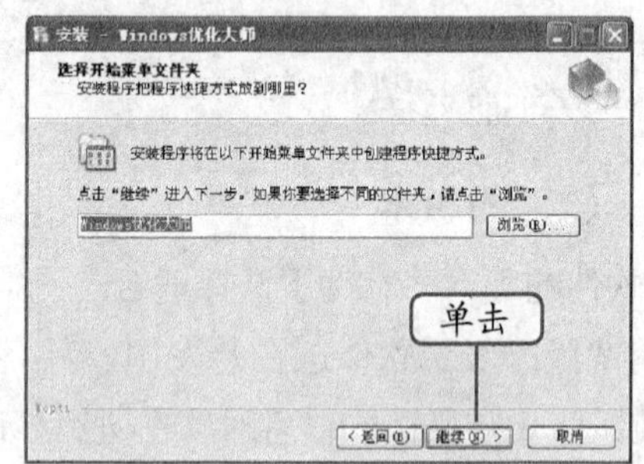

图5-83　选择开始菜单位置

STEP 5 在打开的"选择附加任务"对话框中选择安装程序要执行的附加任务，这里单击取消选中"设置'yh.265.com–最多中国人使用的电脑主页'为浏览器首页"复选框，单击继续(N) >按钮，如图5-84所示。

STEP 6 在打开的"准备安装"对话框中显示了设置的相关信息，用户确认后，单击安装(I)按钮，如图5-85所示。

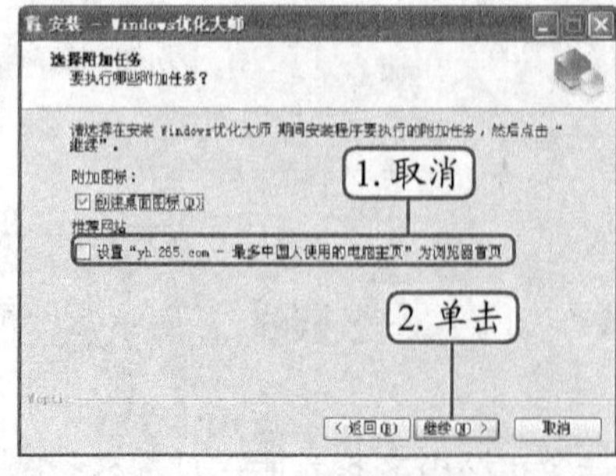

图5-84　设置安装组件

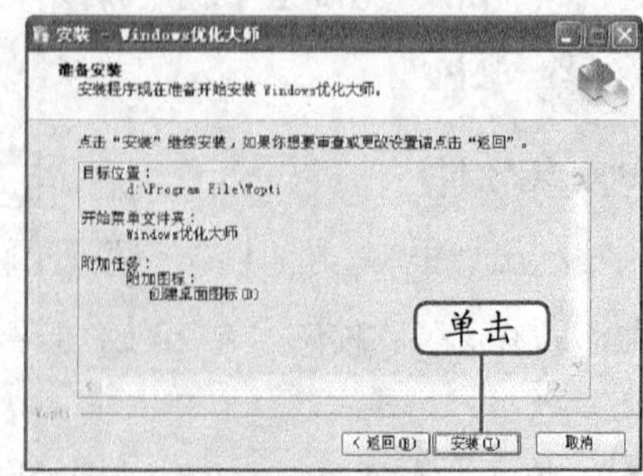

图5-85　确认安装信息

STEP 7 开始安装Windows优化大师，并在打开的"正在安装"对话框中显示了安装进度，如图5-86所示。

STEP 8 打开"完成 Windows优化大师 安装向导"对话框提示安装完成，单击取消选中"运行Windows优化大师"复选框，单击[完成]按钮，如图5-87所示。

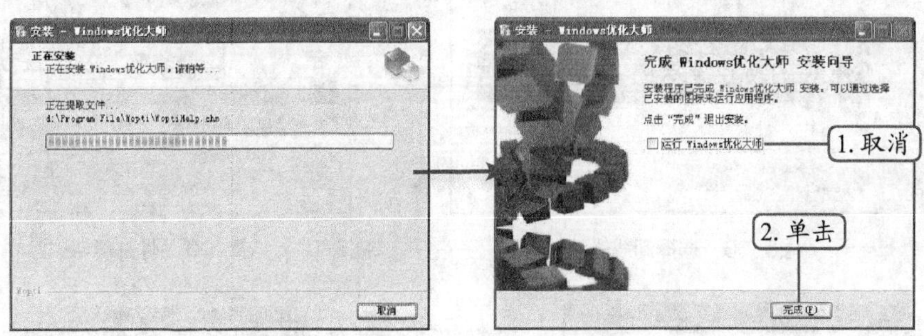

图5-86 开始安装　　图5-87 完成安装

操作提示

很多网上下载的软件是以压缩包形式存在的，安装时直接双击压缩包文件，打开压缩程序窗口，在其中找到安装文件直接双击即可进行安装；也可通过解压缩软件将该压缩包解压后，找到安装程序进行安装。

（二）卸载软件

用户在使用了所安装的应用软件后，若对其不满意或不能使用，又或者不需要再使用该应用软件时，可以将其从计算机中卸载，以释放磁盘空间。其方法是通过"开始"菜单或"控制面板"窗口进行，下面以卸载"RealPlayer"程序为例，其具体操作如下。

STEP 1 单击[开始]按钮，在弹出的菜单中选择【控制面板】菜单命令，如图5-88所示。

STEP 2 在打开的"控制面板"窗口中单击"添加/删除程序"超链接，如图5-89所示。

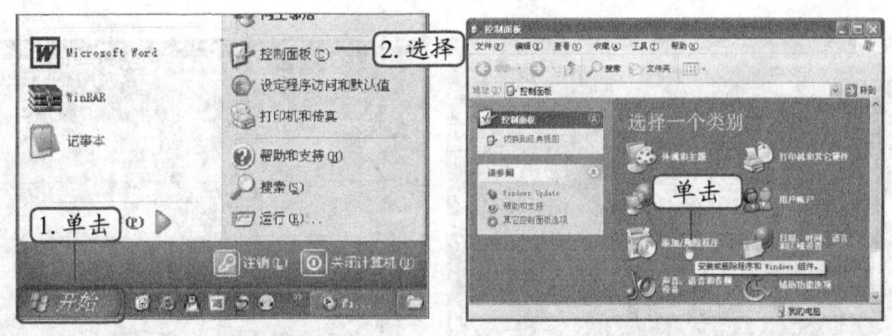

图5-88 选择命令　　图5-89 单击超链接

STEP 3 在打开的"添加或删除程序"对话框中单击左侧的"更改或删除程序"按钮，在"当前安装的程序"列表框中选择要卸载的软件，单击[更改/删除]按钮，如图5-90所示。

STEP 4 打开卸载程序向导，在其中选择卸载组件，然后单击[确定]按钮，打开确认删除选定项的提示对话框，单击[是(Y)]按钮，开始删除软件，如图5-91所示。

STEP 5 开始卸载安装程序的文件，并显示卸载的进度，如图5-92所示。

STEP 6 完成后将打开对话框，提示软件卸载成功，单击[确定]按钮，如图5-93所示。

图5-90 选择卸载软件

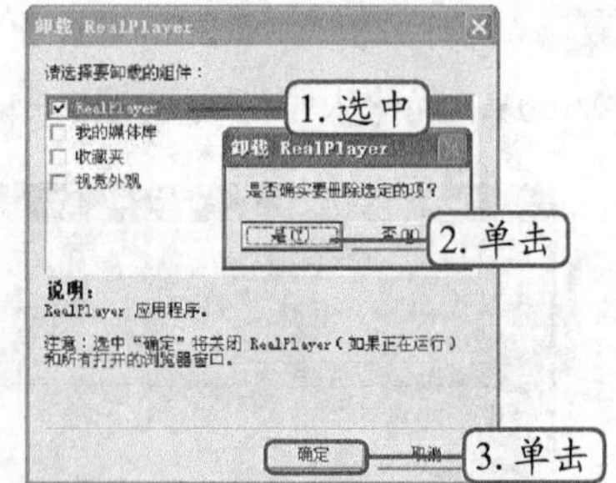

图5-91 选择卸载组件并确认删除

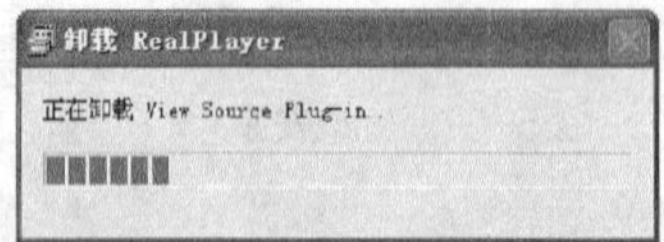

图5-92 显示卸载进度

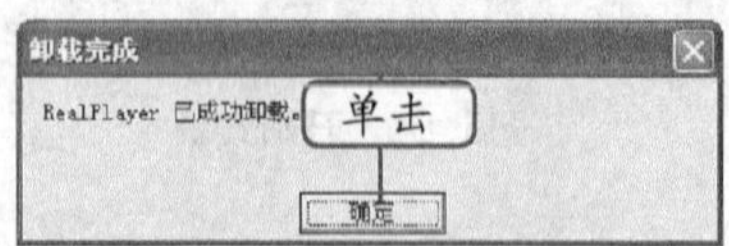

图5-93 完成卸载

实训一 安装Windows 8操作系统

【实训要求】

在对硬盘分区和格式化操作之后，全新安装Windows 8操作系统。

【实训思路】

Windows 8操作系统的安装过程与Windows 7相差不大，也是先输入产品密钥，然后同意安装协议，选择安装的分区，复制各种系统文件，最后进行系统设置。安装前后的效果如图5-94所示。

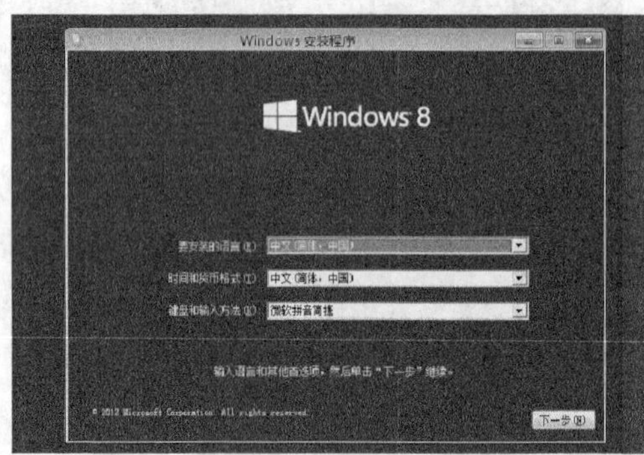

图5-94 安装Windows 8操作系统

【步骤提示】

STEP 1 设置光驱启动，将Windows 8正版光盘放入光驱，启动计算机，进入操作系统安装界面，保持默认设置，单击[下一步(N)]按钮。

STEP 2 打开安装对话框，单击[现在安装(I)]按钮，在打开的对话框中输入产品密钥。

STEP 3 接受许可条款，然后选择安装的类型和安装的位置，并开始复制文件，复制完成后重新启动计算机。

STEP 4 开始个性化设置，包括颜色和计算机名称，也可以使用快速设置。

STEP 5 进行网络设置，然后进行安全隐私设置，接着进行登录设置。

STEP 6 最后进行登录界面，输入设置的登录信息，即可进入Windows 8操作系统界面。

实训二 安装双操作系统

【实训要求】

本实训要求在一台计算机中安装Windows XP和Windows 7两个操作系统，通过安装进一步巩固安装操作系统和安装软件的操作。

【实训思路】

完成本实训主要包括安装Windows XP、设置安装第二个操作系统、安装Windows 7三大步操作，安装完成后即可看到双系统启动菜单，其操作思路如图5-95所示。

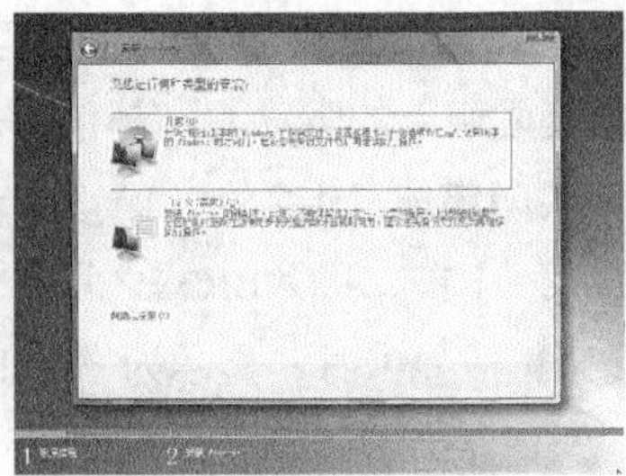

图5-95 安装双操作系统思路

【步骤提示】

STEP 1 按照前面的方法安装Windows XP操作系统，并打开“我的电脑”窗口，查看磁盘的文件格式和可用空间大小，准备将Windows 7安装到最后一个分区。

STEP 2 将Windows 7的安装光盘放入光驱，设置不获取最新安装更新。

STEP 3 接受许可条款，并选择安装类型为“自定义（高级）”，选择Windows 7要安装的逻辑分区5，即最后一个硬盘分区。

STEP 4 接下来开始正式安装Windows 7操作系统，需要设置用户名、时间、密码等，与安装Windows XP的操作大同小异，只需要按照安装向导提示操作即可。

STEP 5 完成双系统的安装后重启计算机，在启动过程中将显示启动菜单，用户可以选择启动“早版本的Windows”，即Windows XP，或选择启动Windows 7。

常见疑难解析

问：Windows XP除了全新安装外，还有哪些安装方式？

答：除了全新安装方式外，还包括升级安装、无人值守安装、克隆安装、多系统共存安装，它们的特点介绍如下。

- **升级安装**：指将计算机中已安装的Windows XP或Windows 2000升级为Windows 7，Windows XP或Windows 2000中的软件和设置信息将不会被删除，而且在升级后的Windows 7中仍可继续使用这些软件和设置信息。
- **无人值守安装**：指在安装操作系统时不需要用户在计算机旁手动操作，整个安装过程由操作系统的安装程序自动完成。如果要使用无人值守安装，则需要先创建一个无人值守安装自动应答文件。
- **克隆安装**：指使用工具软件将已经安装了操作系统的硬盘分区制作成一个镜像文件，安装操作系统时，将该镜像文件复制到相同的硬盘分区中即可。
- **多系统共存安装**：指在计算机中已经存在一种其他操作系统的情况下，再安装另一个操作系统，使不同的操作系统共同存在，如Windows XP和Windows 7双系统。

问：集成声卡需要安装驱动程序吗？

答：如果系统能够自动识别该集成声卡且声卡能够正常工作，可以不用安装驱动程序。如果系统中将声音设备表示为无法识别的设备，或系统出现声音不正常，无法发声等情况时，就需要安装声卡驱动。通常集成声卡的驱动程序都包含在主板驱动程序光盘中。

问：安装独立显卡后，如何关闭集成显卡？

答：开机自检的时候按【Delete】键，进入BIOS之后在“Integratd Peripherals”选项中找到“Init Display First”这项。使用集成显卡时，显示为“Onboard”；使用独立显卡，则可能显示为“AGPSlot或PCISlot”。独立显卡的接口是AGP，对应“AGPSlot”；独立显卡的接口是PCI-E，对应“PCISlot”。还有一种比较简单的方法，直接在设备管理器里停用它。方法为右键单击“我的电脑”图标，在弹出的快捷菜单中选择“属性”命令，在打开的对话框中单击“硬件”按钮，打开“设备管理器”窗口，在其中的显卡类别里应该有两个显卡，用鼠标右键单击集成显卡对应的选项，在弹出的快捷菜单中选择“停用”命令。

问：为什么安装了软件以后，再次启动计算机后安装的应用软件会自动打开呢？

答：这是由于在安装软件时选中了相关自动启动的选项。如在QQ的“完成安装”对话框中，罗列出了几个复选框，如果单击选中了“开机时自动启动QQ2012”复选框，系统就会在启动计算机时自动打开QQ软件。

问：在启动Windows XP时，系统提示“No system disk or disk error”，应该怎样处理呢？

答：该提示信息表示当前引导盘为非系统盘，或者引导盘的系统文件遭到破坏。首先确认启动时软驱里的软盘为系统盘，然后检查硬盘中的系统文件是否遭到破坏，如果系统文件遭到破坏，可用同版本的启动光盘启动系统，然后使用“SYS C:”命令将正确的“Io.sys”和“Msdos.sys”文件传输到硬盘上即可。

问：如果找不到特定厂家的显卡驱动程序，应该怎么办？

答：目前大多数显卡都使用NVIDIA或AMD的显示芯片，其显卡结构也与公版设计相同或类似。如果确实无法找到该显卡自带的驱动程序，可根据显卡所使用的显示芯片型号，下载相应的公版驱动程序代即可。

问：用计算机运行3D软件时，总是在刚进入时就退回到桌面或出现花屏的现象，但这些软件在其他相同配置的计算机上却可以正常运行，应该怎样解决？

答：这种情况很多用户都会遇到，出现这种情况主要有两个原因。（1）显卡驱动程序与软件不兼容。这也是很多此类现象的主要原因，解决方法是为显卡更换一个驱动程序，最好是使用公版的驱动程序。（2）硬件无法达到软件的最低配置要求。如果无法运行软件的现象是由这类原因引起，可试着降低软件的显示性能，如果在降低性能之后仍不能正常运行，则只能通过升级硬件配置的方式解决了。

拓展知识

1. 通过软件自带程序卸载

大部分应用软件本身提供了卸载功能，利用该功能只需在“开始”菜单的相应程序中选择“卸载”命令即可，由于该方法操作简单，因此是卸载软件的首选方法。下面将计算机中的Windows优化大师软件通过软件自带的工具卸载。其方法是单击开始按钮，在“开始”菜单中找到该程序的菜单，选择“卸载”或者“Uninstall”命令，在打开的提示对话框中确认卸载操作即可开始卸载软件。通常在打开的“卸载状态”对话框中会显示卸载进度，完成后在打开的提示对话框中将提示“某软件已成功删除”。

2. 连接网络

在安装操作系统后，由于需要对操作系统进行激活，而且可能需要从网上下载最新的驱动程序和常用软件，所以需要进行网络连接设置。虽然用户连接网络时通常都会由网络服务商的专业人员进行设置，但如果遇到重新安装操作系统，就需要用户自己设置网络连接。下面将介绍家用ADSL连接和局域网上网连接的相关操作。

- **ADSL连接**：在操作系统界面中选择【开始】/【程序】/【附件】/【通讯】/【新建连接向导】命令，打开“新建连接向导”对话框，单击下一步(N)>按钮；打开“网络连接类型”对话框，在其中单击选中“连接到 Internet”单选项，单击下一步(N)>按钮；打开“准备好”对话框，单击选中“手动设置我的连接”单选项，单击下一步(N)>按钮；打开“Internet连接”对话框，单击选中“用要求用户名和密码的宽带连接来连接”单选项，单击下一步(N)>按钮；打开“连接名”对话框，在“ISP名称”文本框中输入ADSL连接的名称，单击下一步(N)>按钮；打开“Internet 账户信息”对话框， 在其中的“用户名”、“密码”、“确认密码”文本框中输入运营商为用户提供的用户名和密码，单击下一步(N)>按钮；打开“正在完成新建连接向导”对话框，单击完成按钮，完成该拨号连接的创建；双击在桌面上建立的拨号连接快捷方式图标，打开连接对话框，单击连接(C)按钮即可通过ADSL连接到互联网中。
- **局域网连接**：在Windows XP操作系统中选择【开始】/【控制面板】命令，打开“控制面板”窗口，在“选择一个类别”列表框中单击“网络和Internet连接”超链接；打开“网络和Internet连接”窗口，在列表框中单击“网络连接”超链接；打开

"网络连接"窗口，在"本地连接"图标上单击鼠标右键，在弹出的快捷菜单中选择"属性"命令；打开"本地连接 属性"对话框，在列表框中双击"Internet协议（TCP/IP）"选项；在打开的对话框中选中"使用下面的IP地址"单选项，并设置IP地址，单击[确定]按钮，完成局域网中一台计算机的网络设置。设置局域网连接需要注意的是，在设置IP地址时，"IP地址"文本框中应该输入本计算机的IP地址；"子网掩码"文本框中地址由计算机自动分配；"默认网关"和"首选DNS服务器"文本框中的地址应该是局域网主机的IP地址。

3. 获取常用软件的方法

获取常用软件的3种方法介绍如下：第一种是从网上下载安装程序，用户只需要到软件下载网站上查找并下载这些安装文件即可；第二种是购买安装光盘，到正规的软件商店购买正版的软件安装光盘，不但软件的质量有保证，还能享受升级服务和技术支持；第三种是购买软件图书时赠送，某些计算机杂志或书籍中常常附送了部分软件安装文件的光盘。

课后练习

（1）分别尝试在台式机和笔记本电脑上安装Windows XP操作系统。

（2）在驱动之家网站的驱动中心网页（http://drivers.mydrivers.com/）中搜索并下载自己计算机中显卡的最新驱动程序，然后将下载的驱动程序安装到计算机上。

（3）在计算机中安装一个QQ交流软件和Office办公软件，熟悉安装软件的方法。

（4）在计算机上删除不需要的软件，以节省更多的磁盘空间。

（5）在自己的计算机中安装一个双操作系统，系统版本自己选择。

PART 6

项目六 构建虚拟计算机配装平台

情景导入

小白：阿秀，我在自己的计算机上练习了一天的各种软件的安装，可还需要练习各种操作系统的安装，但每次安装新的操作系统就需要格式化系统盘，太麻烦了。

阿秀：这个问题好解决，你自己使用VM构建一个虚拟计算机就行了。

小白：VM？虚拟计算机？

阿秀：我现在就教你使用VM构建虚拟计算机配装平台的操作吧。

小白：好啊！但你需要先告诉我VM是什么吧。

学习目标

- 认识虚拟机软件——VMware Workstation
- 熟练掌握VMware Workstation中虚拟机的创建与配置
- 熟练掌握在VMware Workstation中安装操作系统

技能目标

- 加强对操作系统安装的认识和理解，能够熟练安装各种操作系统
- 掌握虚拟机软件的各种操作

任务一 创建和配置虚拟机

现在最常用的计算机虚拟配装平台就是VMware Workstation（简称VM），它是一款比较专业的虚拟机软件，可以同时运行多个虚拟的操作系统，在软件测试等专业领域使用较多。该软件属于商业软件，普通用户需要付费购买。

一、任务目标

本任务将以VM为例，介绍创建虚拟机，并对其进行普通设置的相关操作。通过本任务的学习，可以掌握VM的基本操作，同时对虚拟机的功能有一个基本的认识。

二、相关知识

在进行各种操作前，应该学习VM的一些基本知识。

（一） VM的基本概念

在VM的使用过程中制定了一些专用名词，下面分别对这些名词进行讲解。

- **虚拟机**：是指通过软件模拟具有计算机系统功能，且运行在一个完全隔离环境中的完整计算机系统。通过虚拟机软件，可以在一台物理计算机上模拟出一台或多台虚拟的计算机，这些虚拟的计算机（简称虚拟机）可以像真正的计算机那样工作，如安装操作系统和应用程序。因此，虚拟机只是运行在计算机上的一个应用程序，而在虚拟机中运行应用程序，可以得到与在真正的计算机中进行操作一样的结果。
- **主机**：是指运行虚拟机软件的物理计算机，即用户所使用的计算机。
- **客户机系统**：是指虚拟机中安装的操作系统，也称“客户操作系统”。
- **虚拟机硬盘**：由虚拟机在主机上创建的一个文件，其容量大小受主机硬盘的限制，即存放在虚拟机硬盘中的文件大小不能超过主机硬盘大小。
- **虚拟机内存**：虚拟机运行所需内存是由主机提供的一段物理内存，其容量大小不能超过主机的内存容量。

知识补充

使用虚拟机软件，用户可以同时运行Linux各种发行版、Windows各种版本、DOS、UNIX等各种操作系统，甚至可以在同一台计算机中安装多个Linux发行版或多个Windows操作系统版本。而且，在虚拟机的窗口上，模拟了多个按键，分别代表打开虚拟机电源、关闭虚拟机电源、Reset键等，这些按键的功能就如同真正的按键一样，非常方便。

（二） VM的应用

VM的功能相当强大，应用也非常广泛，只要是涉及使用计算机的职业，它都能派上用场，如教师、学生、程序员、编辑等，都可以利用它来解决一些工作上相应的难题。

对于普通计算机用户，当需要在计算机中进行一些没有进行过的操作，如重装系统、安装多系统、BIOS升级等，这时就可以使用VM模拟这些操作，待熟悉后再在现实计算机中操作，这样就能保证计算机系统的稳定性。

（三） VM对系统的要求

虚拟机在主机中运行时，要占用部分系统资源，特别是对CPU和内存资源的使用最大。所以，运行VM需要主机的操作系统和硬件配置达到一定的要求，这样才不会因运行虚拟机而使系统运行变得缓慢。VM几乎能够支持所有的操作系统进行安装，如下所示。

- **Microsoft Windows**：从Windows 3.1一直到最新的Windows 7和Windows 8。
- **Linux**：各种Linux版本，从Linux 2.2.x核心到Linux 2.6.x核心。
- **Novell NetWare**：Novell NetWare 5和Novell NetWare 6。
- **Sun Solaris**：Solaris 8、Solaris 9、Solaris 10和Solaris 11 64-bit。
- **VMware ESX**：VMware ESX/ESXi 4和VMware ESXi 5。
- **其他操作系统**：MS-DOS、eComStation、eComStation 2、FreeBSD等。

操作提示

在VM中新建虚拟机时，需要选择客户操作系统，从这里就可以看到VM所能够安装的各种版本的操作系统。

在VM中安装不同的操作系统对主机的硬件要求也不同，如表6-1所示。

表6-1 VM对主机硬件的要求

操作系统版本	主机磁盘剩余空间	主机内存容量
Windows XP	至少 40GB	至少 512MB
Windows Vista	至少 40GB	至少 1GB
Windows 7	至少 60GB	至少 1GB
Windows 8	至少 60GB	至少 1GB

（四）VM热键

热键就是自身或与其他按键组合能够起到特殊作用的按键，在VM中的热键默认为【Ctrl】键。而在虚拟机运行过程中，【Ctrl】键与其他键组合所能实现的功能如下所示。

- **【Ctrl+B】组合键**：开机。
- **【Ctrl+E】组合键**：关机。
- **【Ctrl+R】组合键**：重启。
- **【Ctrl+Z】组合键**：挂起。
- **【Ctrl+N】组合键**：新建一个虚拟机。
- **【Ctrl+O】组合键**：打开一个虚拟机。
- **【Ctrl+F4】组合键**：关闭所选择虚拟机的概要或者控制视图。
- **【Ctrl+D】组合键**：编辑虚拟机配置。
- **【Ctrl+G】组合键**：为虚拟机捕获鼠标和键盘焦点。
- **【Ctrl+P】组合键**：编辑参数。

- 【Ctrl+Alt+Enter】组合键：进入全屏模式。
- 【Ctrl+Alt】组合键：返回窗口模式。
- 【Ctrl+Alt+Tab】组合键：当鼠标和键盘焦点在虚拟机中时，在打开的虚拟机中切换。
- 【Ctrl+Tab】组合键：当鼠标和键盘焦点不在虚拟机中时，在打开的虚拟机中切换。VMware Workstation应用程序必须在活动应用状态上。
- 【Ctrl+Shift+Tab】组合键：当鼠标和键盘焦点不在虚拟机中时，在打开的虚拟机中切换。VMware Workstation应用程序必须在活动应用状态上。

（五）设置虚拟机

虚拟机创建完成后，需要对其进行简单配置，如新建虚拟硬盘、设置内存的大小及设置显卡、声卡等虚拟设备，但对于VM来说，通常在创建虚拟机时已经设置完成了，通常也可以对这些设置进行修改。打开建立的虚拟机的主界面，单击左上角的“编辑虚拟机设置”超链接，打开“虚拟机设置”对话框，可以对虚拟机进行相关的设置，如图6-1所示。

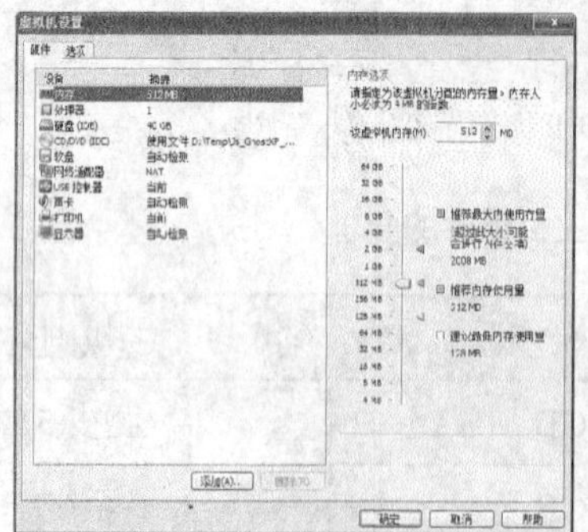
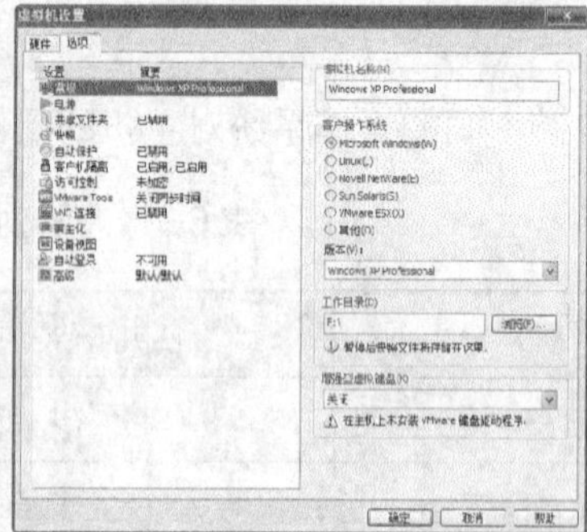

图6-1 虚拟机设置

知识补充

这里所说的设置是针对创建的虚拟机而言，如果要对VM软件进行设置，则需要在其主界面窗口中选择【编辑】/【选项】菜单命令，在打开的“参数”对话框中进行。

三、任务实施

（一）创建虚拟机

下面以创建一个Windows XP操作系统的虚拟机为例进行讲解，其具体操作如下。（拓展微课：光盘\微课视频\项目六\创建虚拟机.swf）

STEP 1 启动VMware Workstation，打开其主界面，选择【文件】/【新建虚拟机】菜单命令，如图6-2所示。

STEP 2 打开“新建虚拟机向导”对话框，在其中选择配置的类型。这里单击选中“典型”单选项，单击 继续 > 按钮，如图6-3所示。

STEP 3 打开“客户机操作系统安装”对话框，选择如何安装操作系统。这里单击选中“安装盘映像文件”单选项，单击 浏览(B)... 按钮，如图6-4所示。

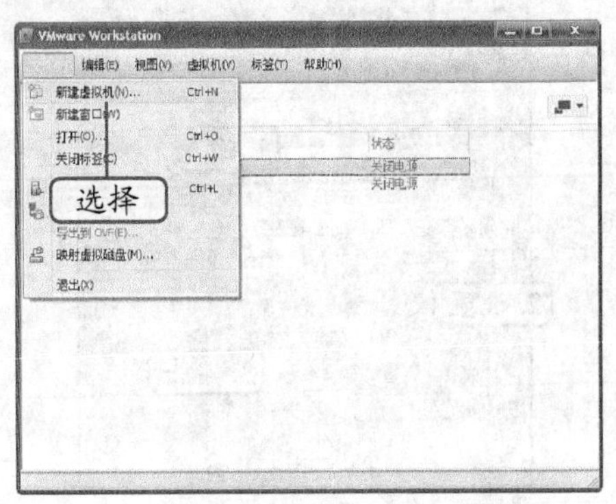

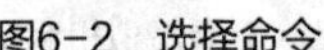

图6-2 选择命令

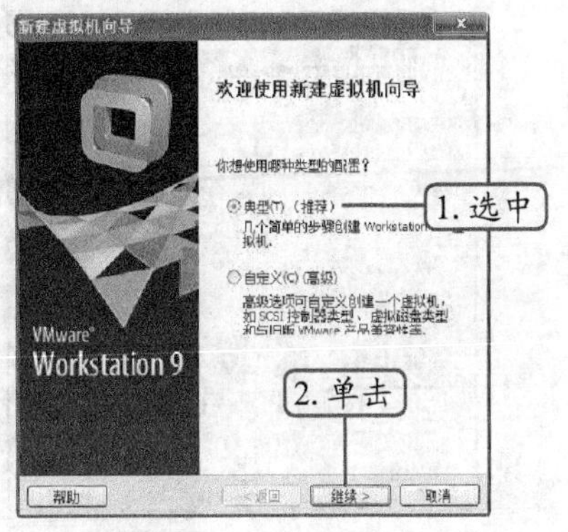

图6-3 选择配置类型

STEP 4 打开“浏览ISO映像”对话框，选择操作系统的安装映像文件。这里选择一个从网上下载的Windows XP的映像文件，单击打开(O)按钮，如图6-5所示。返回“客户机操作系统安装”对话框，单击继续 >按钮。

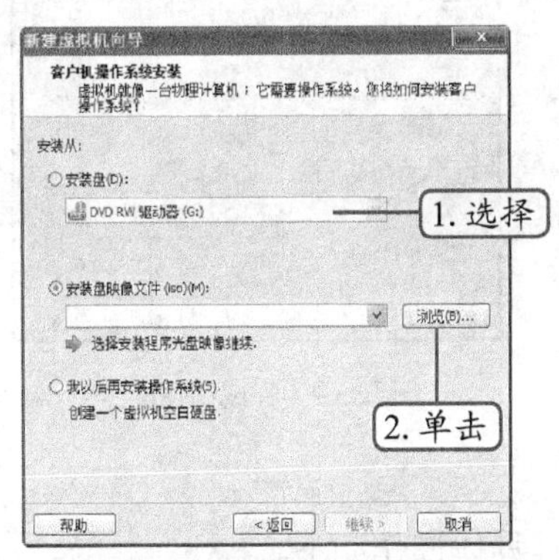

图6-4 选择如何安装

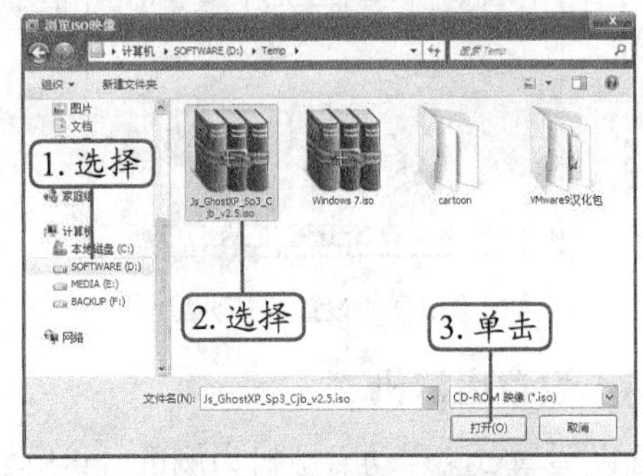

图6-5 选择映像文件

选择如何安装时，如果有操作系统的安装光盘，可以单击选中“安装盘”单选项，然后选择放入了安装光盘的驱动器盘符。

STEP 5 打开“选择客户操作系统”对话框，选择安装的操作系统类型。先在“客户机操作系统”栏中单击选中“Microsoft Windows（W）”单选项，然后在“版本”下拉列表框中选择“Windows XP Professional”选项，单击继续 >按钮，如图6-6所示。

STEP 6 打开“虚拟机名称”对话框，设置虚拟机的名称和位置。在“虚拟机名称”文本框中输入虚拟机的名称，在“位置”文本框中输入虚拟机保存的位置，单击继续 >按钮，如图6-7所示。

STEP 7 打开“指定磁盘容量”对话框，设置虚拟硬盘的大小。这里保持默认设置，单击选中“作为单个文件存储虚拟硬盘”单选项，单击继续 >按钮，如图6-8所示。

STEP 8 打开“准备创建虚拟机就绪”对话框，在下面的文本框中可以看到创建的虚拟机的相关信息，确认无误后，单击完成按钮，如图6-9所示。

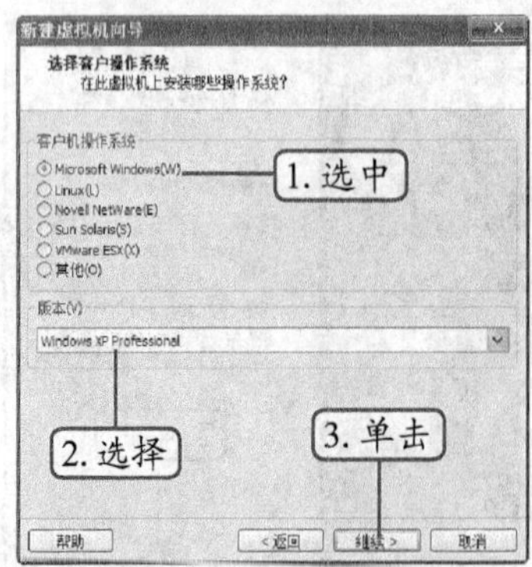

图6-6　选择操作系统类型

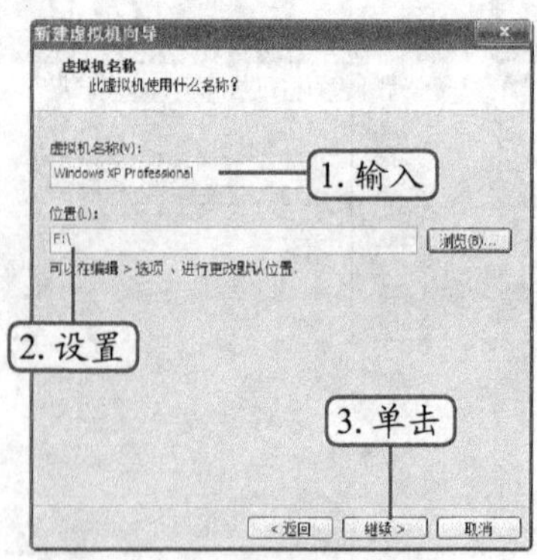

图6-7　设置虚拟机名称和位置

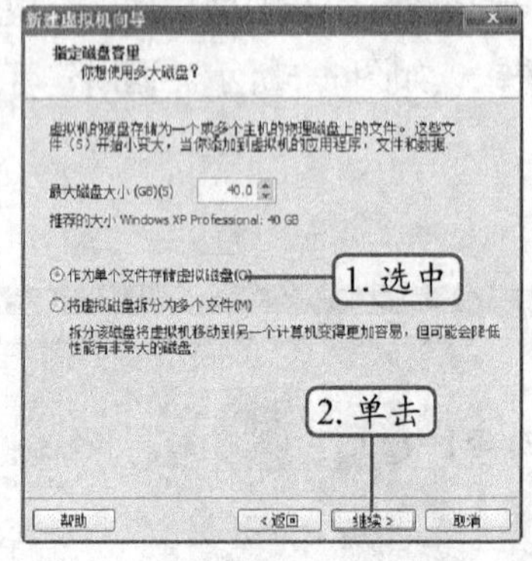

图6-8　设置虚拟硬盘

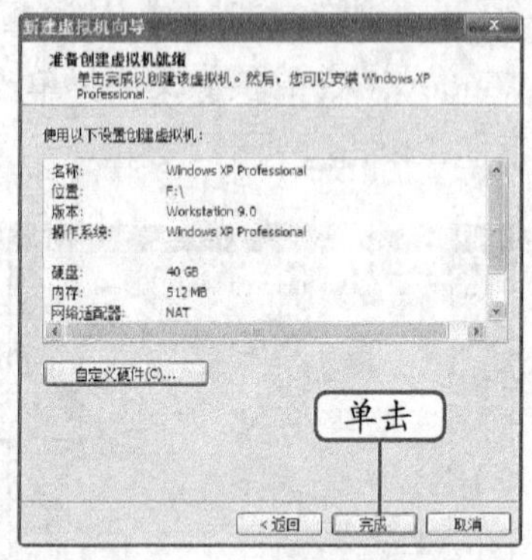

图6-9　完成创建操作

（二）设置虚拟机

下面以设置U盘启动虚拟机为例进行讲解，其具体操作如下。

STEP 1 先将U盘连接到计算机中，启动VMware Workstation，打开创建好的Windows XP虚拟机，单击左上角的“编辑虚拟机设置”超链接，如图8-10所示。

STEP 2 打开“虚拟机设置”对话框，在“硬件”选项卡中选择“硬盘（IDE）”选项，单击添加(A)...按钮，如图8-11所示。

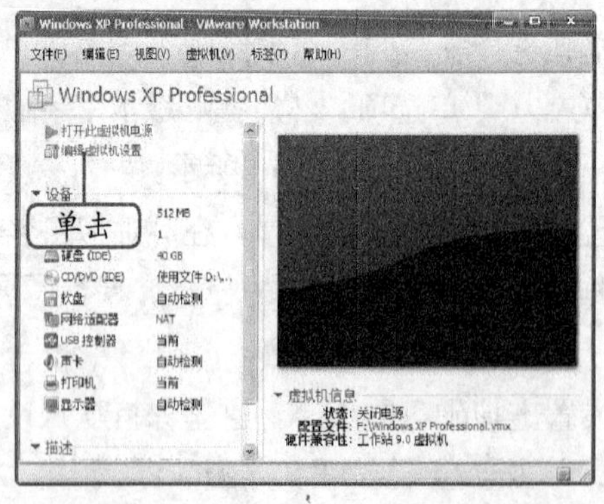

图8-10　选择命令

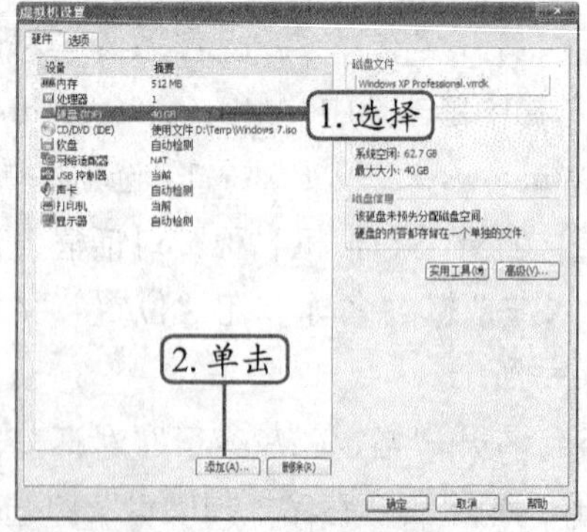

图8-11　选择配置

STEP 3 打开添加硬件向导的“硬件类型”对话框，在“硬件类型”列表框中选择“硬盘”选项，单击 继续 > 按钮，如图6-12所示。

STEP 4 打开“选择一个磁盘”对话框，在“磁盘”栏中单击选中“使用一个物理磁盘”单选项，单击 继续 > 按钮，如图6-13所示。

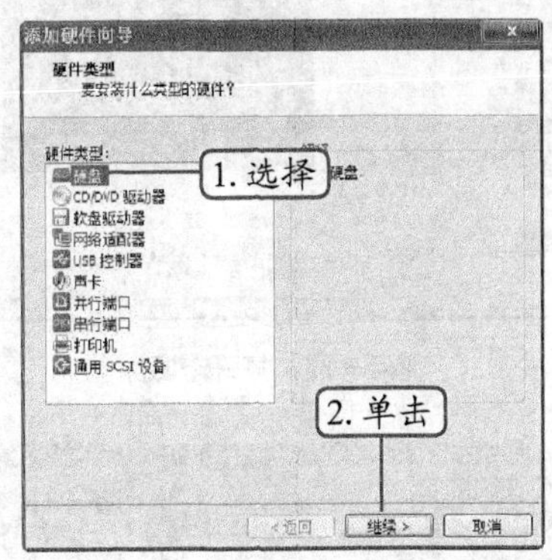

图6-12 选择硬件类型

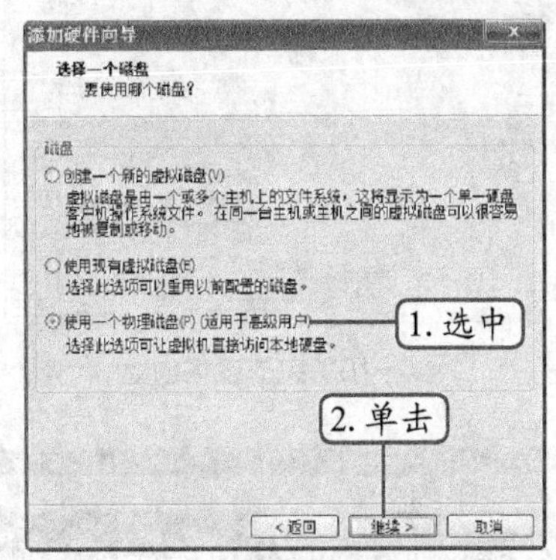

图6-13 选择磁盘

STEP 5 打开“选择物理磁盘”对话框，在“设备”下拉列表中选择U盘对应的选项（通常PhysicalDrive0代表虚拟硬盘），在“使用方式”栏中单击选中“使用整个磁盘”单选项，单击 继续 > 按钮，如图6-14所示。

STEP 6 打开“指定磁盘文件”对话框，在其中设置磁盘文件的保存位置，通常保持默认设置，单击 完成 按钮，如图6-15所示。

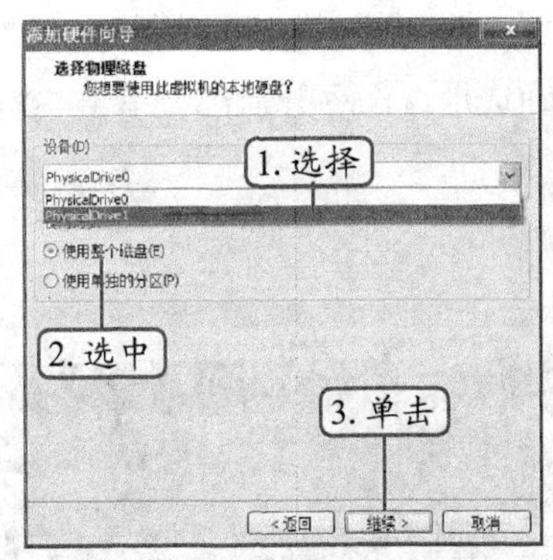

图6-14 选择U盘

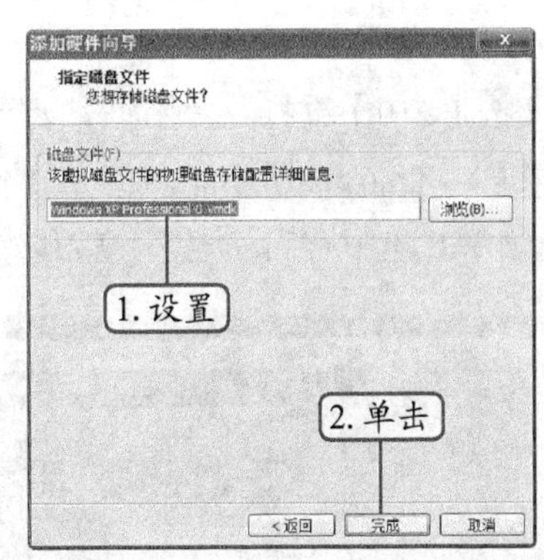

图6-15 设置文件保存位置

STEP 7 返回“虚拟机设置”对话框，即可看到新建的设备“新建硬盘（SCSI）”，单击 确定 按钮，如图6-16所示。

STEP 8 返回该Windows XP虚拟机的主界面中，在左侧的“设备”任务窗格中可以看到创建好的硬盘设备，单击左上角的“打开虚拟机电源”超链接，如图6-17所示。

STEP 9 VM开始启动虚拟机，当进入如图6-18所示的界面时，按【F2】键。

STEP 10 进入虚拟机的BIOS设置界面，选择“Boot”选项，展开“Hard Drive”选项，选择“VMware Virtual SCSI Hard Drive（0:0）”选项，然后按【+】键，将其调整到最上一行，如图6-19所示。

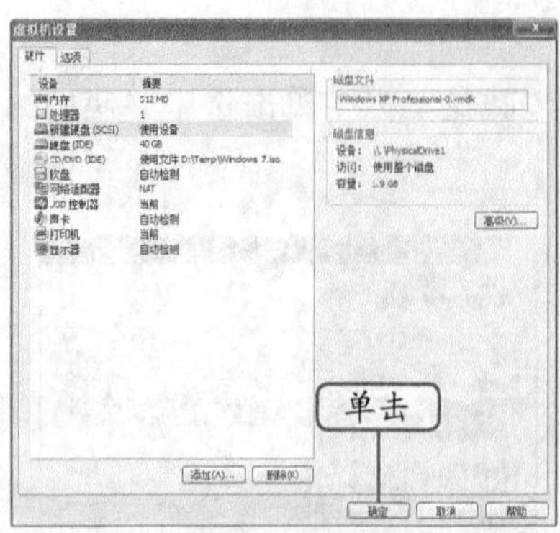

图6-16　完成设备创建

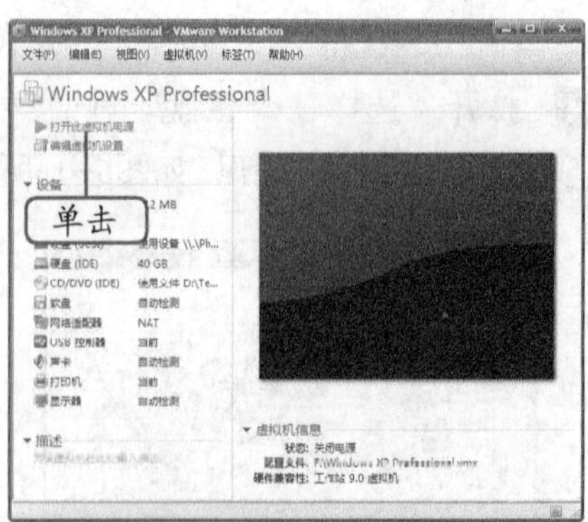

图6-17　打开电源

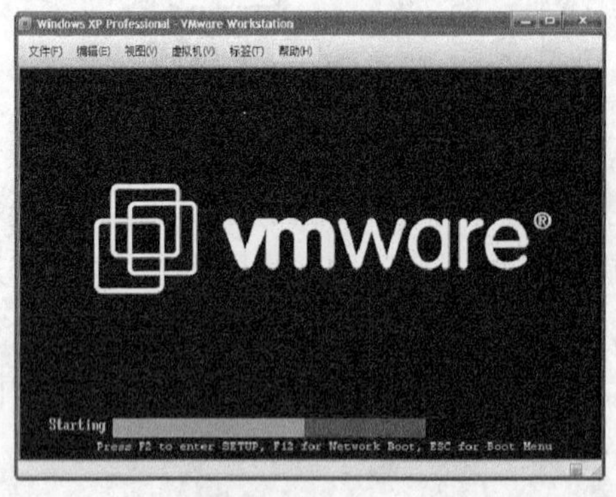

图6-18　进入BIOS

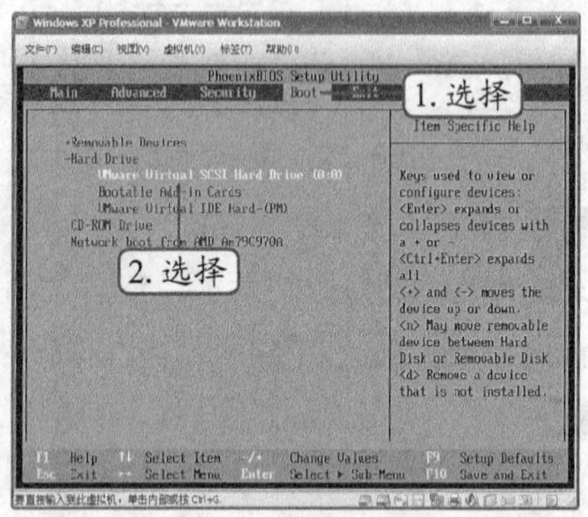

图6-19　设置U盘启动

STEP 11　按【F10】键打开提示框，要求用户确认是否保存并退出，单击“Yes”选项，按【Enter】键，如图6-20所示。

STEP 12　如果U盘中有启动程序，就开始启动计算机，如图6-22所示。

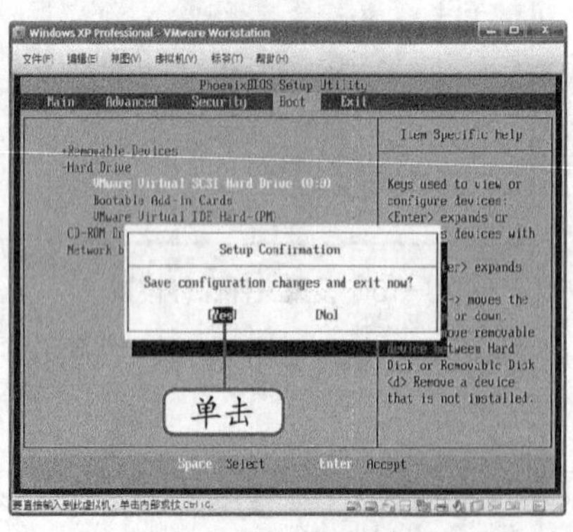

图6-20　保存并退出

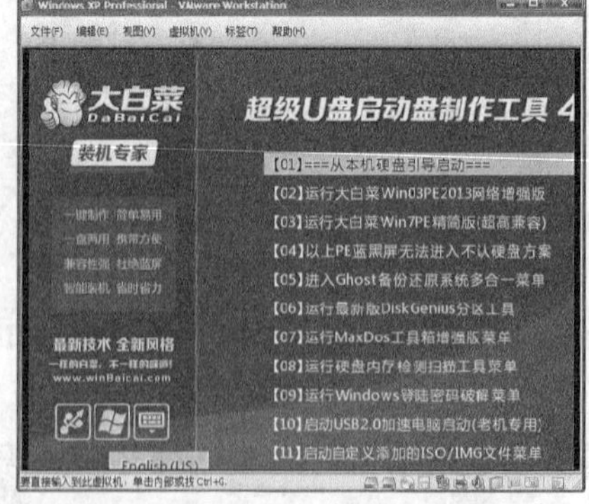

图6-21　U盘启动

任务二　在VM中安装操作系统

在VM中安装操作系统的操作与在计算机中安装操作系统基本上完全相同，只有一些处理方式上稍微有差别，如为了方便，可能只划分一个分区。

一、任务目标

本任务将练习在VM中安装Windows XP操作系统。通过本任务的学习，可以掌握在虚拟机中安装操作系统的相关操作。

二、相关知识

VM是虚拟机，自然可以同时运行两个或两个以上的操作系统，但需要注意的是，计算机的内存容量要同时满足VM中安装的多个操作系统和计算机自身操作系统的需要，否则计算机的系统资源占用率将非常高，甚至影响计算机的正常运行。

三、任务实施

下面就以通过ISO文件安装Windows XP为例进行讲解，其具体操作如下。

STEP 1 启动VMware Workstation，打开创建好的Windows XP虚拟机，单击左上角的"打开此虚拟机电源"超链接，如图6-22所示。

STEP 2 自动进入Windows XP的安装程序，按【Enter】键开始安装Windows XP操作系统，如图6-23所示。

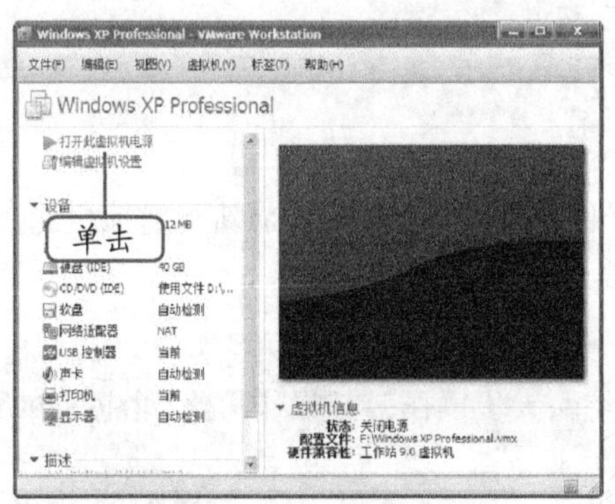

图6-22　选择操作

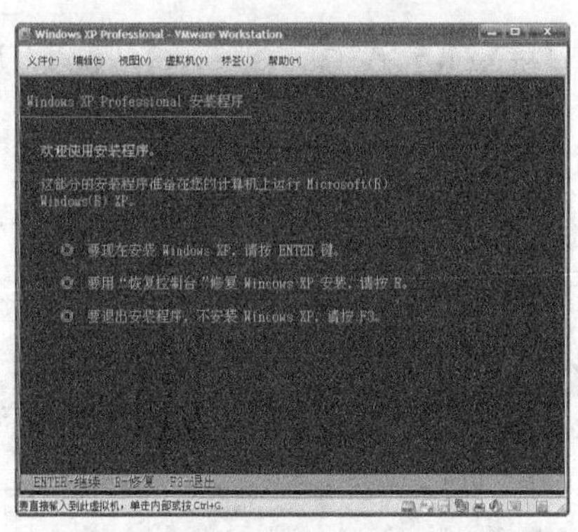

图6-23　开始安装

STEP 3 在打开的界面中按【C】键，划分硬盘分区，如图8-24所示。

STEP 4 在打开的界面中选择划分分区的方式，这里选择"用NTFS文件系统格式化磁盘分区（快）"选项，将所有虚拟硬盘划分为一个分区，如图8-25所示。

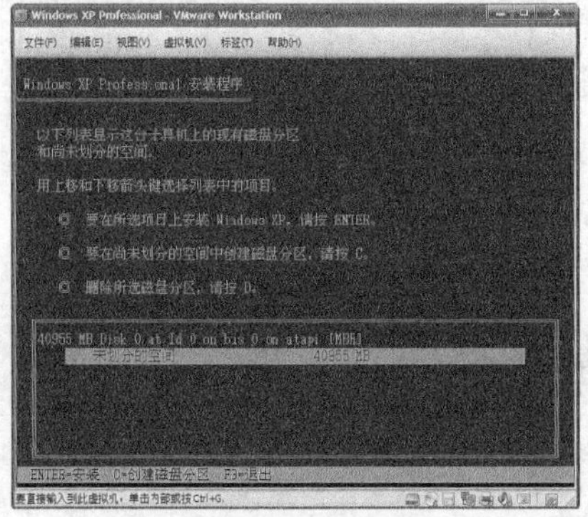

图6-24　创建分区

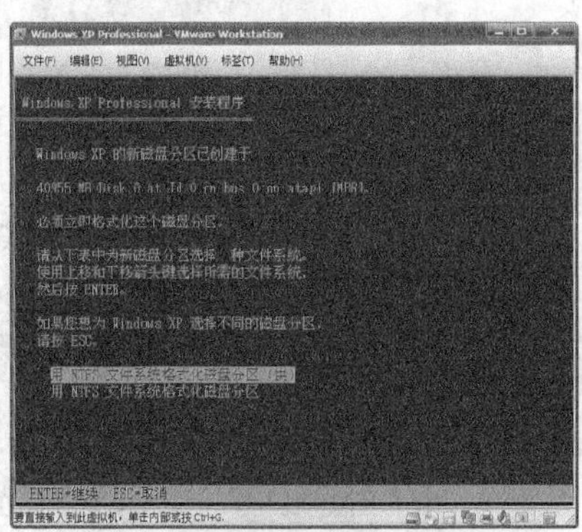

图6-25　格式化分区

STEP 5 操作系统的安装程序开始划分分区，并格式化硬盘，然后显示操作进度，如图6-26所示。

STEP 6 后面的操作与在计算机中安装Windows XP操作系统完全相同，这里不再赘述，安装完成后进入Windows XP操作系统，如图6-27所示。

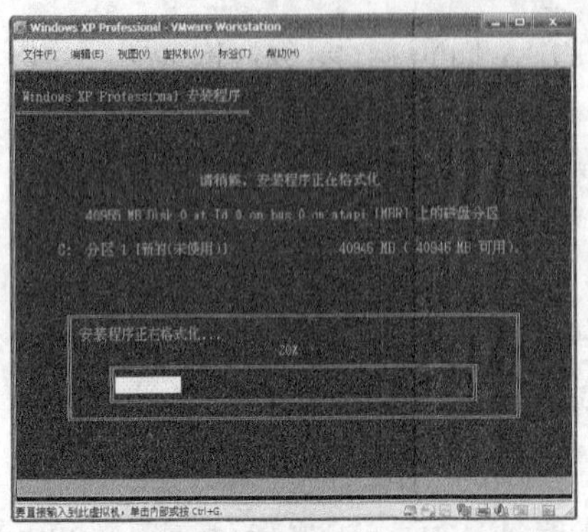

图6-26　开始操作

图6-27　完成安装

实训　用VM安装Windows 7

【实训要求】

本实训的目标是利用VM安装Windows 7操作系统，既练习了VM新建虚拟机的操作，又练习了安装操作系统的操作。

【实训思路】

完成本实训包括新建虚拟机和安装操作系统两大步操作，其操作思路如图6-29所示。

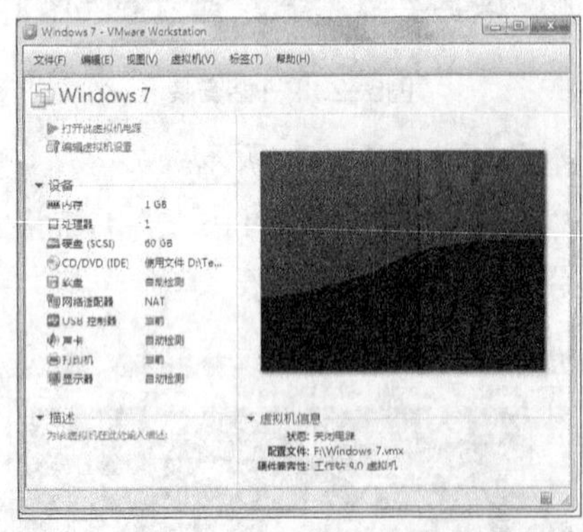

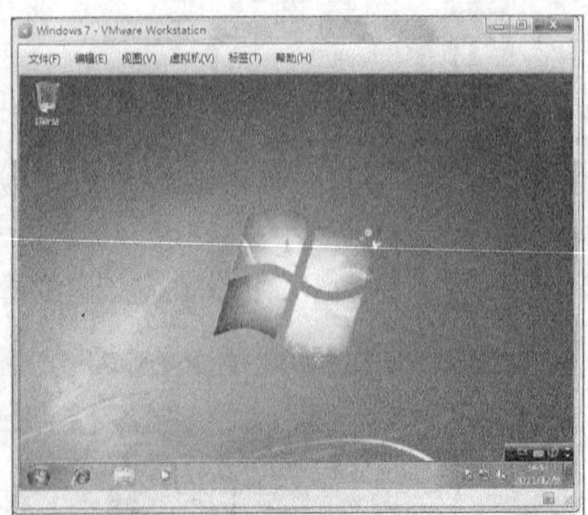

图6-28　用VM安装Windows 7的操作思路

【步骤提示】

STEP 1 将Windows 7的安装光盘放入计算机光驱，启动VM，新建一个虚拟机。

STEP 2 按照向导提示进行操作，在打开“客户机操作系统安装”对话框，选择如何安装操作系统时，单击选中“安装盘”单选项，选择光盘中的安装文件，其他操作和安装Windows XP相差不大。

STEP 3 创建好虚拟机后，就开始启动电源，安装Windows 7操作系统，在安装过程中可以对虚拟硬盘进行分区和格式化操作，相关操作在前面的章节中已经介绍过了。

常见疑难解析

问：VM只有英文版，怎么才能进行汉化呢？

答：可以从网上下载汉化程序，然后将这些汉化文件全部复制到VM的安装文件夹中，替换以前的文件即可。

问：VM应该怎么设置通过路由器上网呢？

答：打开虚拟机的网络连接设置，就是在“虚拟机设置”对话框中，选择“网络适配器”选项，在右侧的“网络连接”栏中单击选中“桥接”单选项，只要路由器打开了DHCP和DNS服务器，建好虚拟机系统直接就能上网了。

问：如何在VM中使用物理计算机中的文件夹呢？

答：可以设置共享文件夹，在虚拟机中打开“虚拟机设置”对话框的“选项”选项卡，在左侧的列表框中选择“共享文件夹”选项，在右侧的“共享文件夹”栏中单击选中“始终启用”单选项，单击[添加(A)...]按钮，在打开的添加共享文件夹向导对话框的提示下，选择需要共享的文件夹，完成向导的操作。

问：VM的上网方式有哪几种？

答：综合来说，主机上网无非有两种，一种是拨号上网，另一种是不需要拨号上网。拨号上网包括家庭ADSL拨号上网、小区宽带拨号上网、无线网卡拨号上网、单位家属院专用拨号上网等。非拨号上网即主机不需要拨号即可以上网，包括单位直接上网、家庭通过路由器共享上网等。而虚拟机上网，则也有3种方式，分别是直接上网、通过主机共享上网、通过VMware内置的NAT服务共享上网。与主机上网方式组合，则有6种方式：①主机拨号上网，虚拟机拨号上网；②主机拨号上网，虚拟机通过主机共享上网；③主机拨号上网，虚拟机使用VMware内置的NAT服务共享上网；④主机直接上网，虚拟机直接上网；⑤主机直接上网，虚拟机通过主机共享上网；⑥主机直接上网，虚拟机使用VMware内置的NAT服务共享上网。

问：用VM创建了一个Windows XP虚拟机，主机USB接口连接U盘和外置网卡，这两个设备主机都识别，可VM虚拟机的USB设备始终为空，这是什么原因？

答：在主机上插入U盘和外置网卡时，必须在虚拟机界面中单击鼠标，使目前的工作主机为VM的虚拟机，然后才能使VM识别插入的硬件设备。

拓展知识

目前流行的虚拟机软件有VMware Workstation、Microsoft Virtual PC、Oracle Virtual Box，它们都能在Windows系统上虚拟出多个计算机。

- **Microsoft Virtual PC**：该软件是一款由Microsoft公司开发，支持多个操作系统的虚拟机软件，具有功能强大和使用方便的特点，主要应用于重装系统、安装多系统、BIOS升级等，该软件的缺点是升级较慢，无法跟上操作系统的更新步伐。图6-29所示为该软件的界面。

图6-29　Virtual PC

- **Oracle VM VirtualBox**：该软件是一款功能强大的虚拟机软件，具备虚拟机的所有功能，且操作简单、完全免费、升级速度快，非常适合普通用户使用。图6-30所示为该软件的界面。

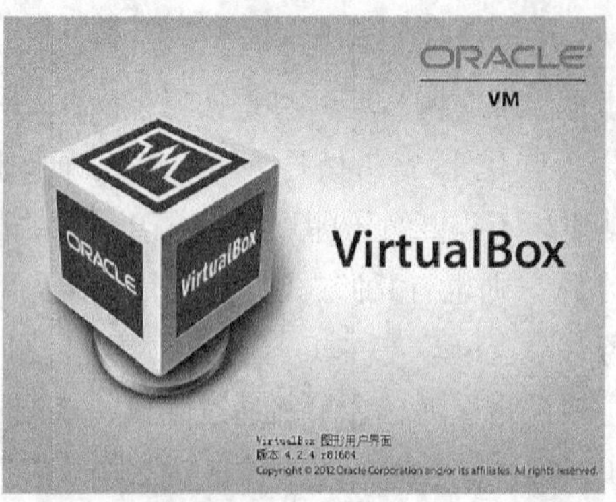

图6-30　VirtualBox

课后练习

（1）下载并安装最新版本的VM。

（2）分别利用VM创建Windows XP、Windows 7、Windows 8等3个虚拟机。

（3）为新建的3个虚拟机安装对应的操作系统。

PART 7

项目七 备份与优化操作系统

情景导入

小白：阿秀，我的计算机出问题了。我现在去技术部拿安装光盘重装系统。

阿秀：这样安装系统太费时间了，你自己做一个系统镜像吧，这样要节约不少安装时间。

小白：系统镜像？这个我不会。

阿秀：就是做个系统备份，这个简单，等会儿我教你就行了。

小白：好的，我又可以学到新的知识了。

阿秀：对了，你的计算机经常出问题，顺便也教你优化操作系统的操作，把计算机优化一下，提高系统的性能。

小白：好吧，我们开始吧。

学习目标

- 熟练掌握利用Ghost备份和还原系统的操作
- 熟练掌握注册表备份与恢复的操作
- 熟练掌握操作系统优化的相关操作

技能目标

- 掌握系统备份和还原的常用操作，能通过该操作排除一些系统故障
- 能通过优化计算机提高计算机的性能

任务一　利用Ghost备份操作系统

对计算机操作系统进行备份的目的是在计算机出现重大系统故障时，能够迅速将操作系统还原到故障前的状态，提高计算机的使用效率。

一、任务目标

本任务将练习利用Ghost软件备份和还原操作系统。通过本任务的学习，可以掌握操作系统备份和还原的相关知识。

二、相关知识

Ghost是一款专业的系统备份和还原软件，使用它可以将某个磁盘分区或整个硬盘上的内容完全镜像复制到另外的磁盘分区和硬盘上，或压缩为一个镜像文件。用Ghost备份与恢复系统通常都在DOS状态中进行操作。

Ghost功能强大且使用方便，但多数版本只能在DOS下运行，因此可以先安装一款软件——MaxDOS，该软件能在启动计算机时方便地进入DOS，并且自带了Ghost软件，使用非常方便。首先从网上下载MaxDOS，并将其安装到计算机中，安装MaxDOS的方法和前面安装常用软件的方法大同小异，这里不再赘述。

三、任务实施

（一）制作Ghost镜像文件

制作Ghost镜像文件就是备份操作系统，下面就通过MaxDOS中自带的Ghost来备份操作系统，其具体操作如下。（拓展微课：光盘\微课视频\项目七\制作Ghost镜像文件.swf）

STEP 1　启动计算机，当出现多系统选择菜单时，按【↓】键选择“MaxDOS v5.7s”选项，再按【Enter】键，如图7-1所示。

STEP 2　打开MaxDOS v5.7s的界面，保持默认选择的“运行MaxDOS v5.7s！”选项，按【Enter】键，如图7-2所示。

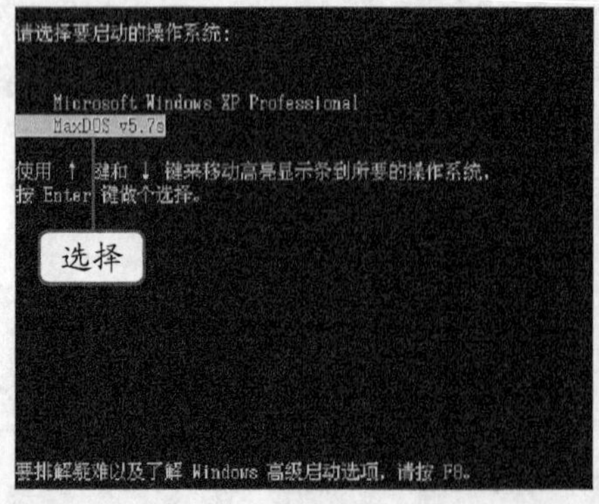

图7-1　选择启动方式

图7-2　选择启动选项

STEP 3　启动Maxdos，在光标闪烁处输入安装Maxdos时设置的密码，然后按【Enter】

键，如图7-3所示。

STEP 4 在打开的界面中选择启动模式，这里保持默认的“MAXDOS工具集+PACRET网卡驱动网刻”选项，按【Enter】键，如图7-4所示。

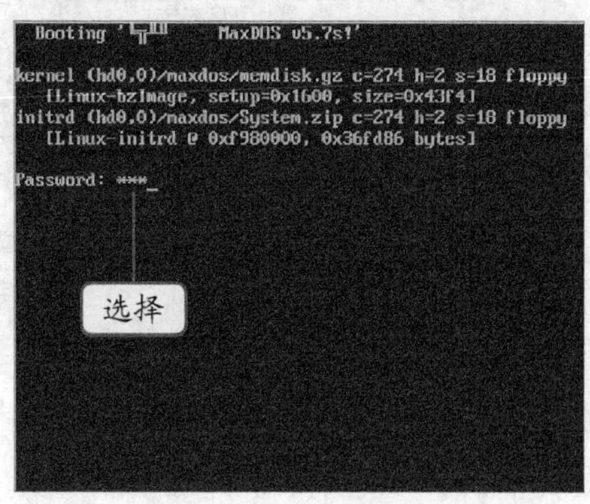

图7-3 输入登录密码

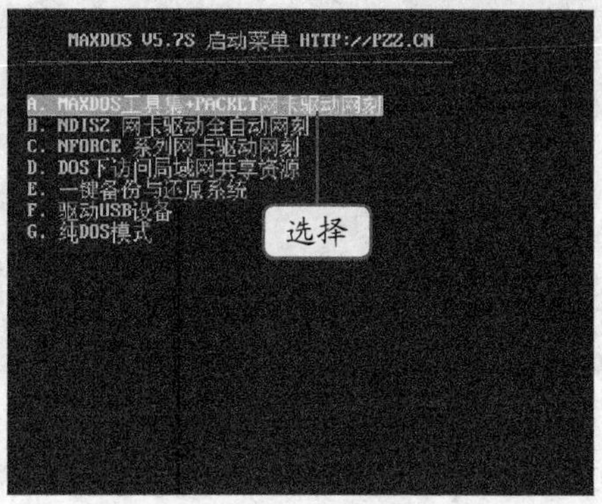

图7-4 选择启动模式

STEP 5 在打开的“MaxDOS 5.7菜单”界面中选择操作任务，这里按【4】键启动Ghost V8.3企业版，如图7-5所示。

STEP 6 在打开的Ghost主界面中显示了软件的基本信息，按【Tab】键激活 按钮，按【Enter】键，如图7-6所示。

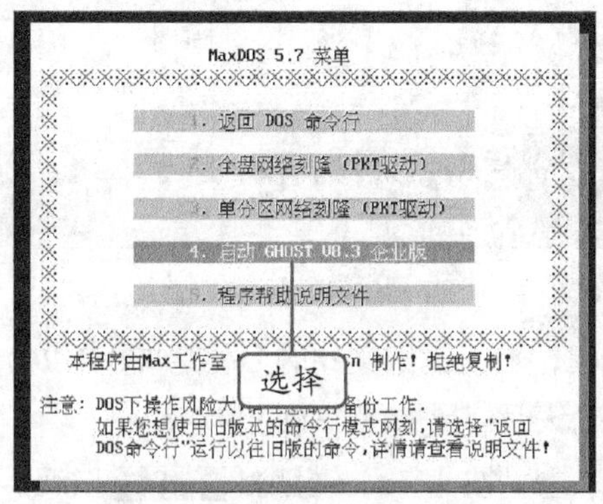

图7-5 启动Ghost

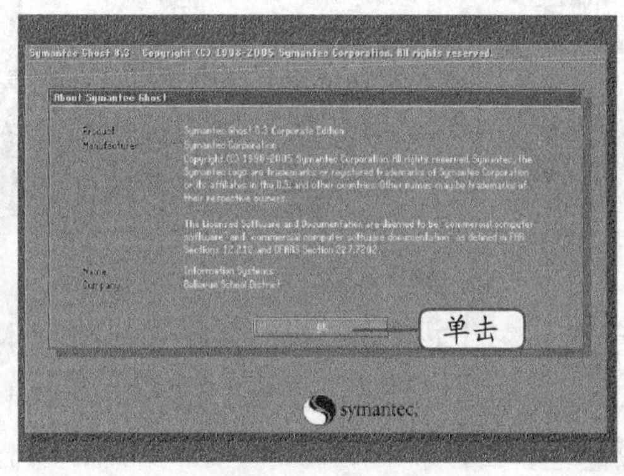

图7-6 打开主界面

操作提示

【Tab】键主要用于在界面中的各个项目间进行切换，当按【Tab】键激活某个项目后，该项目将呈高亮显示状态。在Ghost中还可以使用快捷键，如某些命令或按钮名称上的某个字母有一条下画线，如 按钮，其热键就为“O”，此时按【Alt+O】组合键的作用就相当于单击 按钮。

STEP 7 在打开的Ghost界面中按【↓】键和【→】键选择【Local】/【Partition】/【To Image】菜单命令，如图7-7所示。

STEP 8 在打开的对话框中选择硬盘，这里直接按【Enter】键，如图7-8所示。

STEP 9 在打开的对话框中选择要备份的分区，通常都应该选择第1分区，按【Tab】键激活 OK 按钮，按【Enter】键，如图7-9所示。

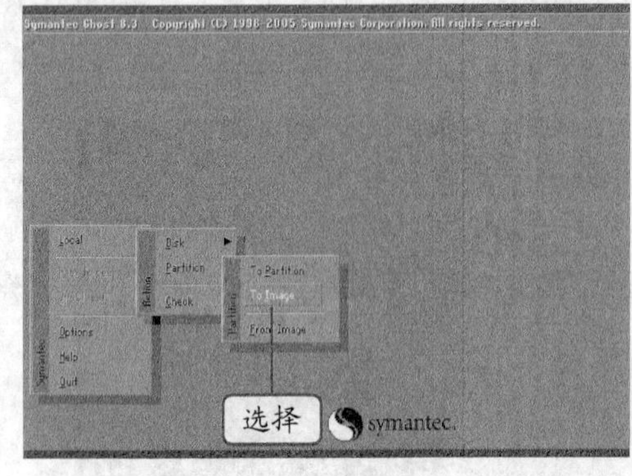

图7-7　选择命令

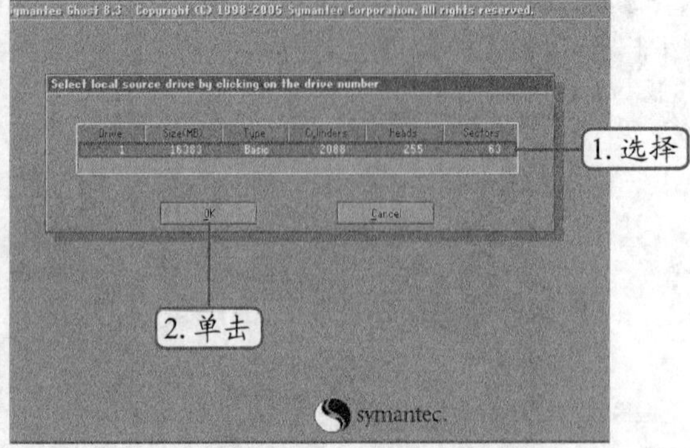

图7-8　选择硬盘

STEP 10　按【Tab】键激活“Lock in”下拉列表框，按【↓】键弹出下拉列表，选择E盘，再按【Enter】键确认，如图7-10所示。

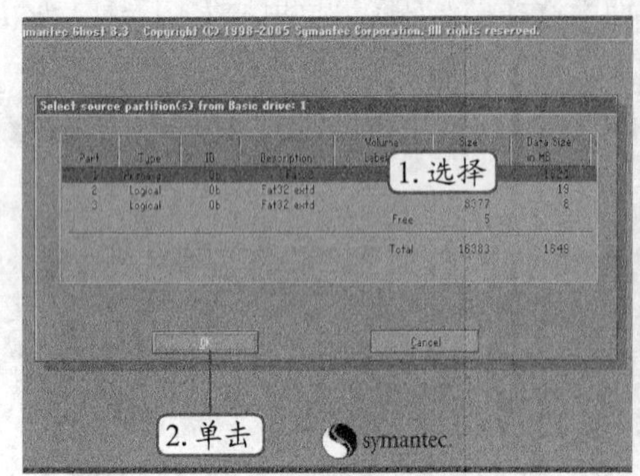

图7-9　选择分区

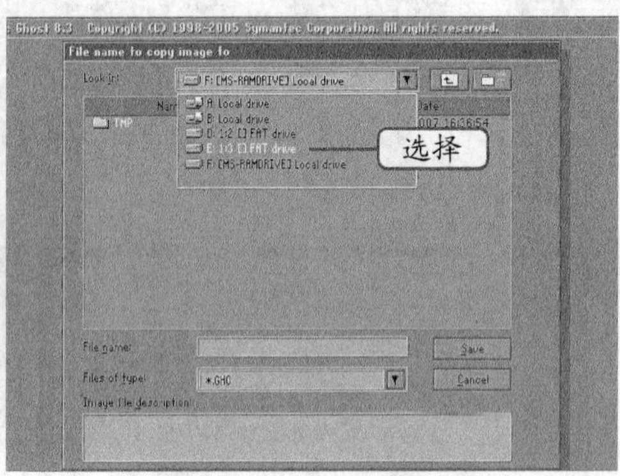

图7-10　选择保存位置

STEP 11　按【Tab】键激活“File name”文本框，输入镜像文件的名称“WINXP604”，再按【Tab】键激活 Save 按钮，按【Enter】键确认保存，如图7-11所示。

STEP 12　在打开的对话框中选择压缩方式，这里按【→】键激活 Save 按钮，再按【Enter】键，如图7-12所示。

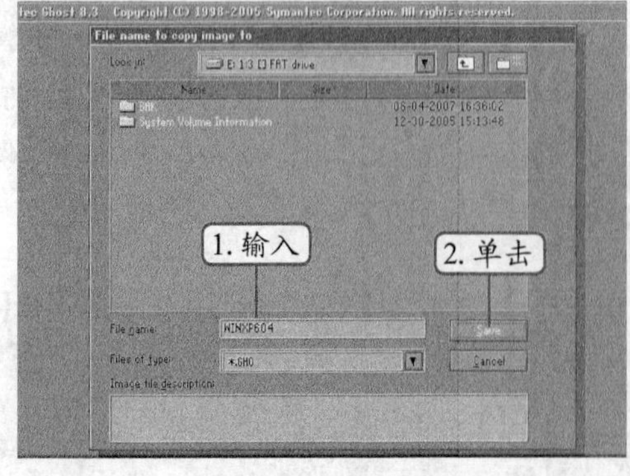

图7-11　设置备份文件

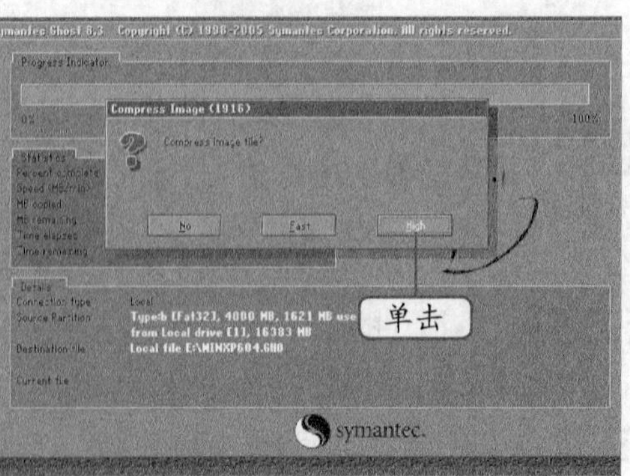

图7-12　选择压缩方式

STEP 13 在打开的对话框中询问是否确认要创建镜像文件，按【←】键激活 Yes 按钮，然后按【Enter】键确认，如图7-13所示。

STEP 14 Ghost开始备份第1分区，并显示备份进度、速度、剩余时间等相关信息，如图7-14所示。

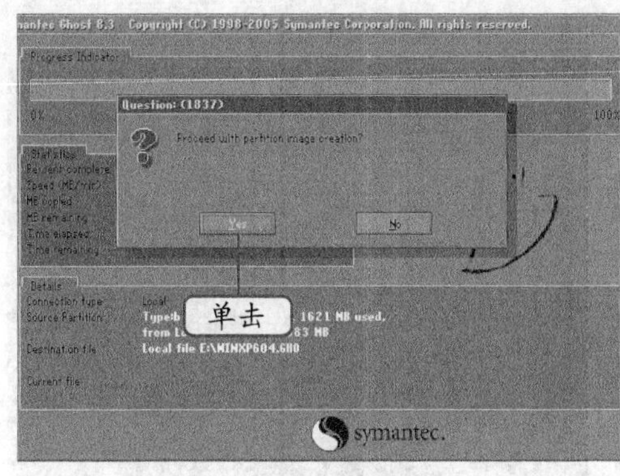

图7-13 确认创建备份文件

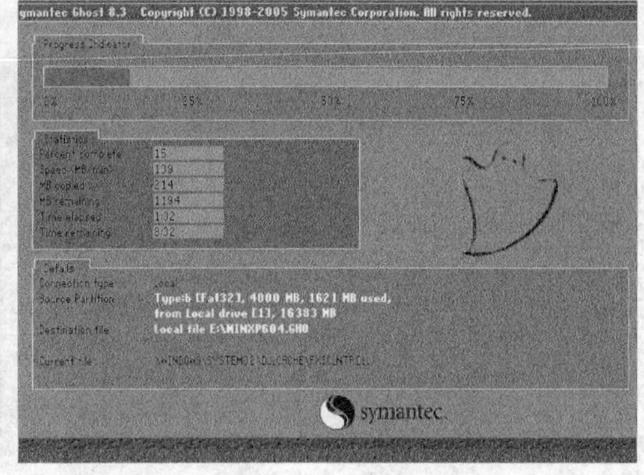
图7-14 显示备份进度

STEP 15 备份完成后，将打开一个对话框提示备份成功，按【Enter】键返回Ghost主界面即可完成系统备份，如图7-15所示。

操作提示

如果在备份过程中自动打开如图7-16所示的对话框，表示要备份的分区上的文件总量小于Ghost软件最初报告的总量（一般是由虚拟内存文件造成的），激活 Yes 按钮，再按【Enter】键确认即可继续进行备份操作。

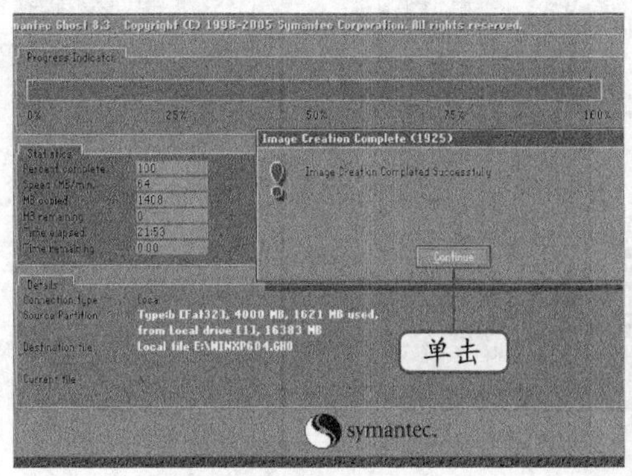

图7-15 完成备份

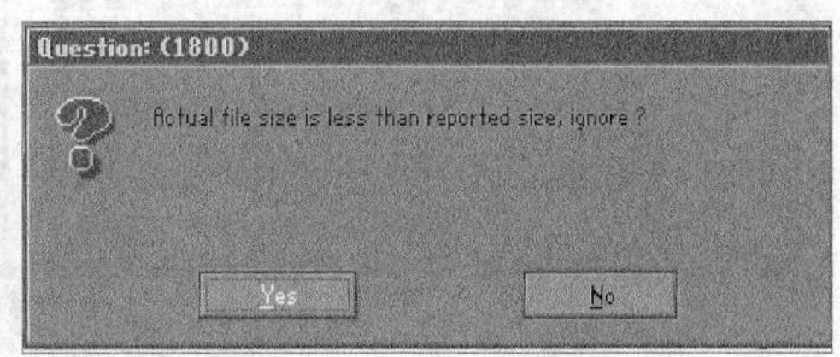

图7-16 显示提示信息

知识补充

在Windows PE系统中也自带了Ghost软件，所以也可以通过U盘启动计算机并对操作系统进行备份。

（二）还原操作系统

当操作系统无法正常工作时，就可用Ghost从备份的镜像文件快速恢复系统，下面就使

用Ghost还原操作系统，具体操作如下。（拓展微课：光盘\微课视频\项目七\还原系统.swf）

STEP 1 通过MaxDOS启动Ghost，在打开的Ghost主界面中激活 按钮，按【Enter】键，如图7-17所示。

STEP 2 在打开的Ghost界面中通过按【↓】键和【→】键选择【Local】/【Partition】/【From Image】菜单命令，如图7-18所示。

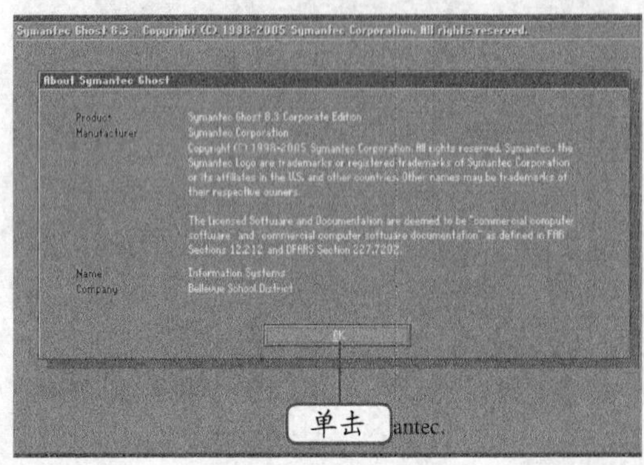

图7-17　启动Ghost

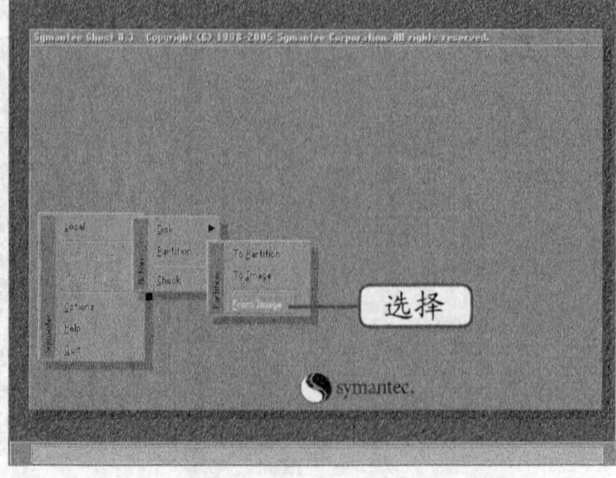

图7-18　选择命令

STEP 3 在打开的对话框中选择前面备份到E盘下的镜像文件“WINXP604”，按【Tab】键激活 按钮，再按【Enter】键，如图7-19所示。

STEP 4 在打开的对话框中显示了该镜像文件的大小及类型等相关信息，按【Enter】键确认，如图7-20所示。

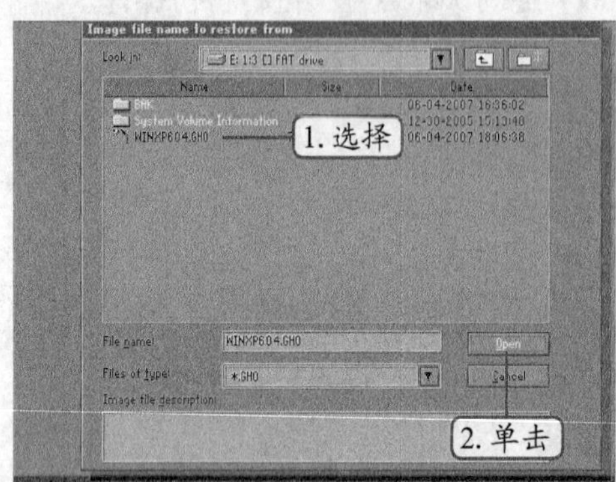

图7-19　选择备份文件

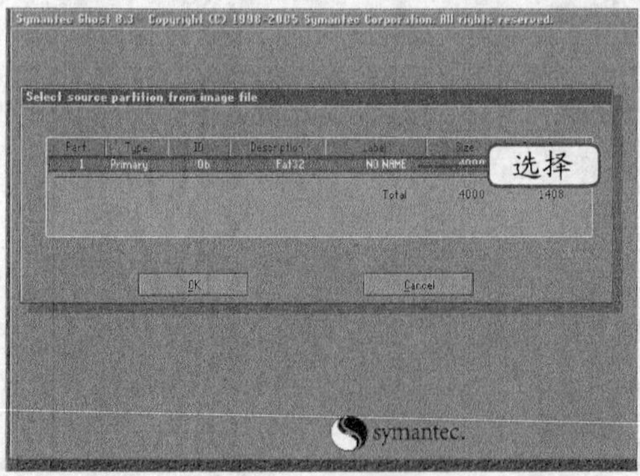

图7-20　显示文件信息

知识补充

Windows XP操作系统也提供了系统备份和还原功能，利用该功能可以直接将各硬盘分区中的数据，备份到一个隐藏的文件夹中作为还原点，以便计算机在出现问题时，快速将各硬盘分区还原至备份前的状态。但这个功能有一个缺陷，就是在Windows操作系统无法启动时，将无法还原系统。

STEP 5 在打开的对话框中选择需要恢复到的硬盘，这里只有一个硬盘，因此直接按【Enter】键即可，如图7-21所示。

STEP 6 在打开的对话框中选择需要恢复到的磁盘分区，这里选择恢复到第1分区，按

【Tab】键激活 OK 按钮，再按【Enter】键，如图7-22所示。

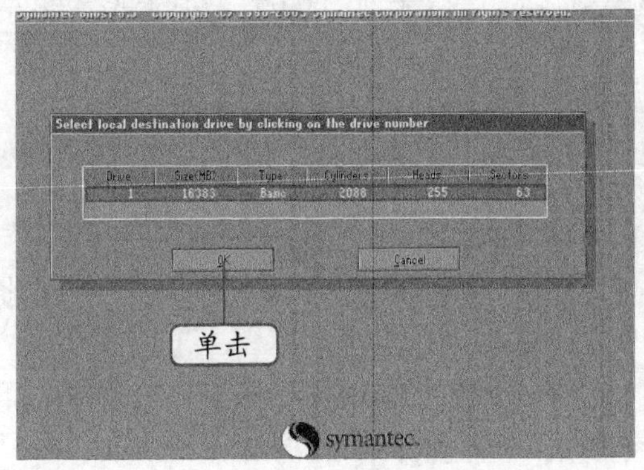

图7-21 选择还原的硬盘

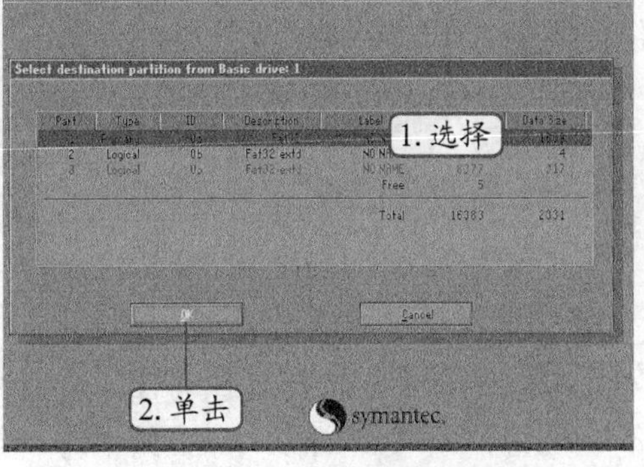

图7-22 选择还原的分区

STEP 7 在打开的对话框中询问是否确定需要恢复，按【←】键激活 Yes 按钮，再按【Enter】键，如图7-23所示。

STEP 8 此时Ghost开始恢复该镜像文件到系统盘，并显示恢复速度、进度、时间等信息，恢复完毕后，在打开的对话框中激活 Reset Computer 按钮，按【Enter】键重启计算机，完成恢复操作，如图7-24所示。

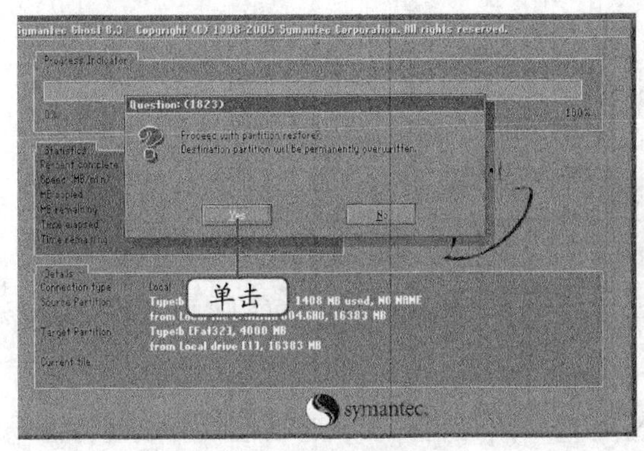

图7-23 确认还原

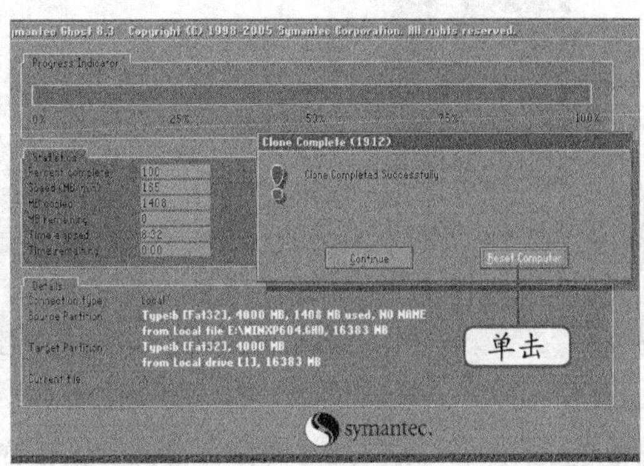

图7-24 完成还原操作

任务二 备份与还原注册表

注册表是Windows操作系统中的一个核心数据库，其中存放着直接控制系统启动、硬件驱动程序的装载、一些应用程序运行的参数，从而在整个系统中起着核心作用。

一、 任务目标

本任务将使用Windows操作系统中自带的MS Backup程序对注册表进行备份和还原操作。通过本任务的学习，可以掌握注册表备份与还原的相关知识。

二、相关知识

MS Backup（Microsoft Backup）是Windows XP操作系统中自带的备份还原程序，使用该

程序可备份整个磁盘驱动器，同样也可备份注册表。除此以外，操作系统中的注册表编辑器（Regedit）程序也可以进行备份操作；另外，Windows优化大师和360安全卫士等系统安全软件也具有注册表备份功能。

三、任务实施

（一）备份注册表

下面利用MS Backup备份注册表，其具体操作如下。（拓展微课：光盘\微课视频\项目七\导出注册表.swf）

STEP 1 选择【开始】/【所有程序】/【附件】/【系统工具】/【备份】菜单命令，打开“备份或还原向导”对话框，单击其中的“高级模式”超链接，如图7-25所示。

STEP 2 打开“备份工具 -『无标题』”对话框，单击“备份”选项卡，在左侧的列表框中单击选中“System State”（系统状态）复选框，如图7-26所示。

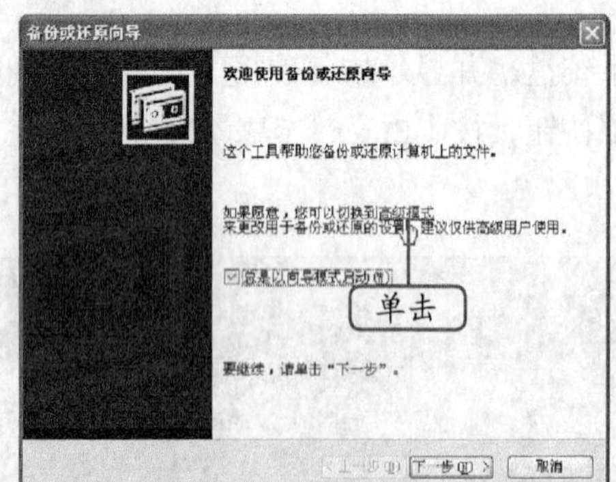

图7-25 选择操作

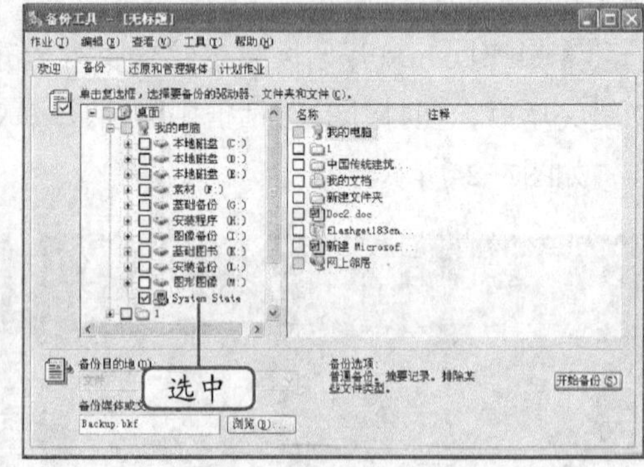

图7-26 选择备份

STEP 3 在左下角单击浏览(B)...按钮，在打开的“另存为”对话框中设置备份文件的保存位置和文件名，然后单击保存(S)按钮，如图7-27所示。

STEP 4 单击开始备份(S)按钮，打开“备份作业信息”对话框，在该对话框中可设置备份作业的相关信息，这里单击开始备份(S)按钮，如图7-28所示。

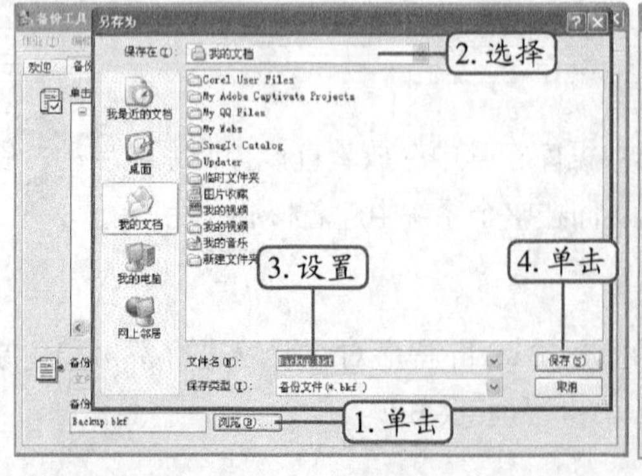

图7-27 设置保存

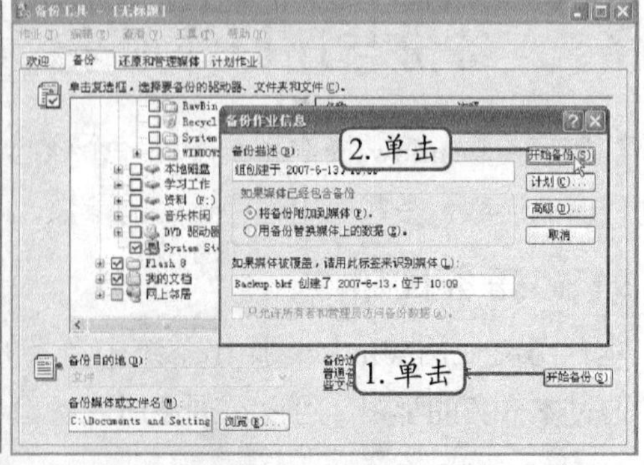

图7-28 设置备份作业

STEP 5 稍后将打开“备份进度”对话框，并显示导入文件的进度，如图7-29所示。

STEP 6 备份结束时单击对话框中的[报告(R)...]按钮，可查看备份情况报告，然后单击[关闭(C)]按钮即可，如图7-30所示。

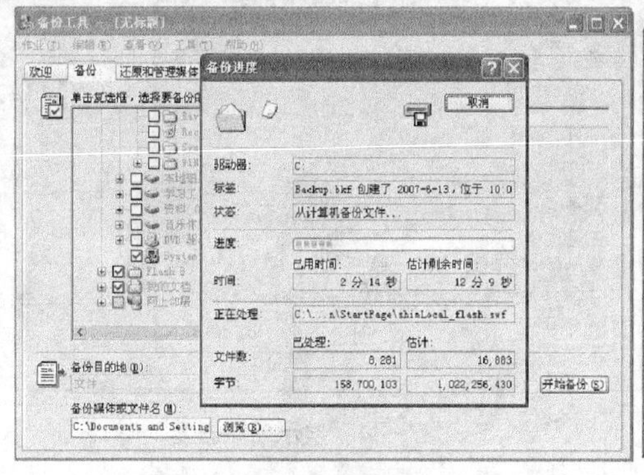

图7-29 备份进度

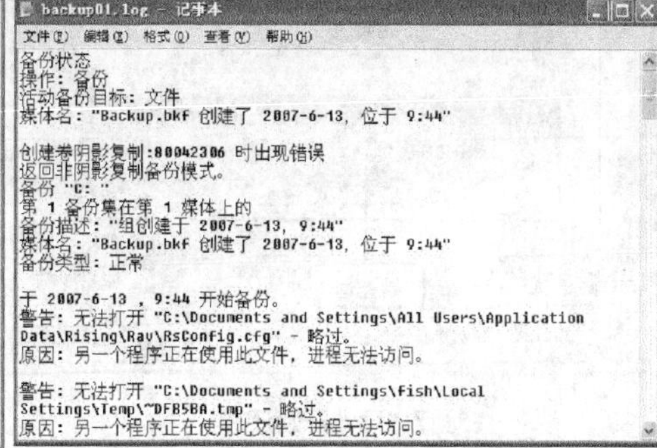

图7-30 查看报告

（二）还原注册表

当需要恢复注册表时，还可使用MS Backup还原注册表，其具体操作如下。（拓展微课：光盘\微课视频\项目七\导入注册表.swf）

STEP 1 打开“备份工具 -『无标题』”对话框，单击“还原和管理媒体”选项卡，如图7-31所示。

STEP 2 在左侧的列表框中单击刚创建的备份文件前的⊞号，再单击选中“System State”复选框，如图7-32所示。

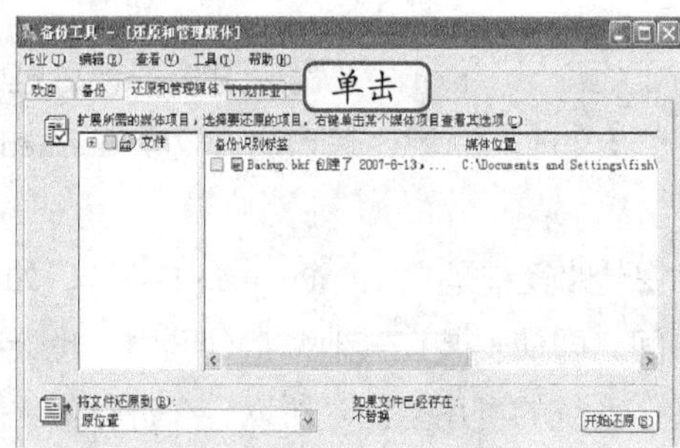

图7-31 单击选项卡

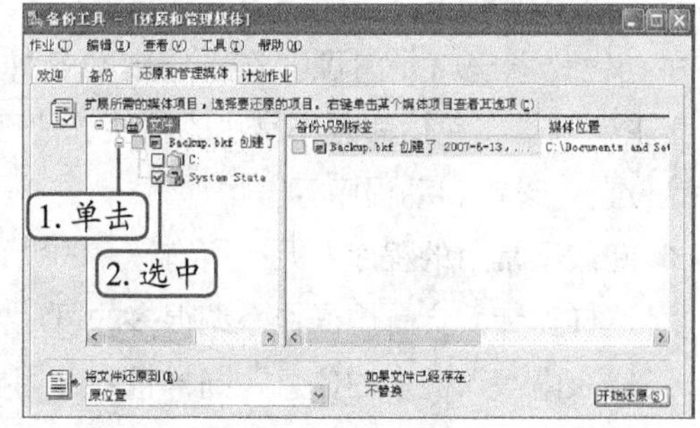

图7-32 选中复选框

STEP 3 在“将文件还原到”下拉列表中选择“原位置”选项，单击[开始还原(S)]按钮，然后在打开的“警告”对话框中单击[确定]按钮，如图7-33所示。

STEP 4 在打开的“确认还原”对话框中再单击[确定]按钮。程序将开始进行还原操作，并显示还原进度，如图7-34所示。还原操作完成后程序将提示重新启动计算机，单击[确定]按钮重启计算机即可。

知识补充

注册表备份还有一种比较常用的方法，就是通过Regedit命令打开注册表编辑器，在其中选择【文件】/【导出】命令即可。

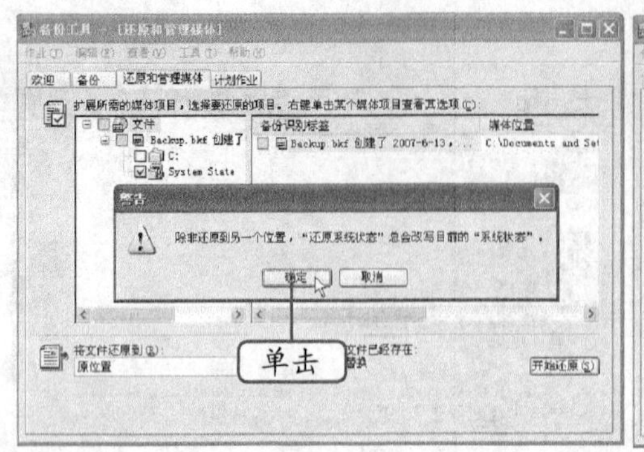

图7-33　开始还原

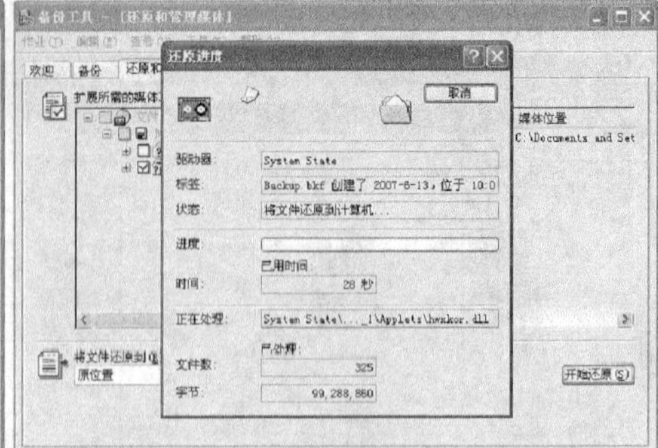

图7-34　显示还原进度

任务三　优化操作系统

优化操作系统主要是对Windows的一些设置不当的项目进行修改以加快运行速度，最基本的就是优化启动速度、整理磁盘碎片、手动设置、使用专业软件优化等。

一、任务目标

本任务的目标是学习对Windows XP操作系统进行优化设置的基本知识，主要包括优化开机速度和用Windows优化大师对系统进行优化等的相关操作。

二、相关知识

手动优化系统就是清理操作系统中的各种“垃圾”，并通过设置达到维护计算机的目的。其主要的操作包括卸载不常用的程序、清理垃圾文件、禁用休眠功能、改变Internet临时文件夹位置、设置启动程序等。

- **卸载不常用的程序**：几乎所有程序的默认安装路径都是“C：\Program Files”，如果都这样安装，会占用操作系统很多的可用空间。即使安装在其他磁盘分区中，也会在注册表中写入很多的信息，同样也会占用操作系统的可用空间。所以，在进行优化时，可以将一些不常用的程序卸载，以释放出可用的磁盘空间。
- **清理垃圾文件**：在计算机使用一段时间后，系统中就会生成各种各样的“垃圾”文件，这些文件主要是安装程序产生的临时文件，它们对计算机已经没有作用了，其存在只会影响计算机的运行效率。临时文件包括临时文件（如*.tmp、*._mp）、临时备份文件（如*.bak、*.old、*.syd）、临时帮助文件（*.gid）、安装临时文件（mscreate.dir）、磁盘检查数据文件（*.chk）以及*.dir文件、*.dmp文件、*.nch文件等。
- **关闭休眠程序**：休眠（Suspend to Disk）是将内存中的所有信息都保存到系统盘的一个文件中，然后关闭计算机以节约资源的功能。但由于该功能会占用一定的硬盘空间，很多计算机在进行操作系统维护时都将休眠功能关闭了。
- **移动临时文件夹**：临时文件随时都在产生，也不可能做到随时删除。有一个最好的办法就是在进行操作系统维护时，将这个临时文件夹移动到其他硬盘分区中，既不影响操作系统，也可以定时清理。

- **优化开机速度**：某些软件在安装之后会默认随操作系统的启动而自动运行（病毒程序和恶意破坏程序也是），这样会使操作系统启动的速度变慢，用户可以通过在“系统配置实用程序”对话框中设置相关选项，关闭这些程序的自动运行，加快操作系统启动的速度。

三、任务实施

（一）清理垃圾文件

下面删除“C：\Windows\Temp”文件夹中的垃圾文件，其具体操作如下。

STEP 1 打开“C：\Windows\Temp”文件夹，选择全部的文件，单击鼠标右键，在弹出的快捷菜单中选择“删除”命令，如图7-35所示。

STEP 2 打开“确认删除多个文件”对话框，要求用户确认删除操作，单击[是(Y)]按钮，如图7-36所示。系统开始删除文件，并显示删除进度，完成后可看到“C：\Windows\Temp”文件夹中没有一个文件。

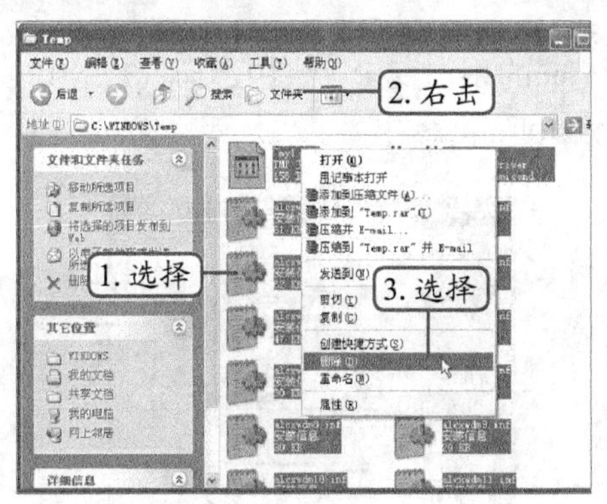

图7-35 选择命令

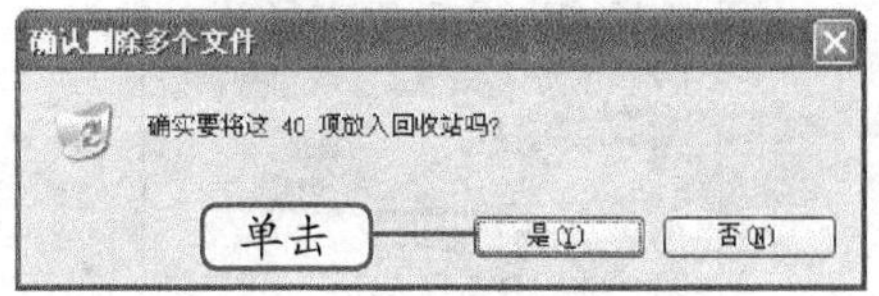

图7-36 删除文件

操作提示

通过搜索功能可将这些临时文件找到，并直接删除。也可在“C:\Windows\Temp”和“C:\Documents and Settings\User\Local Settings\Temp”（User是计算机登录名）这两个存放临时文件的文件夹中进行删除。

（二）关闭休眠程序

关闭休眠功能的具体操作如下。（拓展微课：光盘\微课视频\项目七\关闭休眠.swf）

STEP 1 在系统桌面上单击鼠标右键，在弹出的快捷菜单中选择“属性”命令。

STEP 2 在打开的“显示 属性”对话框中单击“屏幕保护程序”选项卡，在“监视器的电源”栏中单击[电源(O)...]按钮，如图7-37所示。

STEP 3 在打开的“电源选项 属性”对话框中单击“休眠”选项卡，在“休眠”栏中单击取消选中“启用休眠”复选框，单击[确定]按钮即可禁用休眠功能，如图7-38所示。

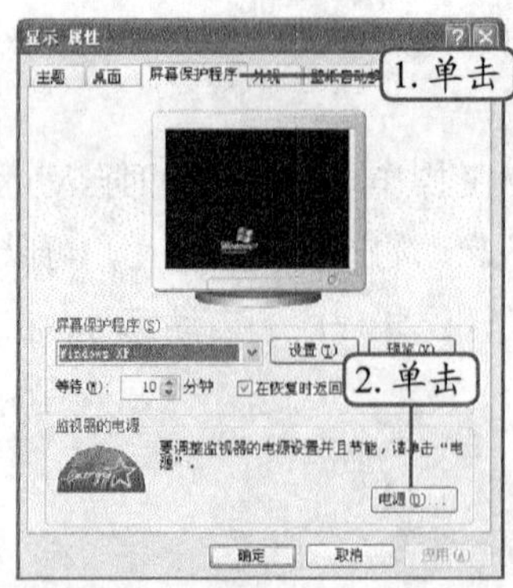

图7-37　“显示 属性”对话框

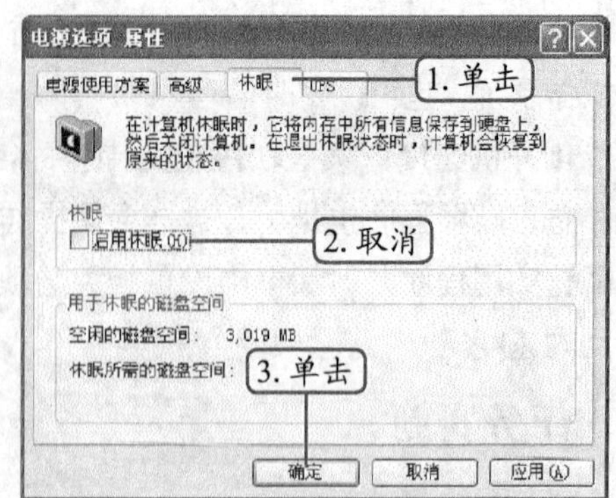

图7-38　关闭休眠

（三）移动临时文件夹

移动临时文件夹的具体操作如下。

STEP 1　在系统桌面上单击 开始 按钮，在打开的菜单中用右键单击“我的电脑”命令，在弹出的快捷菜单中选择“属性”命令。

STEP 2　在打开的“系统属性”对话框中单击“高级”选项卡，单击 环境变量(N) 按钮，如图7-39所示。

STEP 3　在打开的“环境变量”对话框的“leo的用户变量”栏中选择“TEMP”变量，在“系统变量”栏中，单击 编辑(I) 按钮，如图7-40所示。

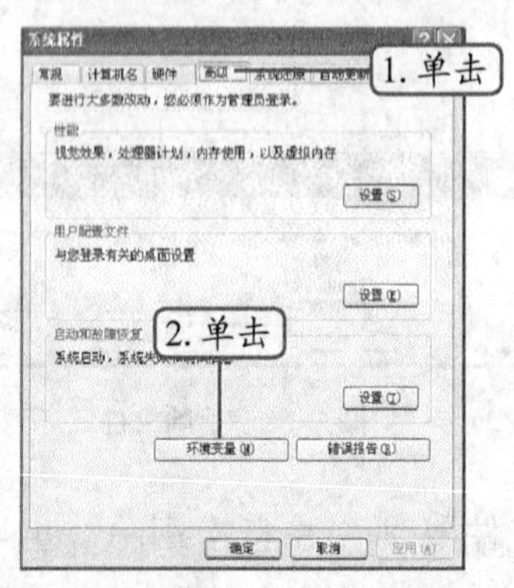

图7-39　“系统属性”对话框

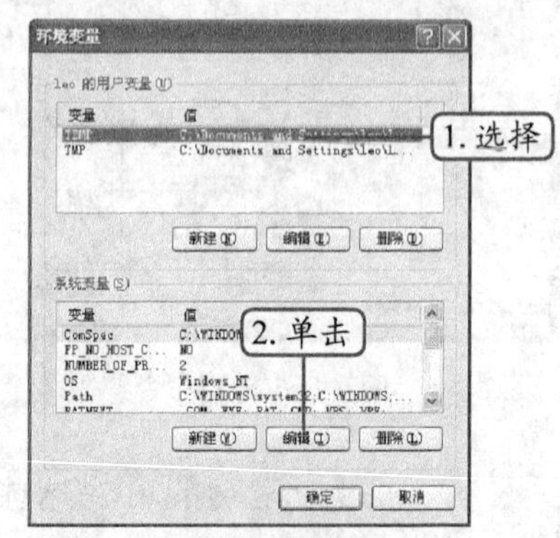

图7-40　选择要设置的变量

STEP 4　打开“编辑用户变量”对话框，在“变量值”文本框中输入临时文件夹的新位置，这里输入“D:\Temp”，单击 确定 按钮，如图7-41所示。

STEP 5　返回到“环境变量”对话框，在“leo的用户变量”栏中看到“TEMP”变量的新位置“D:\Temp”，单击 确定 按钮完成临时文件夹的移动操作，如图7-42所示。

操作提示

临时文件夹的存放位置最好是在离系统盘较近，有较大的可用空间，最好是数据读写较频繁的硬盘分区中，比如D或者E分区。

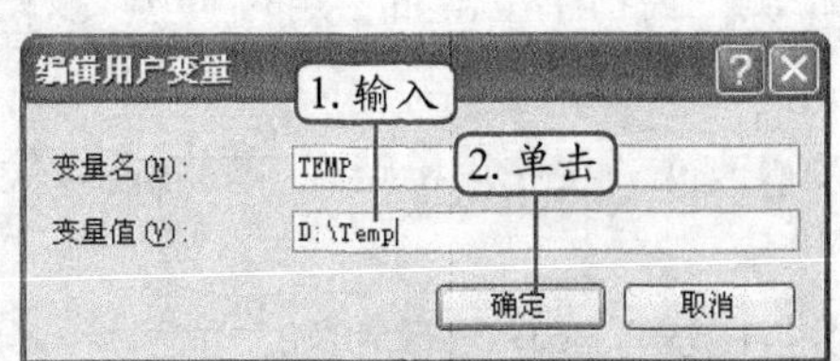

图7-41 编辑用户变量

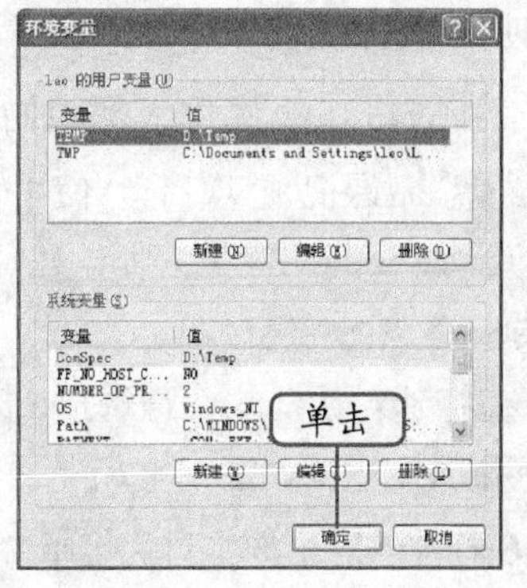

图7-42 完成临时文件夹的移动操作

（四）设置开机程序

可以通过关闭一些开机程序来提高计算机的启动速度，其具体操作如下。（拓展微课：光盘\微课视频\项目七\设置开机程序.swf）

STEP 1 在Windows XP桌面中选择【开始】/【运行】菜单命令，打开“运行”对话框，在“打开”文本框中输入“msconfig”命令，然后单击 确定 按钮，如图7-43所示。

STEP 2 打开“系统配置实用程序”对话框，单击“启动”选项卡，如图7-44所示。

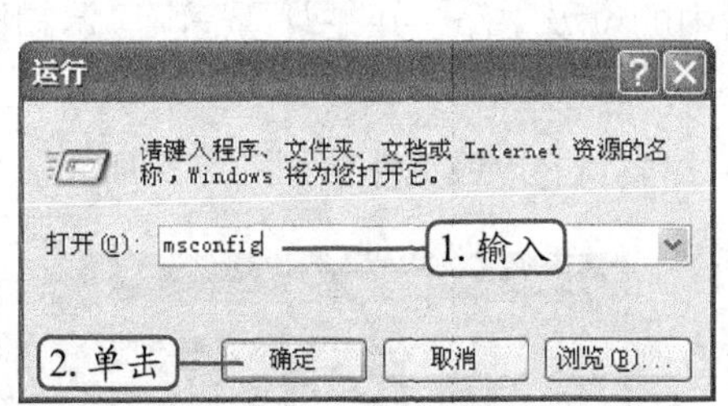

图7-43 输入命令

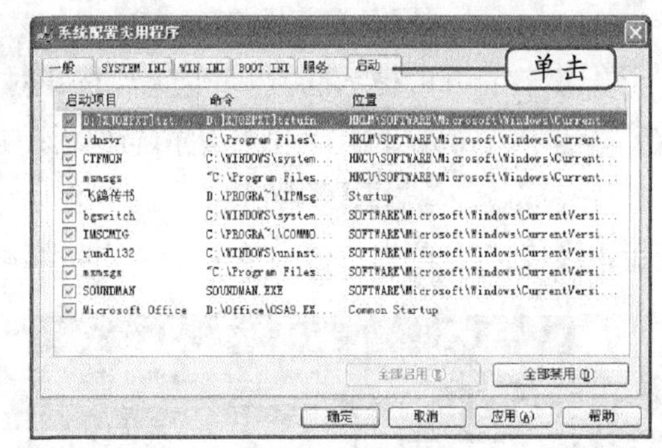

图7-44 单击选项卡

STEP 3 在列表框中单击取消选中程序对应复选框，单击 确定 按钮，如图7-45所示。

STEP 4 打开“重新配置”对话框，单击 重新启动(R) 按钮重新启动计算机后，此程序将不会随系统的启动而自动运行，如图7-46所示。

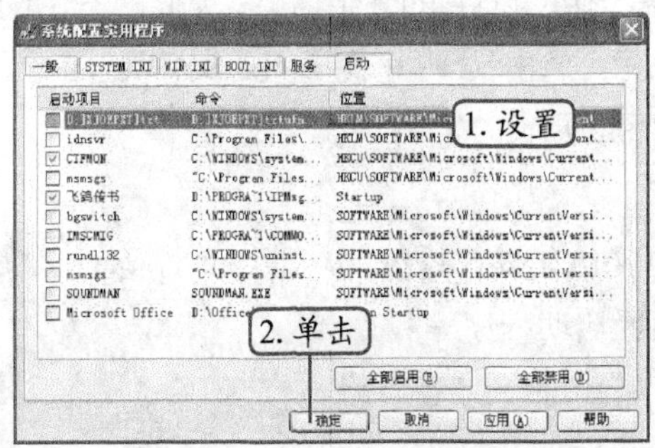

图7-45 设置开机启动的程序

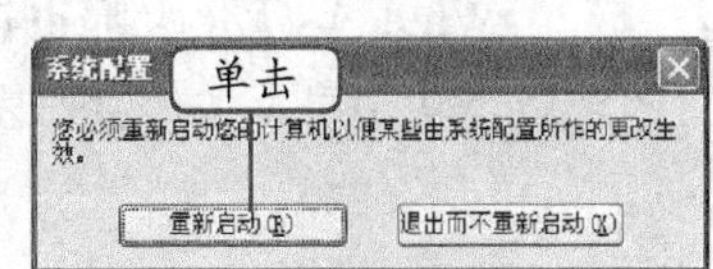

图7-46 完成设置

（五）使用软件优化

下面就使用Windows优化大师中的自动优化功能优化操作系统，其具体操作如下。（拓展微课：光盘\微课视频\项目七\使用软件优化.swf）

STEP 1 启动Windows优化大师，在“系统检测”窗口中单击右上角的 自动优化 按钮，启动自动优化向导，单击 下一步 按钮。

STEP 2 在打开对话框的“请选择Internet接入方式”栏中单击选中“局域网或宽带”单选项，单击 下一步 按钮，如图7-47所示。

STEP 3 在打开的对话框中对优化组合方案进行确认，单击 下一步 按钮，如图7-48所示。

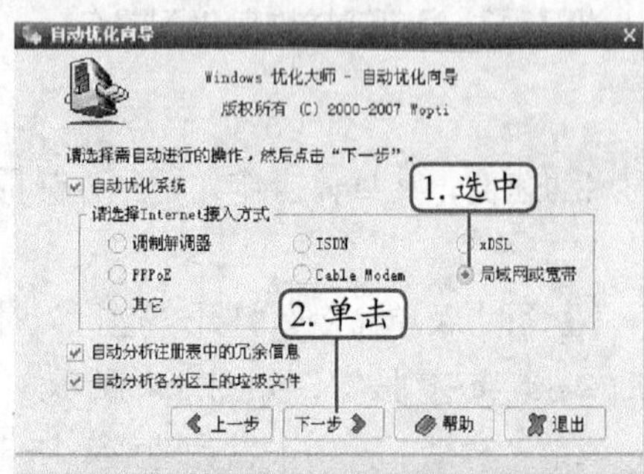

图7-47　选择网络

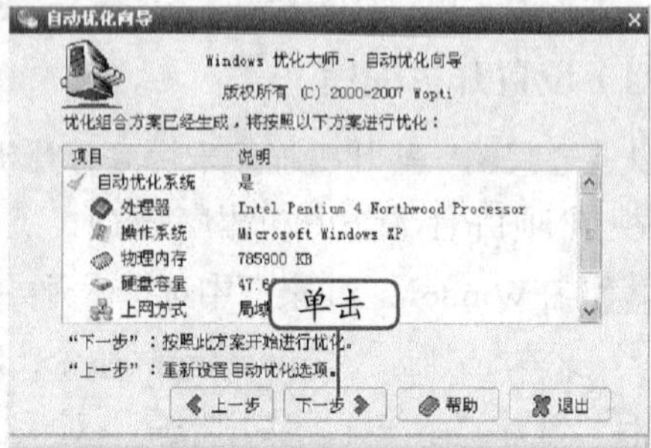

图7-48　确认优化方案

STEP 4 在打开的提示框中单击 确定 按钮对注册表进行备份，如图7-49所示。

STEP 5 Windows优化大师开始扫描分析硬盘中的垃圾文件，并在对话框中显示扫描进度，扫描完成后，单击 下一步 按钮。

STEP 6 在打开的提示框中单击 确定 按钮删除扫描到的垃圾文件，如图7-50所示。

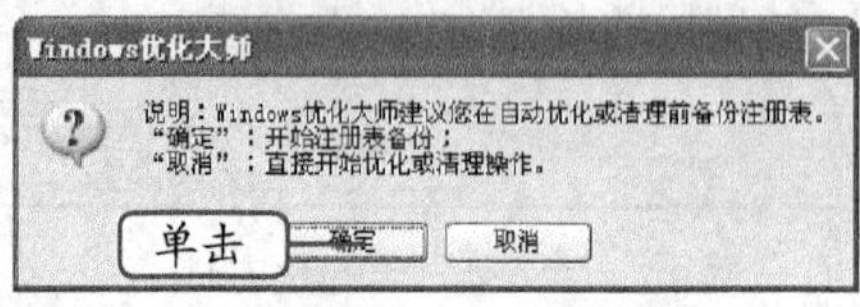

图7-49　备份注册表

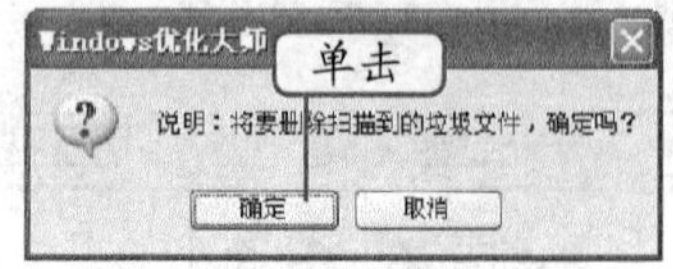

图7-50　删除垃圾文件

STEP 7 Windows优化大师开始扫描分析计算机中的冗余信息，并在对话框中显示扫描进度，单击 下一步 按钮。

STEP 8 在打开的提示框中单击 确定 按钮删除扫描到的冗余信息，如图7-51所示。

STEP 9 对话框中显示已经完成优化和清理，单击 退出 按钮退出自动优化向导，重新启动计算机后即可完成系统的自动优化，如图7-52所示。

Windows优化大师也具有单独优化操作系统的功能，如删除垃圾文件、清除历史记录、备份注册表、设置启动程序等。

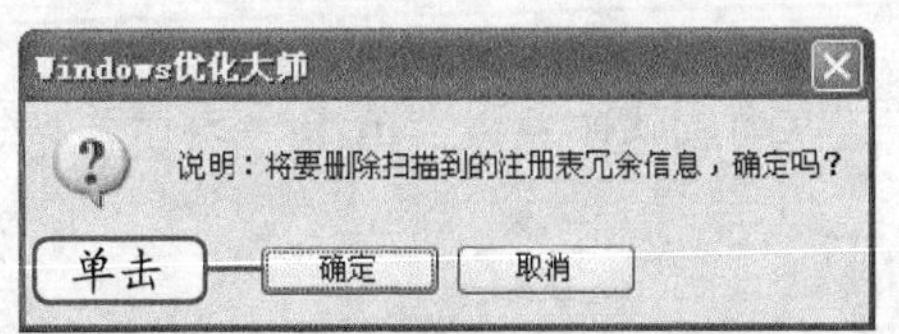

图7-51 删除注册表冗余信息

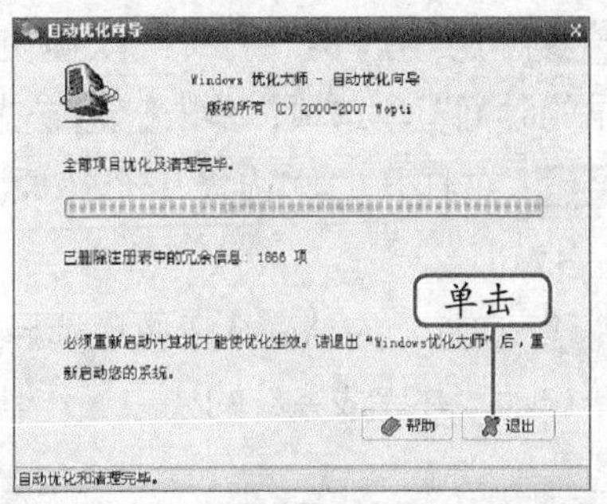

图7-52 完成优化

实训一 在操作系统中备份与还原

【实训要求】

本实训的目标是利用Windows XP操作系统自带的系统备份与还原功能，对操作系统进行备份和还原，既学习了利用还原点备份和还原操作系统的相关操作，又进一步加深了备份和还原操作系统的认识。

【实训思路】

完成本实训主要包括创建还原点和利用还原点还原系统两大步操作，其操作思路如图7-53所示。

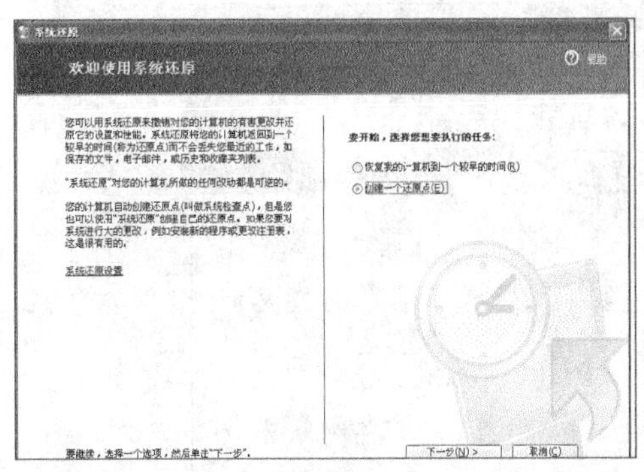

①创建还原点　　②还原系统

图7-53 备份和还原操作系统的操作思路

【步骤提示】

STEP 1 启动Windows XP，选择【开始】/【所有程序】/【附件】/【系统工具】/【系统还原】菜单命令。

STEP 2 在打开的“欢迎使用系统还原”对话框中单击选中“创建一个还原点”单选项，单击 下一步(N)> 按钮。

STEP 3 在打开的“创建一个还原点”对话框的“还原点描述”文本框中输入备份系统的名称，单击 创建(R) 按钮。

STEP 4 在打开的对话框中提示还原点已创建成功，单击 关闭(C) 按钮完成创建操作。

STEP 5 需要还原时，打开“欢迎使用系统还原”对话框，单击选中“恢复我的电脑到一个较早的时间”单选项，单击[下一步(N) >]按钮。

STEP 6 在打开的“选择一个还原点”对话框中选择一个过去创建的还原点，单击[下一步(N) >]按钮。

STEP 7 在打开的“确认还原点选择”对话框中确认还原点，单击[下一步(N) >]按钮，计算机将重新启动，并完成系统的还原操作。

知识补充

系统还原功能只有在开启的情况才能还原，开启系统还原的操作步骤为：打开“系统属性”对话框，选择“系统还原”选项卡，取消选中“在所有驱动器上关闭系统还原”复选框，单击[应用(A)]按钮就可以看见还原功能被激活了。在“可用的驱动器”列表框中，还可以设置只监视C盘，单击[设置(S)...]按钮，进行更加详细的设置。

实训二 通过360优化操作系统

【实训要求】

在计算机中安装360安全卫士，通过该软件优化操作系统。通过本实训进一步加深优化操作系统的印象，学习优化操作系统的相关操作。360优化操作系统界面如图7-54所示。

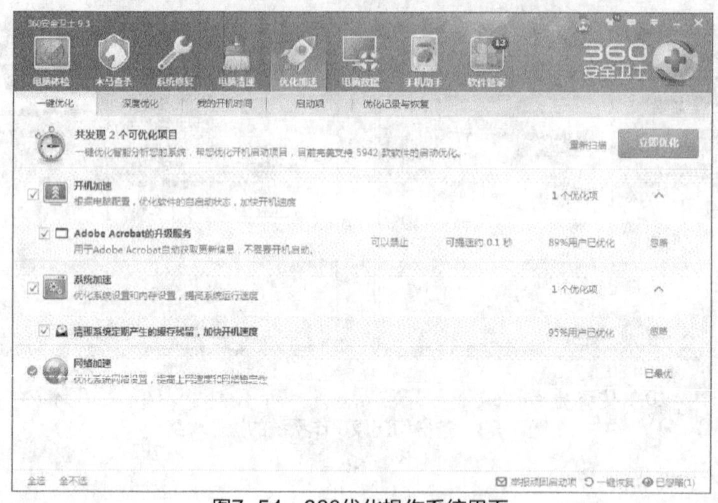

图7-54 360优化操作系统界面

【实训思路】

本实训主要使用的是软件优化操作系统，对于优化的操作更加简便，只需要启动360安全卫士软件，进入其优化启动的界面，单击优化按钮即可自动完成操作。

【步骤提示】

STEP 1 启动360安全卫士，单击“优化加速”选项卡，软件开始扫描操作系统的所有设置，并显示扫描进度。

STEP 2 扫描完成，将显示可以进行优化的项目，并自动选择最需要优化的项目，用户也可以自己选择一些需要优化的项目，单击选中其复选框即可，单击立即优化按钮。

STEP 3 360安全卫士开始优化选中的项目，完成后显示优化结果，如果需要进一步优化操作系统，单击深度优化按钮即可。

常见疑难解析

问：在进行系统还原前，应该注意哪些问题？

答：在进行系统还原前，应注意以下两点：一是要还原系统，硬盘至少要有200MB以上的可用空间；二是在创建还原点时，只是备份Windows XP的系统配置，并没有删除程序的功能。也就是说，当安装了一个有问题的程序后，导致Windows XP出现问题，这时便可以用系统还原功能将系统配置还原到未安装该程序的状态，但该程序的文件仍然保留在用户的硬盘中，必须手动将文件删除。

问：使用Ghost对系统盘完成备份操作后，发现在硬盘中生成了.gho格式和ghs格式的两个备份文件，这是怎么回事呢？

答：这是由于在选择备份文件保存位置时，将保存位置设置在FAT32文件系统格式的硬盘分区中，所以Ghost会根据该文件系统格式的特点自动分割备份文件，如果将保存位置设置在NTFS文件系统格式的硬盘分区中就不会有这种情况。

问：在Windows XP中开启自动还原功能后，哪些情况下会自动创建还原点呢？

答：主要有以下一些情况，当Windows XP安装完成后的第一次启动；通过Windows Update安装软件；当Windows XP连续开机时间达到24小时，或关机时间超过24小时再开机时；软件的安装程序运用了Windows XP所提供的系统还原技术，在安装过程中也会创建还原点；当在安装未经微软签署认可的驱动程序时；当利用制作备份程序还原文件和设置时；当在运行还原命令，要将系统还原到以前的某个还原点时。

问：有没有设置可以加快Windows XP的关机速度呢？

答：运行“regedit.exe”程序，打开注册表编辑器，展开HKEY_LOCAL_MACHINE\SYSTEM\CurrentControlSet\Control\shutdown项，在右边窗口中新建一个字符串值FastReboot，将键值设为1即可。

拓展知识

1. 关闭多余的服务

Windows XP操作系统启动时会自动加载许多服务，这些服务在系统和网络中发挥着很大的作用。不过也有些服务对普通用户无意义，而且启用这些服务后会占用不少的计算机资源，因此可以通过关闭不需要的服务来提高计算机的性能。其方法为：选择【开始】/【运行】菜单命令，打开“运行”对话框，在“打开”下拉列表框中输入“Services.msc”，按

【Enter】键打开“服务”窗口，在右侧的列表框中双击需要关闭的服务项，打开该服务项的属性对话框，在“启动类型”下拉列表中选择“已禁用”选项。下面介绍一些常见的可以关闭的服务项。

- ClipBook：该服务允许网络中的其他用户浏览本机的文件夹。
- Print Spooler：打印机后台处理程序。
- Error Reporting Service：系统服务和程序在非正常环境下运行时发送错误报告。
- Net Logon：网络注册功能，用于处理注册信息等网络安全功能。
- NT LM Security Support Provider：为网络提供安全保护。
- Remote Desktop Help Session Manager：用于网络中的远程通信。
- Remote Registry：使网络中的远程用户能修改本地计算机中的注册表设置。
- Task Scheduler：使用户能在计算机中配置和制定自动任务的日程。
- Uninterruptible Power Supply：用于管理用户的UPS。

2. 使用EasyRecovery恢复数据

计算机中经常有数据可能被误删除，这时可能需要使用数据恢复软件。EasyRecovery是一款可以恢复硬盘中被删除的数据的软件，其操作方法为：启动软件，在左侧列表中选择“数据恢复”选项，在右侧窗格中单击“删除恢复”的按钮；在打开的“数据恢复－删除恢复”界面中的磁盘列表框中选择要扫描的磁盘分区，在“文件过滤器”中选择要扫描的文件类型，进入下一步操作；此时软件将根据所作的设置对指定磁盘分区进行扫描，在打开的“正在扫描文件”对话框中将显示扫描进度和结果；扫描完成后，EasyRecovery软件将在左侧的列表框中列出当前驱动器中的文件夹列表；选择要恢复的文件所在文件夹，在右侧窗格中将显示出可以恢复的文件；进入下一步操作，在打开的对话框中的“恢复目标选项”栏中选中“恢复至本地驱动器”单选项，打开“浏览文件夹”对话框，指定文件保存位置，确认操作后，软件将开始恢复指定文件，完成后在打开的对话框中显示恢复结果，完成恢复操作，即可在保存目录查看已恢复的文件。

课后练习

（1）按照本项目所讲的知识，在自己的计算机中，减少开机启动的程序。

（2）在自己的计算机中关闭休眠功能。

（3）使用Windows优化大师的自动优化功能优化自己的计算机。

（4）在自己的计算机中，清理“C:\Documents and Settings\User\Local Settings\Temp”文件夹中的垃圾文件。

（5）按照本项目所讲的知识，对计算机的注册表进行备份。

（6）使用Ghost对系统盘进行备份。

PART 8

项目八
维护计算机

情景导入

阿秀：小白，工程部送来了几台旧的计算机，你把它们拆卸了，做一下日常的维护。

小白：日常维护?

阿秀：就是清理一下灰尘，查看接口有没有氧化等。

小白：原来如此，这么简单。

阿秀：对了，维护好后，顺便对计算机进行查杀病毒、修复系统漏洞、防御黑客的基本操作。

小白：这些我都听说过，但还没有实际操作过。

阿秀：那好，我说的这些其实就是维护计算机的基本操作，今天我就给你介绍关于这方面的知识吧。

小白：好的，我们马上开始。

学习目标

- 熟练掌握计算机日常维护的基本操作
- 熟练掌握计算机各种硬件的日常维护操作
- 了解计算机病毒病和系统漏洞，掌握查杀病毒和修复漏洞的基本操作
- 了解黑客的相关知识，并掌握防御黑客的基本操作

技能目标

- 掌握计算机日常维护的各种操作
- 掌握利用软硬件维护计算机的各种操作
- 掌握计算机安全维护的各种操作
- 保证计算机能够正常工作，不受到各种外部威胁

任务一 日常维护计算机

我们日常生活中接触到的各种机器，使用的时候就有磨损，一旦磨损过大，就容易导致故障，所以需要日常的保养与维护。而计算机也是一种机器，更加需要日常维护，因为计算机的组成部件更多，出现故障的几率更大。

一、 任务目标

本任务将学习日常维护计算机的相关知识，并学习通过软件维护计算机和对计算机硬件进行维护两个方面的操作。通过本任务的学习，可以掌握日常维护计算机的相关操作。

二、相关知识

日常维护计算机主要包括软件维护和对硬件的维护两个方面，下面介绍相关知识。

（一）认识维护的目的

计算机已成为人们工作和生活中不可缺少的工具，随着信息技术的发展，在计算机使用中面临越来越多的系统维护和管理问题，如系统硬件故障、软件故障、病毒防范、系统升级等，如果不能及时有效地处理好，将会给正常工作和生活带来影响。为此，需要全面地进行计算机系统维护，使计算机具有稳定的系统性能，保证工作和生活的正常进行。

（二）创建良好的工作环境

计算机对工作环境有较高的要求，长期工作在恶劣环境中很容易使计算机出现故障。因此，对于计算机的工作环境，有以下几点要求。

- **做好防静电工作**：静电有可能造成计算机中各种芯片的损坏，为防止静电造成的损害，在打开机箱前应当用手接触暖气管或水管等可以放电的物体，将身体的静电放掉后再接触计算机中的部件。另外，在安装计算机时应该将机壳用导线接地，也可起到很好的防静电效果。
- **预防震动和噪声**：震动和噪声会造成计算机内部件的损坏，因此不能在震动和噪声很大的环境中使用计算机，如确实需要将其放置在震动和噪声大的环境中应考虑安装防震和隔音设备。
- **小心过高的工作温度**：计算机应工作在20~25℃的环境中，过高的温度会使计算机在工作时产生的热量散不出去，轻则缩短使用寿命，重则烧毁芯片。因此，最好在放置计算机的房间安装空调，以保证计算机正常运行时所需的环境温度。
- **小心过高的工作湿度**：计算机在工作状态下应保持通风良好，湿度不能过高，否则主机内的线路板容易腐蚀，使板卡过早老化。
- **防止灰尘过多**：由于计算机各部件非常精密，如果在较多灰尘的环境中工作，就可能堵塞计算机的各种接口，使其不能正常工作。因此，不要将计算机置于灰尘过多的环境中，如果不能避免，应做好防尘工作。另外，最好每月清理一次机箱内部的灰尘，做好计算机的清洁工作，以保证计算机正常运行。
- **保证计算机的工作电源稳定**：电压不稳容易对计算机的电路和部件造成损害，由于市电供应存在高峰期和低谷期，电压经常波动，特别是在离城镇比较远的地区，在这样的环境下，最好配备稳压器，以保证计算机正常工作所需的稳定电源。另外，如果突然停电，则有可能会造成计算机内部数据的丢失，严重时还会造成系统不能启动等故障，因此，要想对计算机进行电源保护，推荐配备一个小型的家用UPS（不间断电源供应设备），以保证计算机的正常使用，如图8-1所示。

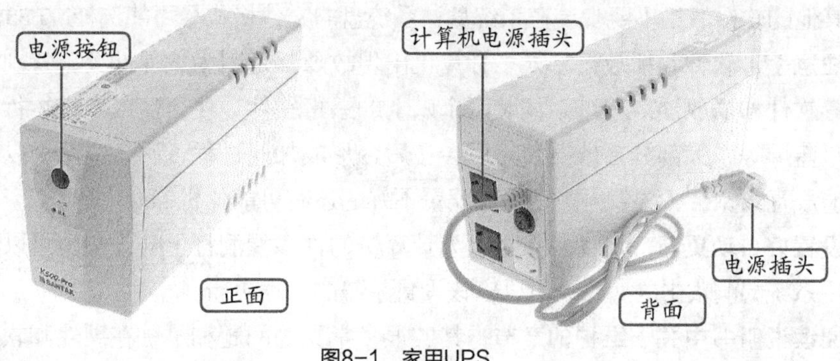

图8-1 家用UPS

（三）摆放计算机

计算机的安放位置也比较重要，在计算机的日常维护中，应该注意以下几点。

- 主机的安放应当平稳，并保留必要的工作空间，用于放置磁盘、光盘等常用配件。
- 要调整好显示器的高度，位置应保持显示器上边与视线基本平行，太高或太低都容易使操作者疲劳。图8-2（b）所示为显示器的正确摆放位置。

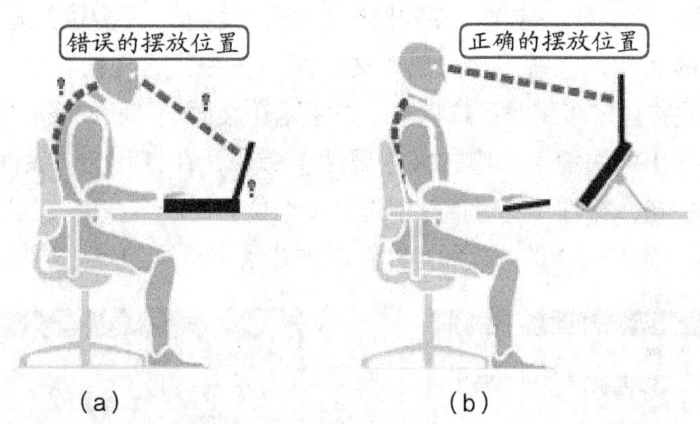

图8-2 错误和正确的显示器摆放位置

- 当计算机停止工作时最好能盖上防尘罩，防止灰尘对计算机的侵蚀，但在计算机正常使用的情况下，一定要将防尘罩拿下来，以保证散热。

温度过高或过低，湿度较大等都容易使计算机的板卡变形而产生接触不良等故障。尤其是在南方的梅雨季节时更应该注意，要保证计算机每个月通电一至两次，每一次的通电时间应不少于两个小时，避免潮湿的天气使板卡变形导致计算机不能正常工作。

（四）维护软件的相关事项

软件故障在计算机故障中所占比例很大，特别是频繁地安装和卸载软件，会产生大量的垃圾文件，降低计算机的运行速度，因此软件也需经常进行维护。操作系统的优化也可以看作维护计算机软件的一个方面，软件维护还包括以下几个方面的内容。

- **系统盘问题**：系统盘分区不要太小，否则会经常需要清理；除了必要的程序以外，其他的软件尽量不要安装在系统盘；系统盘的文件格式尽可能选择NTFS格式。
- **注意杀毒软件和播放器**：很多计算机出现故障都是因为软件冲突，特别突出的是杀毒软件和播放器。一个系统装两个以上的杀毒软件，便会造成系统运行缓慢甚至死机蓝屏等；大部分播放器装好后会在后台形成加速进程，两个或两个以上播放器会造成互抢宽带，导致网速变慢，配置不好的还有可能死机等。
- **设置好自动更新**：自动更新可以为计算机的许多漏洞打上补丁，也可以预防一些利用系统漏洞攻击的病毒，所以应该设置系统的自动更新。
- **阅读说明书中关于维护的章节**：其实很多常见的问题和维护在硬件和软件的说明书中，组装完计算机后应该仔细阅读说明书。
- **安装防病毒软件**：虽然说杀毒软件不能百分之百防毒，但在一定程度上起到了预防病毒的作用。
- **安装防流氓软件的软件**：这类软件也很多，可根据个人的使用爱好进行选择。网络上很多共享软件都捆绑了一些插件，安装时尽量不要选择安装。
- **保存好所有的驱动程序安装光盘**：原装的虽然不是最好的，但它一般都是最适用的。最新的驱动，不一定能更多的发挥老硬件的性能，不要过分追求最新的驱动。
- **备份重要的文件**：很多用户习惯将文件保存在“我的文档”里，建议将“我的文档”的存放路径转移到非系统盘里。方法是在桌面上“我的文档”图标上单击鼠标右键，在弹出的快捷菜单中选择【属性】命令，在打开的“属性”对话框，单击 移动(M)... 按钮，在打开的对话框中选择一个位置更改“我的文档”的存放路径，如图8-3所示，这样最大的好处就是非正常重装系统时不会丢失文件。

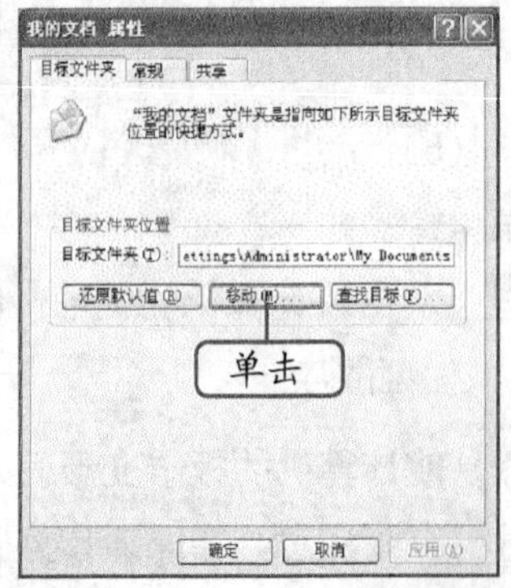

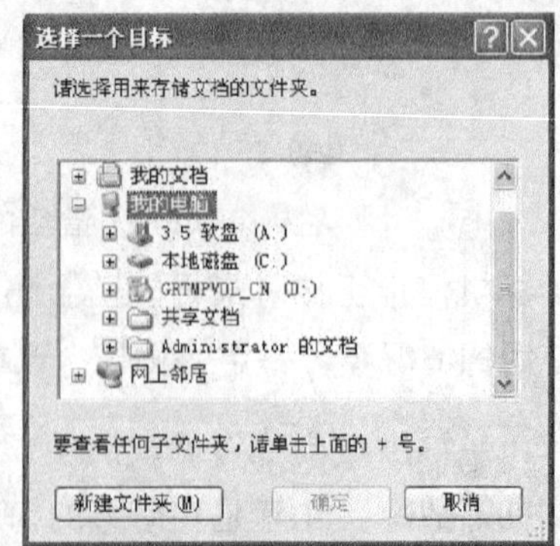

图8-3 更改“我的文档”位置

- **每周维护**：删除垃圾文件，整理硬盘里的文件，用杀毒软件深入查杀一次病毒。一个月左右做一次碎片整理，运行硬盘查错工具。

- **清理回收站中的垃圾文件**：定期清空回收站是一个好习惯。或者直接按【Shift+Delete】组合键彻底删除。
- **注意清理系统桌面**：桌面上不要放太多东西，也不要放太多的快捷方式，这样会影响计算机的运行和启动速度。快速启动栏里也一样。

三、任务实施

（一）清理文件和系统碎片

在日常维护计算机的操作中，清理文件和系统碎片是常用操作，其具体操作如下。

STEP 1 选择【开始】/【所有程序】/【附件】/【系统工具】/【磁盘清理】菜单命令，打开“选择驱动器”对话框，在“驱动器”下拉列表中选择需要清理的磁盘，单击确定按钮，如图8-4所示。

STEP 2 打开“（C:）的磁盘清理”对话框，在“要删除的文件”列表框中选择要清理的文件类型，单击确定按钮，如图8-5所示。

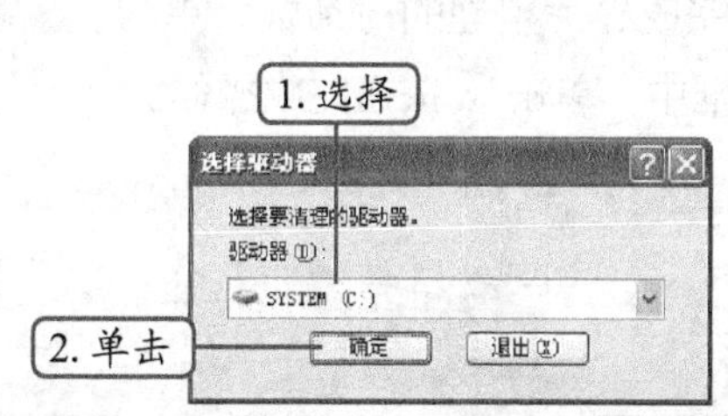

图8-4 选择清理的磁盘

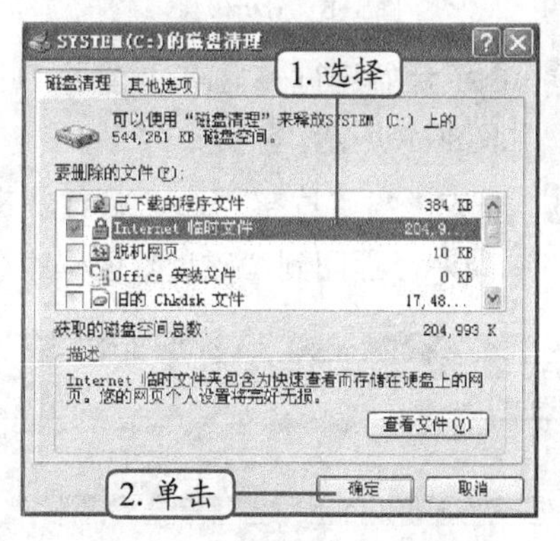

图8-5 选择清理的文件类型

STEP 3 打开提示对话框，单击确定按钮确认清理，如图8-6所示。

STEP 4 系统开始对选择的磁盘文件进行清理，并显示进度，清理完成后将自动退出磁盘清理程序，如图8-7所示。

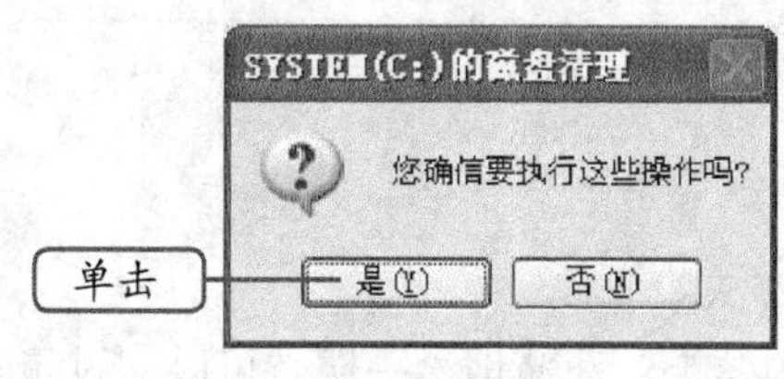

图8-6 确认操作

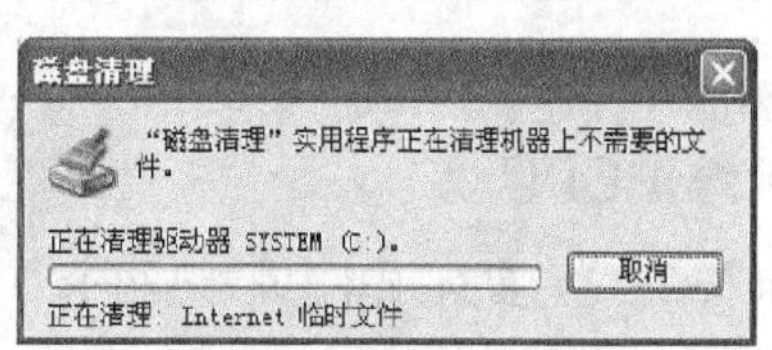

图8-7 显示清理进度

碎片整理是因为对计算机频繁地进行存储和删除操作，会使完整的文件变成不连续的碎片形式存储在磁盘上，它不仅影响文件打开的速度，严重时还将导致存储的文件丢失等。

STEP 5 选择【开始】/【所有程序】/【附件】/【系统工具】/【磁盘碎片整理程序】命令，打开“磁盘碎片整理程序”对话框，在列表框中选择要整理的磁盘，单击[分析]按钮，如图8-8所示。

STEP 6 系统分析完成后提示进行碎片整理，在打开的“磁盘碎片整理程序”对话框中单击[碎片整理(D)]按钮，如图8-9所示。

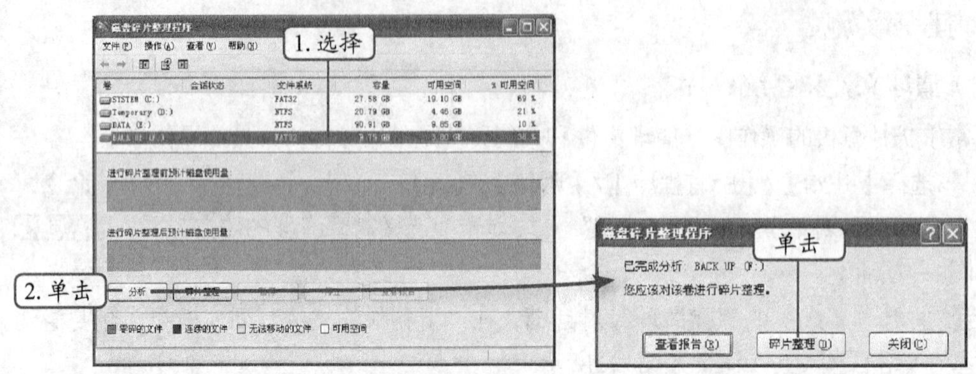

图8-8 分析磁盘　　图8-9 选择操作

STEP 7 系统开始进行磁盘碎片清理，此时可以在“磁盘碎片整理程序”窗口中查看当前的进度，如图8-10所示。

STEP 8 完成磁盘碎片整理后，将打开提示已完成碎片整理的对话框，单击[关闭(C)]按钮，如图8-11所示。返回到“磁盘整理程序”对话框中，单击☒按钮完成操作。

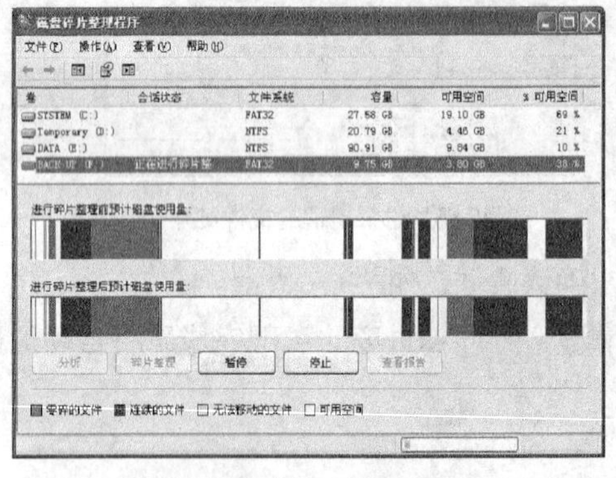

图8-10 磁盘整理

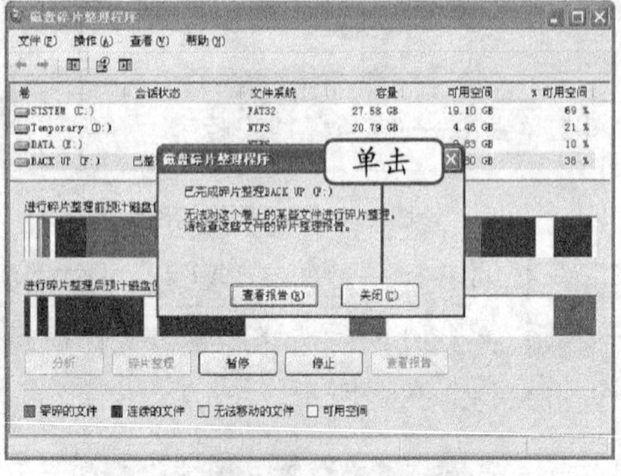

图8-11 完成整理

（二）维护CPU

日常维护CPU主要有频率和散热两个方面，其方法如下。

- **用好硅脂**：硅脂在使用时要涂于CPU表面内核上，薄薄地涂一层就可以，过量使用会有可能渗漏到CPU表面相接口处。而且，硅脂在使用一段时间会干燥，这时可以除净后再重新涂上硅脂。
- **减压和避震**：如果CPU和散热风扇安装过紧，可能导致CPU的针脚或触点被压损，因此在安装CPU和散热风扇时应该注意用力要均匀，扣具的压力也要适中。

- **保证良好的散热**：CPU的正常工作温度为50℃以下，具体工作温度根据不同CPU的主频而定。另外，CPU风扇散热片质量要好，最好带有测速功能，这样可与主板监控功能配合监测风扇工作情况，如图8-12所示为软件监控CPU温度和风扇的情况；而且，散热片的底层以厚为佳，这样有利于主动散热，保障机箱内外的空气流通。

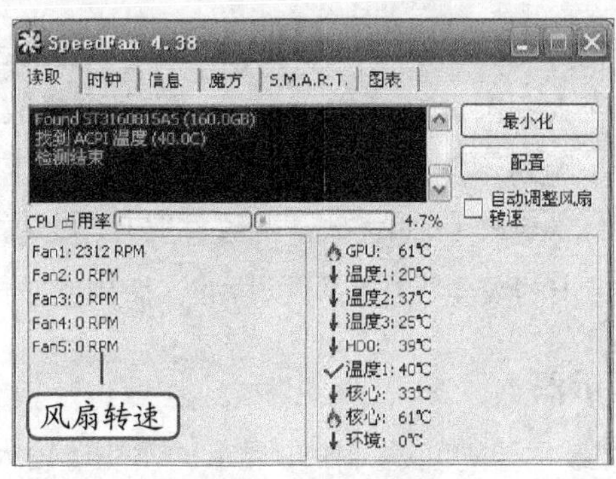

图8-12　CPU监测

（三）维护主板

主板几乎连接了计算机的所有硬件，做好主板的维护既可以保证计算机的正常运行，还可以延长计算机的使用寿命。日常维护主板主要有以下几点要求。

- **防范高压**：停电时应立刻拔掉主机电源，这样才能避免突然来电时产生的瞬间高压击坏主板。
- **防范灰尘**：对于主板来说，最重要的日常维护就是清理灰尘，在清理时可以使用比较柔软的毛刷清除主板上的灰尘，另外在平时使用时，不要将机箱盖打开使用，那样会导致更多的灰尘积聚在主板中。
- **最好不要带电拔插**：除了支持即插即用的设备外，在计算机运行时，禁止带电拔插各种控制板卡和连接电缆，因为在拔插瞬间产生的静电放电和信号电压的不匹配等现象容易损坏芯片。

（四）维护硬盘

硬盘存储了所有的计算机数据，其日常维护应该注意以下几项。

- **正确地开关计算机电源**：硬盘处于工作状态时，尽量不要强行关闭主机电源，因为硬盘在读写过程中如果突然断电容易造成硬盘物理性损伤或丢失各种数据等，尤其是正在进行高级格式化时。
- **工作时一定要防震**：必须将计算机放置在平稳和无震动的工作平台上，尤其是在硬盘处于工作状态时要尽量避免移动，在启动或停机过程中更不要移动硬盘。
- **保证硬盘的散热**：硬盘温度直接影响其工作的稳定性和使用寿命，硬盘在工作中的温度以20～25℃为宜。
- **不能私自拆卸硬盘**：硬盘需要在无尘的环境下进行，因为如果灰尘进入到了硬盘内部，那么磁头组件在高速旋转时就可能带动灰尘将盘片划伤或将磁头损坏，这时势必就会导致数据的丢失，硬盘也极有可能完全损坏。

- **最好不要压缩硬盘**：不要使用Windows操作系统自带的“磁盘空间管理”进行硬盘压缩，因为压缩之后硬盘读写数据的速度会大大减慢，而且读盘次数也会因此变得频繁。这会对硬盘的发热量和稳定性产生影响，缩短其使用寿命。

内存也需要日常维护，首先，它是计算机中比较“娇贵”的部件，尤其静电对其伤害最大，因此在插拔内存时一定要先释放自身的静电。在计算机的使用过程中，绝对不能对内存进行插拔，否则会出现烧毁内存甚至烧毁主板的危险。另外，安装一根内存时，应首选和CPU插槽接近的插槽，因为内存被CPU风扇带出的灰尘污染后可以清洁，而插座被污染后却极不易清洁。

（五）维护显卡和显示器

散热一直是显卡使用时最主要的问题，由于显卡的发热量较大，因此要注意散热风扇是否正常转动及散热片与显示芯片是否接触良好等。通常需要拆卸显卡的散热器，进行除尘、涂抹硅脂和添加风扇润滑油等操作，如图8-13所示。

图8-13　维护显卡

显示器主要使用的是液晶显示器，其日常维护应该注意以下两点。

- **保持工作环境的干燥**：启动显示器后，水分会腐蚀显示器的液晶电极，最好准备一些干燥剂，或者准备一块干净的软布，随时保持显示屏的干燥。如果水分已经进入显示器里面，就需要将其放置到干燥的地方，让水分慢慢地蒸发掉。
- **避免一些挥发性化学药剂的危害**：无论是何种显示器，液体对其都有一定的危害，特别是化学药剂，其中又以具有挥发性的化学品对液晶显示器的侵害最大，如经常使用的发胶或夏天频繁使用的灭蚊剂等都会对液晶分子乃至整个显示器造成损伤，从而导致整个显示器寿命的缩短。

（六）维护机箱和电源

机箱是计算机主机的保护罩，其本身就有很强的自我保护能力。在使用时需注意摆放平稳，同时还需要保持其表面与内部的清洁。机箱和电源的维护主要包括以下几点。

- **保证机箱散热**：使用计算机时，不要在机箱附近堆放杂物，以保证空气的畅通，使主机工作时产生的热量能够及时散出。

- **保证电源散热**：如发现电源的风扇停止工作，必须马上关机以防止电源烧毁甚至造成其他更大的损失。还应定期检查电源风扇是否正常工作，一般3~6个月检查一次。
- **注意电源除尘**：电源在长时间工作中，会积累很多灰尘，造成散热不良，甚至造成电路短路的现象。最好定期打开电源，用毛刷清除内部的灰尘，同时为电源风扇加润滑油，如图8-14所示。

图8-14　维护电源

（七）维护鼠标

鼠标要防止灰尘、强光、拉曳，内部沾上灰尘会使鼠标机械部件运作不灵，强光会干扰光电管接收信号等。因此，日常维护主要从以下几个方面进行。

- **注意灰尘**：鼠标的底部长期和桌面接触，最容易被污染。尤其是机械式和光学机械式鼠标的滚动球极易将灰尘、毛发、细纤维等带入鼠标中。使用鼠标垫，不但使鼠标移动更平滑，也可减少污垢进入鼠标。
- **小心拔插**：除USB接口外，尽量不要对PS/2键盘和鼠标进行热插拔。
- **保证感光性**：使用光电鼠标时，要注意保持鼠标垫的清洁使其处于更好的感光状态，避免污垢附着在发光二极管和光敏三极管上，遮挡光线接收。光电鼠标勿在强光条件下使用，也不要在反光率高的鼠标垫中使用。
- **正确操作**：操作时不要过分用力，防止鼠标按键的弹性降低，操作失灵。

（八）维护键盘

键盘使用频率较高，有时按键用力过大，金属物掉入键盘或茶水等液体溅入键盘内，都会造成键盘内部微型开关弹片变形或被油污锈蚀，出现按键不灵等现象。

- **经常清洁**：日常维护或更换键盘时，应切断计算机电源。还应该定期清洁表面的污垢，一般清洁可以用柔软干净的湿布擦拭键盘，对于顽固的污渍可以用中性的清洁剂擦除，最后再用湿布擦洗一遍。
- **保证干燥**：当有液体溅入键盘时，应尽快关机，将键盘接口拔下，打开键盘用干净吸水的软布或纸巾擦干内部的积水，最后在通风处自然晾干即可。
- **正确操作**：在按键的时候一定要注意力度适中，动作要轻柔，强烈的敲击会减少键盘的寿命，尤其在玩游戏的时候更应该注意，不要用力按键，以免损坏键帽。

任务二 维护计算机安全

计算机还有一项日常维护无法消除的威胁——计算机安全，由于计算机和网络的普及，计算机中保存的各种数据的价值也越来越高，为了保护这些数据，对于计算机的安全也需要进行维护。

一、任务目标

本任务将对计算机的安全性进行维护，主要包括查杀计算机病毒、修复计算机系统漏洞、防御黑客的攻击3个方面的知识。通过本任务的学习，可以基本保障计算机安全运行。

二、相关知识

下面将介绍有关计算机病毒、操作系统漏洞、黑客3个方面的知识。

（一）认识计算机病毒

从本质上讲，计算机病毒也是一种程序，它是由一组程序代码所构成的。不同之处在于，计算机病毒会对计算机的正常使用造成破坏。当计算机出现异常现象时，就应该使用杀毒软件扫描计算机，确认是否感染病毒。这些异常现象包括如下几方面。

- **系统资源消耗加剧**：硬盘中的存储空间急剧减少，系统中基本内存发生变化，CPU的使用率保持在80%以上。
- **性能下降**：计算机运行速度明显变慢，运行程序时经常提示内存不足或出现错误；计算机经常在没有任何征兆的情况下突然死机；硬盘经常出现不明的读写操作，在未运行任何程序时，硬盘指示灯不断闪烁甚至长亮不熄。
- **文件丢失或被破坏**：计算机中的文件莫名丢失，文件图标被更换，文件的大小和名称被修改，文件内容变成乱码，原本可正常打开的文件无法打开。
- **启动速度变慢**：计算机启动的速度变得异常缓慢，启动后在一段时间内系统对用户的操作无响应或响应变慢。
- **其他异常现象**：系统的时间和日期无故发生变化；自动打开IE浏览器链接到不明网站；突然播放不明的声音或音乐，经常收到来历不明的邮件；部分文档自动加密；计算机的输入或输出端口不能正常使用等。

某些病毒会以“进程”的形式出现在系统内部，这时可以通过打开系统进程列表来查看哪些进程正在运行，通过进程名称及路径判断是否产生病毒、如果有病毒则记下它的进程名，结束该进程，然后删除病毒程序即可。基本系统进程对计算机的正常运行起着至关重要的作用，因此不能随意将其结束。基本系统进程包括如下几项。

- Explorer.exe：用于显示系统桌面上的图标以及任务栏图标。
- Spoolsv.exe：用于管理缓冲区中的打印和传真作业。
- Lsass.exe：用于管理IP安全策略及启动ISAKMP/Oakley（IKE）和IP安全驱动程序。
- Servi.exe：指系统服务的管理工具，包含很多系统服务。
- Winlogon.exe：用于管理用户登录系统。

- Smss.exe：指会话管理系统，负责启动用户会话。
- Csrss.exe：指子系统进程，负责控制Windows创建或删除线程以及16位的虚拟DOS环境。
- Svchost.exe：系统启动时，Svchost.exe将检查计算机中的位置来创建需要加载的服务列表，如果多个Svchost.exe同时运行，则表明当前有多组服务处于活动状态，或者是多个.dll文件正在调用它。
- System Idle Process：该进程是作为单线程运行的，并在系统不处理其他线程时分派处理器的时间。

知识补充

Wuauclt.exe（自动更新程序）、Systray.exe（系统托盘中的声音图标）、Ctfmon.exe（输入法）以及Mstask.exe（计划任务）等属于附加进程，可以按需取舍，它们不会影响到系统的正常运行。

（二）病毒的防治方法

计算机病毒固然猖獗，但只要用户加强病毒防范意识和防范措施，就可以降低计算机被病毒感染的几率和破坏的程度。病毒的预防主要包括以下几个方面。

- **安装杀毒软件**：计算机中应安装杀毒软件，开启软件的实时监控功能，并定期升级杀毒软件的病毒库。
- **及时获取病毒信息**：通过登录杀毒软件的官方网站、查看计算机报刊和相关新闻，获取最新的病毒预警信息，学习最新病毒的防治和处理方法。
- **备份重要数据**：使用备份工具软件备份系统，以便在计算机感染病毒后可以及时恢复。同时，重要数据应利用移动存储设备或光盘进行备份，减少病毒造成的损失。
- **杜绝二次传播**：当计算机感染病毒后应及时使用杀毒软件清除和修复，注意不要将计算机中感染病毒的文件复制到其他计算机中。若局域网中的某台计算机感染了病毒，应及时断开网线，以免其他计算机被感染。
- **切断病毒传播渠道**：应使用正版软件，不使用盗版和来历不明的软件；网上下载的文件要先杀毒再打开；使用移动存储设备时也应先杀毒再使用；同时注意不要随便打开来历不明的电子邮件和QQ好友传送的文件。

（三）查杀计算机病毒

目前，计算机病毒的检测和消除方法主要有如下两种。

- **人工方法**：是指借助于一些DOS命令和修改注册表等来检测并消除病毒。这种方法要求操作者对系统与命令十分熟悉，且操作复杂，容易出错，有一定的危险性，一旦操作不慎就会导致严重的后果。这种方法常用于自动方法无法消除的新病毒。
- **自动方法**：该方法是针对某一种或多种病毒使用专门的反病毒软件或防病毒卡自动对病毒进行检测和消除处理。它不会破坏系统数据，操作简单，运行速度快，是一种较为理想和通用的检测并消除病毒的方法。

对于普通用户来说，一般都是使用自动方法即使用反病毒软件查杀计算机病毒，为了得到更好的杀毒效果，在使用反病毒软件时需注意如下几个方面。

- **不能频繁操作**：对计算机不可频繁进行查杀病毒操作，这样不但不能取得很好的效果，有时可能会导致硬盘损坏。
- **在多种模式下杀毒**：当发现病毒后，一般情况下都是在操作系统的正常登录模式下杀毒，当杀毒操作完成后，还需启动安全模式再次查杀，以便能彻底清除病毒。
- **选择全面的杀毒软件**：指软件不仅应包括常见的查杀病毒功能，还应该包括有实时防毒功能，能实时地监测和跟踪对文件的各种操作，一旦发现病毒，立即报警，只有这样才能最大程度地减少被病毒感染的几率。

知识补充

在安装新的操作系统时，要注意安装系统补丁；在上网和玩网络游戏时要打开杀毒软件或防火墙实时监控，有效地防止病毒通过网络进入计算机，防止木马病毒盗窃资料；随时升级防病毒软件。

（四）认识系统漏洞

操作系统漏洞指操作系统本身在设计上的缺陷或在编写时产生的错误，这些缺陷或错误可以被不法者或计算机黑客利用，通过植入木马或病毒等方式来攻击或控制整个计算机，从而窃取其中的重要资料和信息，甚至破坏用户的计算机。操作系统漏洞产生的主要原因如下。

- **原因一**：受编程人员的能力、经验和当时安全技术所限，在程序中难免会有不足之处，轻则影响程序功能，重则导致非授权用户的权限提升。
- **原因二**：由于硬件原因，使编程人员无法弥补硬件的漏洞，从而使硬件的问题通过软件表现。
- **原因三**：由于人为因素，程序开发人员在程序编写过程中，为实现某些目的，在程序代码的隐蔽处保留了后门。

知识补充

操作系统漏洞是不可避免的，所以在每一款新的操作系统上市后，都会由生产商不定时推出操作系统的补丁程序，用户可以通过安装补丁程序修复操作系统漏洞。

（五）认识黑客

黑客（Hacker）是对计算机系统非法入侵者的称呼，黑客攻击计算机的手段各式各样，如何防止黑客的攻击成为了每个用户最关心的计算机安全问题。黑客通过一切可能的途径来达到攻击计算机的目的，下面简单介绍一些常用手段。

- **网络嗅探器**：使用专门的软件查看Internet的数据包或侦听器程序对网络数据流进行监视，从中捕获口令或相关信息。
- **文件型病毒**：通过网络不断地向目标主机的内存缓冲器发送大量数据，以摧毁主机控制系统或获得控制权限，并致使接收方运行缓慢或死机。
- **电子邮件炸弹**：电子邮件炸弹是匿名攻击之一，它不断并大量地向同一地址发送电子邮件，从而让攻击者耗尽接收者网络的带宽。

- **网络型病毒**：真正的黑客拥有超强的计算机技术，他们可以通过分析DNS直接获取Web服务器等主机的IP地址，在没有障碍的情况下完成侵入的操作。
- **木马程序**：木马的全称是“特洛依木马”，它是一类特殊的程序，它们一般以寻找后门并窃取密码为主。对于普通计算机用户，防御黑客主要是针对木马程序。

（六）预防黑客的方法

黑客攻击用的木马程序一般是通过绑定其他软件上、电子邮件、感染邮件客户端软件等方式进行传播，因此，应从以下几个方面来进行预防。

- **不要执行来历不明的软件**：木马程序一般是通过绑定在其他软件上进行传播，一旦运行了这个被绑定的软件就会被感染，因此在下载软件时，一般推荐去一些信誉比较高的站点。在软件安装之前用反病毒软件进行检查，确定无毒后再使用。
- **不要随意打开邮件附件**：有些木马程序是通过邮件来进行传递，而且还会连环扩散，因此在打开邮件附件时需要注意。
- **重新选择新的客户端软件**：很多木马程序主要感染的是Outlook和OutLook Express的邮件客户端软件，因为这两款软件全球使用量最大，黑客们对它们的漏洞已经研究得比较透彻。如选用其他的邮件软件，收到木马程序攻击的可能性就会减小。
- **少用共享文件夹**：如因工作需要，必须将计算机设置成共享，则最好把共享文件放置在一个单独的共享文件夹中。
- **运行反木马实时监控程序**：在上网时最好运行反木马实时监控程序，一般都能实时显示当前所有运行程序并有详细的描述信息，另外再安装一些专业的最新杀毒软件或个人防火墙等进行监控。
- **经常升级操作系统**：许多木马都是通过系统漏洞来进行攻击的，Microsoft公司发现这些漏洞之后都会在第一时间内发布补丁，通过给系统打补丁来防止攻击。
- **使用杀毒软件**：常见的杀毒软件都可以对木马进行查杀，这些杀毒软件包括江民杀毒软件、360杀毒、金山毒霸等，这些软件查杀其他病毒很有效，对木马的检查也比较成功，但彻底地清除不是很理想。
- **使用木马专杀软件**：对木马不能只采用防范手段，还要将其彻底地清除，专用的木马查杀软件一般都带有这些特性，如The Cleaner、木马克星、木马终结者等。
- **使用网络防火墙**：常见网络防火墙软件如国外的Lockdown，国内的天网、金山网镖等。一旦有可疑网络连接或木马对计算机进行控制，防火墙就会报警，同时显示出对方的IP地址和接入端口等信息，通过手工设置之后即可使对方无法进行攻击。

三、任务实施

（一）查杀计算机病毒

通常在使用杀毒软件查杀病毒前，最好先升级软件的病毒库。本例将使用360杀毒软件查杀病毒，其具体操作如下。（**拓展微课**：光盘\微课视频\项目八\查杀计算机病毒.swf）

STEP 1 在桌面上单击360杀毒实时防护图标，打开其主界面窗口，单击最下面的“检查更新”超级链接，如图8-15所示。

STEP 2 打开“360杀毒-升级”对话框，连接到网络检查病毒库是否为最新，如果存在，就开始下载并安装最新的病毒库，如图8-16所示。

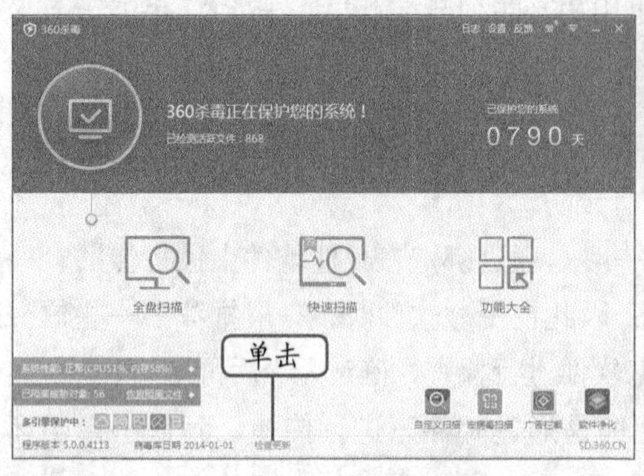

图8-15 360杀毒主界面

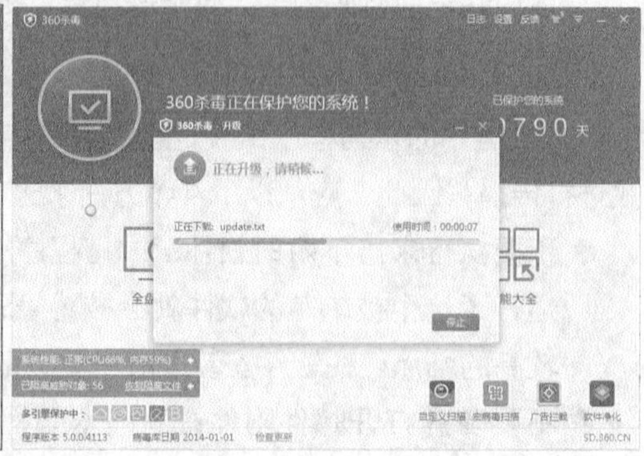

图8-16 升级病毒库

STEP 3 在打开的对话框中显示病毒库升级完成，单击 关闭 按钮，如图8-17所示，返回360杀毒主界面，单击“快速扫描”按钮。

STEP 4 360杀毒开始对计算机中的文件进行病毒扫描，按照系统设置、常用软件、内存活跃程序、开机启动项、系统关键位置的顺序进行，如果在扫描过程中发现对计算机安全有威胁的项目，就将其显示在界面中，如图8-18所示。

图8-17 完成升级

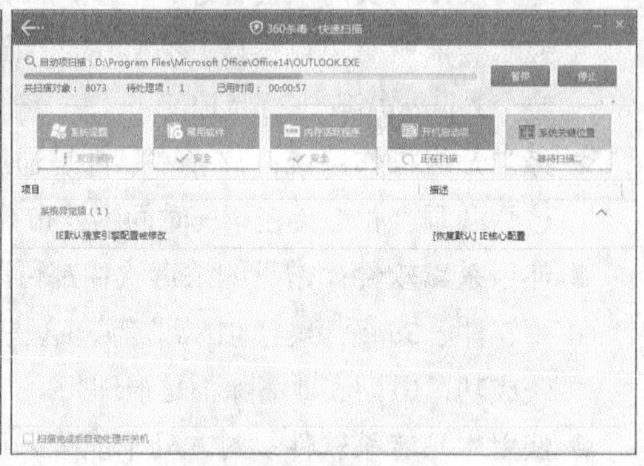

图8-18 病毒扫描

STEP 5 扫描完成，将显示所有扫描到的威胁情况，单击 立即处理 按钮，如图8-19所示。

STEP 6 360杀毒对扫描到的威胁进行处理，并显示处理结果，单击 确认 按钮即可完成病毒的查杀操作，如图8-20所示。

操作提示

在进行扫描的过程中，单击选中左下角的“扫描完成后自动处理并关机”复选框，360杀毒会自动处理扫描到的威胁，并完成关机操作。

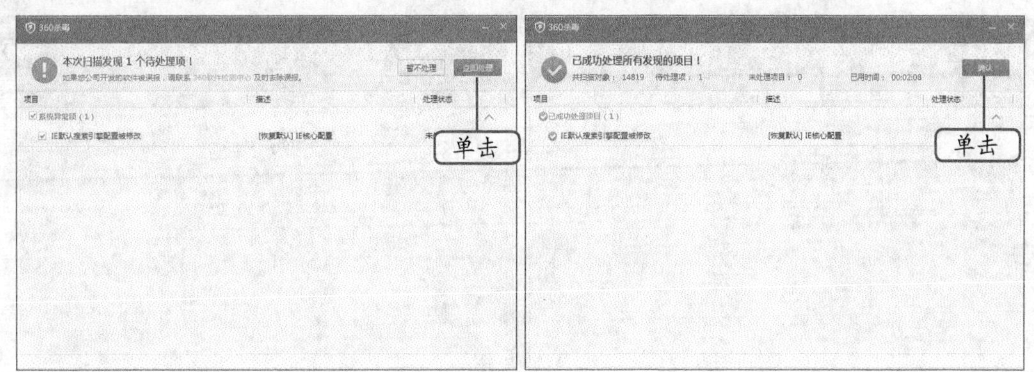

图8-19　完成扫描　　　　　　　　图8-20　完成查杀

（二）使用软件修复系统漏洞

修复系统漏洞最常用的方法就是通过软件修复，下面使用360安全卫士修复操作系统漏洞，其具体操作如下。（拓展微课：光盘\微课视频\项目八\修复系统漏洞.swf）

STEP 1 打开360安全卫士的主界面窗口，单击“系统修复”选项卡，单击“漏洞修复”按钮，如图8-21所示。

STEP 2 程序将自动检测系统中存在的各种漏洞，并将漏洞按照不同的危险程度和功能进行分类，单击选中需要修复的漏洞前复选框，单击立即修复按钮，如图8-22所示。

图8-21　选择操作　　　　　　　　图8-22　扫描漏洞

操作提示

通常360安全卫士会将最重要也是必须要修复的系统漏洞全部自动选中，其他一些对系统安全危险性较小的系统漏洞，则需要用户自行选择是否修复。

STEP 3 此时360安全卫士开始下载漏洞补丁程序，并显示下载进度，下载完一个漏洞的补丁程序后，360安全卫士将继续下载下一个漏洞的补丁程序，如图8-23所示。

STEP 4 完成后将同时安装下载完的补丁程序，如图8-24所示。

STEP 5 如果安装补丁程序成功，将在该选项的“状态”栏中显示“已修复”字样，如图8-25所示。

图8-23　开始下载漏洞补丁程序　　　　图8-24　安装补丁程序

STEP 6 待全部漏洞修复完成后，将显示修复结果，最好单击重新扫描按钮，重新对系统漏洞进行扫描，保证系统中的漏洞已经全部被修复，如图8-26所示。

图8-25　修复漏洞　　　　图8-26　重新扫描

通常360安全卫士会自动检测最新的系统漏洞补丁程序，并打开一个提示窗口，单击一键修复按钮自动进行修复。

（三）使用软件防御黑客攻击

防御黑客攻击的方法主要是开启木马防火墙和查杀木马程序，下面使用360安全卫士设置木马防火墙和查杀木马，其具体操作如下。（拓展微课：光盘\微课视频\项目八\查杀木马.swf）

STEP 1 启动360安全卫士，打开其主界面，在右侧的任务窗格中单击“安全防护中心”按钮，如图8-27所示。

STEP 2 打开“安全防护中心”界面，在界面中看到开启的各种防护装置，单击“安全设置”按钮，如图8-28所示。

STEP 3 打开“360设置中心”界面，在其中设置各种安全防护选项，通常保持默认设置，完成后单击确定按钮，如图8-29所示。

STEP 4 返回“安全防护中心”界面，在右下角的“安全实验室”栏中单击“系统防黑加固”按钮，在打开的界面中单击 立即检测 按钮，如图8-30所示。

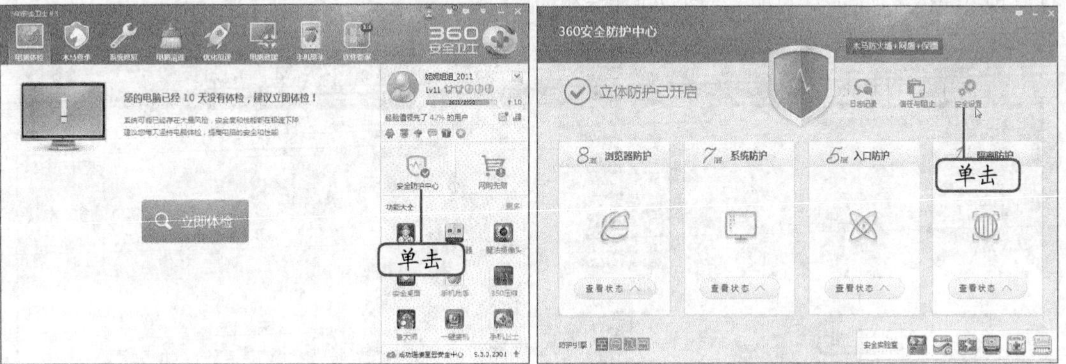

图8-27　启动360安全卫士　　　　图8-28　查看防火墙

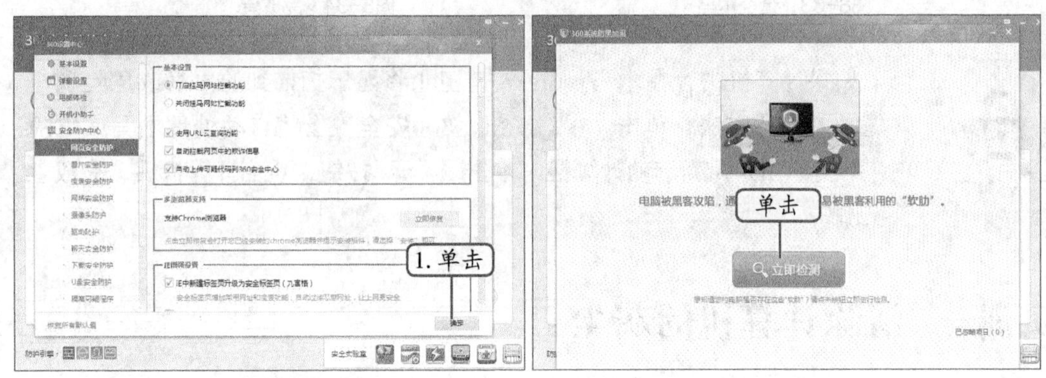

图8-29　设置防火墙　　　　图8-30　检测系统

STEP 5 360开始检测系统中是否存在黑客可以攻击的漏洞，完成后，自动选中需要进行修复的选项，单击 立即处理 按钮，如图8-31所示。

STEP 6 完成后，将显示计算机操作系统对于黑客的防御能力评估，单击 完成 按钮，如图8-32所示，完成防火墙的相关操作。

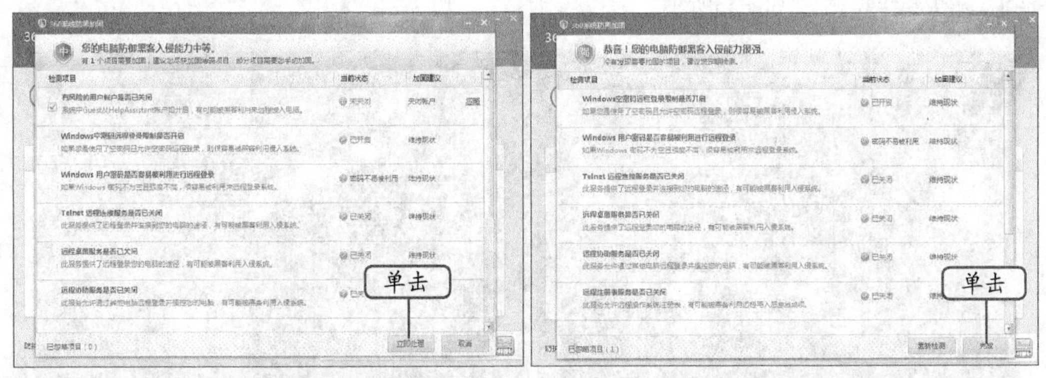

图8-31　扫描系统　　　　图8-32　完成防火墙设置

STEP 7 返回到“360安全卫士”主界面，单击“查杀木马”选项卡，然后单击“快速扫描”按钮，如图8-33所示。

STEP 8 360安全卫士开始进行木马扫描，并显示扫描进度和扫描结果，如果计算机中没有发现木马，就显示计算机安全，如图8-34所示。

图8-33 查杀木马　　图8-34 完成查杀

如果计算机中存在木马，360安全卫士将显示扫描到的木马或危险项，并提供了处理方法，单击立即处理按钮，360安全卫士将自动处理木马或危险项，并提示用户重新启动计算机。单击好的，立刻重启按钮，重启计算机后，完成查杀操作。

实训一　清除计算机的灰尘

【实训要求】

本实训的目标是对一台计算机进行一次灰尘的清理工作，通过本次操作，对计算机的硬件进行一次日常的维护，减少计算机出现故障的几率。

【实训思路】

完成本实训主要包括拆卸计算机的各种硬件和清理灰尘两大步操作，最后再将计算机组装起来，其操作思路如图8-35所示。

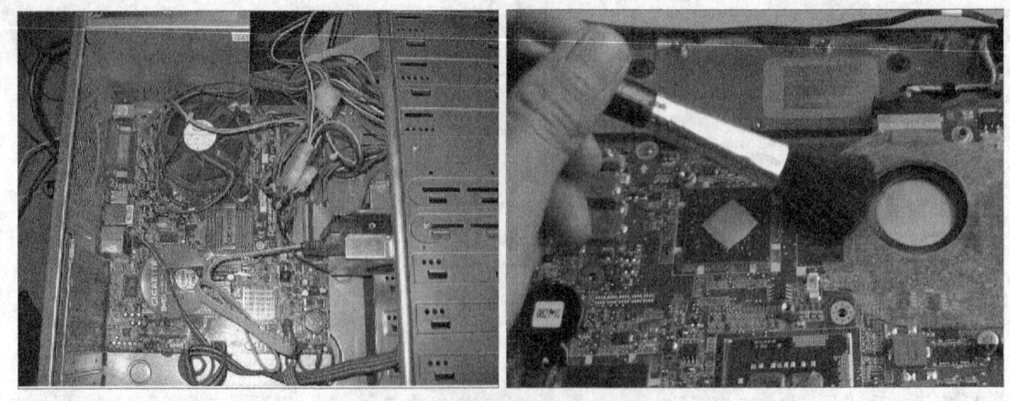

图8-35　清理计算机灰尘的操作思路

【步骤提示】

STEP 1 先用十字螺丝刀将机箱盖拆开，就可以看到机箱的内部构造了，然后拔掉所有的插头。

STEP 2 将内存拆下来，拿起早就准备好的橡皮擦轻轻地擦拭金手指，但要注意别碰到电子元件，电路板部分可以使用用小毛刷轻轻将灰尘扫掉。

STEP 3 接着将CPU散热器拆下，将散热片和风扇分离，将散热片置于水龙头下冲洗，冲干净后用风筒吹干。风扇可用小毛刷加布或纸清理干净，然后将风扇的胶布撕下，往小孔中滴进一滴润滑油，接着拨动风扇片润滑油渗入，最后，擦干净孔口四周的润滑油，使用一张新的胶布封好。需要注意的是，在清理机箱电源时，其风扇也要除尘加油。

STEP 4 如果有独立显卡，也要清理金手指和加滴润滑油。

STEP 5 对于整块主板，可以使用小毛刷将灰尘刷掉（可别太大力），再用风筒猛吹，最后再用吹气球作细微的清理就行了。而对于插槽，就要用硬纸片插进去，来回拖曳几下即可以达到除尘的效果。

STEP 6 对于光驱和硬盘接口，一般使用硬纸片清理。

STEP 7 机箱表面、键盘、显示器的外壳，可以使用布湿点酒精擦拭。键盘的键缝只能使用抹布和棉花签慢慢清理。

STEP 8 显示器最好用专业的清洁剂进行清理，然后用抹布擦拭干净。对于计算机中的各种连线和插头，最好都用抹布擦拭一遍。

实训二　使用360安全卫士维护计算机

【实训要求】

本实训的目标是使用360安全卫士清理计算机中的木马，修复其中的漏洞，并对计算机中的各种Cookie、垃圾、痕迹、插件进行清理，以维护计算机的安全。

【实训思路】

完成本实训主要包括查杀木马、修复漏洞、垃圾清理3大步操作，其操作思路如图8-36所示。

图8-36　安全维护的操作思路

【步骤提示】

STEP 1 启动360安全卫士，进入木马查杀界面，进行全盘扫描，如果发现有木马程序则进行查杀。

STEP 2 进入漏洞修复界面，扫描操作系统中是否存在漏洞，然后选择需要进行修复的漏洞进行修复。

STEP 3 进入电脑清理界面，先设置需要进行清理的选项，然后进行清理，最后重新启动一次计算机。

常见疑难解析

问：在使用Windows XP时，每次关机或者重新启动时，都有一段时间“正在保存设置”画面，怎样才能快速关闭计算机？

答：关于这种情况，可以通过以下操作来快速关机。在准备关机或重新启动计算机时，按【Ctrl+Alt+Del】组合键，打开“Windows任务管理器”对话框，按住【Ctrl】键，并选择【关机】/【关闭】（或【重新启动】）菜单命令，再松开【Ctrl】键，即可跳过“正在保存设置”画面，而直接关机或重新启动计算机。

问：在使用Windows XP操作系统一段时间后，计算机的运行速度变慢了许多，用了一些优化软件，也没有什么作用，有什么方法可以解决？

答：在Windows XP操作系统中有一个预读的设置，它虽然可以提高速度，但随着时间的增加，预读文件变多，便会使系统变慢，因此当计算机的运行速度变慢了以后，可以删除这些预读文件，在“Windows\Prefetch”文件夹下将所有的预读文件删除，重启计算机即可。

问：为什么在进行碎片整理的时候，系统会提示整理无法继续？

答：这可能是因为在进行碎片整理的时候，同时运行了其他程序，使得程序在进行碎片整理的同时，对硬盘进行写操作，从而造成整理失败。可试着关闭这些程序之后，再进行碎片整理。另外，如果硬盘上出现坏道，也会出现整理失败的现象，最好使用一些能够检测坏道的软件，对硬盘进行检测。

问：有一种引导型病毒位于硬盘引导区内，系统开始运行就会加载，怎么清除呢？

答：引导型病毒主要寄生在硬盘或光盘的引导区内，当带有病毒的硬盘引导并启动系统时，引导型病毒被自动加载到内存中运行。要清除引导型病毒，可使用干净的系统安装光盘启动计算机后，再使用杀毒软件对计算机进行杀毒。

问：使用杀毒软件时应该注意哪些问题呢？如果在一台计算机中安装多个杀毒软件是否能起到更好的杀毒效果？

答：杀毒软件都有属于自己的病毒库，病毒库中存放了已知病毒的特征码，杀毒软件就是根据这些特征码来查杀病毒。由于每天都会出现许多新的病毒，因此用户应定期地对杀毒软件的病毒库进行升级，提高其查杀病毒的能力。不同的杀毒软件会采用不同的模块来抵制病毒，而这些模块又直接影响系统的运行，大多数情况下，在同一台计算机中安装多个杀毒软件，不仅不能起到杀毒的作用，还会发生冲突。所以并不建议安装多个杀毒软件，选择一款适合的杀毒软件即可。

问：在Windows XP中，驱动器在默认情况下是共享的，如何关闭共享驱动器？

答：选择【开始】/【运行】菜单命令，打开"运行"对话框，在该对话框的"打开"下拉列表框中输入"Msconfig.exe"，按【Enter】键后打开"系统配置实用程序"对话框，在该对话框中单击"服务"选项卡，在"服务"选项卡的下拉列表中找到"Server"选项，这就是控制共享驱动器的选项设置，在状态处可以看出该服务正在运行，单击取消选中"Server"复选框的选中状态，重新启动计算机后就不会再共享驱动器了。

问：计算机的硬件也存在安全问题吗？

答：计算机的芯片和硬件设备也会对系统安全构成威胁，比如CPU，它是造成计算机性能安全的最大威胁。因为CPU内部集成有运行系统的指令集，这些指令代码是都是保密的，据有关资料透漏，国外针对我国所用的CPU可能集成有陷阱指令或病毒指令，并设有激活办法和无线接收指令。他们可以利用无线代码激活CPU内部指令，造成计算机内部信息外泄和计算机系统灾难性崩溃。还比如显示器、键盘、打印机，它们的电磁辐射会把计算机信号扩散到几百米甚至一千米以外的地方，针式打印机的辐射甚至达到GSM手机的辐射量。情报人员可以利用专用接收设备把这些电磁信号接收，然后还原，从而实时监视计算机上的所有操作，并窃取相关信息。

拓展知识

1. 维护笔记本电脑

笔记本电脑比普通计算机的寿命短，更加需要进行维护。笔记本电脑能否保持一个良好的状态与使用环境以及个人的使用习惯有很大的关系，好的使用环境和习惯能够减少维护的复杂程度并且能最大限度地发挥其性能。导致笔记本电脑损坏的环境因素有以下几点。

- **注意环境温度**：潮湿的环境对笔记本电脑有很大的损伤，在潮湿的环境下存储和使用会导致电脑内部的电子元件遭受腐蚀，加速氧化，从而加快电脑的损坏。也不要将水杯和饮料放在笔记本电脑旁，一旦液体流入，笔记本电脑可能瞬间报废。
- **保持清洁度**：保持在尽可能少灰尘的环境下使用计算机是非常必要的，严重的灰尘会堵塞计算机的散热系统，容易引起内部零件之间的短路而使计算机的使用性能下降甚至损坏。
- **防止震动**：震动包括跌落、冲击、拍打，以及放置在较大震动的表面上使用。系统在运行时外界的震动会使硬盘受到伤害甚至损坏，震动同样会导致外壳和屏幕的损坏。请勿将笔记本电脑放置在床、沙发等软性设备上使用，否则容易造成断折和跌落。

2. 个人计算机安全防御注意事项

计算机所受到的安全攻击多种多样，所以应该尽可能地提高计算机的安全防御水平。以下就是一些最常用的个人计算机安全防御知识。

- **杀毒软件不可少**：对于一般用户而言，首先要做的就是为计算机安装一套正版的杀毒软件。应当安装杀毒软件的实时监控程序，定期升级所安装的杀毒软件，给操作系统打相应补丁、升级引擎、病毒定义码。
- **个人防火墙不可替代**：安装个人防火墙以抵御黑客攻击。防火墙能最大限度地阻止网络中的黑客来访问自己的网络，防止他们更改、复制、毁坏自己的重要信息。防火墙在安装后一定要根据需求进行详细配置，合理设置防火墙后应能防范大部分的蠕虫入侵。
- **分类设置密码并使密码设置尽可能复杂**：在不同的场合使用不同的密码，以免因一个密码泄露导致所有资料外泄。对于重要的密码一定要单独设置，并且不要与其他密码相同。可能的话，定期地修改自己的上网密码，至少一个月更改一次，这样可以确保即使原密码泄露，也能将损失减小到最少。
- **不下载来路不明的软件及程序**：选择信誉较好的下载网站下载软件，将下载的软件及程序集中放在非引导分区的某个目录，在使用前最好用杀毒软件查杀病毒。也不要打开来历不明的电子邮件及其附件，以免遭受病毒邮件的侵害。
- **警惕“网络钓鱼”**：“网络钓鱼”的手段包括建立假冒网站或发送含有欺诈信息的电子邮件，盗取网上银行、网上证券、其他电子商务用户的账户密码等，从而达到窃取用户资金的目的，遇到这种情况用户需要认真进行判别。
- **防范间谍软件**：防范间谍软件，通常有以下3种方法：一是把浏览器调到较高的安全等级；二是在计算机上安装防止间谍软件的应用程序；三是对将要在计算机上安装的共享软件进行甄别选择。
- **不要随意浏览黑客和非法网站**：许多病毒和木马都来自于黑客网站和非法网站，一旦连接到这些网站，而计算机恰巧又没有缜密的防范措施，十有八九会中招。
- **定期备份重要数据**：无论防范措施做得多么严密，也无法完全防止“道高一尺，魔高一丈”的情况出现。如果遭到致命的攻击，操作系统和应用软件可以重装，而重要的数据就只能靠日常的备份了。

课后练习

（1）对计算机进行一次磁盘碎片整理，互看整理后计算机的速度是否有变化。

（2）对自己的计算机进行一次灰尘清理操作。

（3）从网上下载一个最新的杀毒软件，安装到计算机中，并进行全盘扫描杀毒。

（4）下载并安装天网防火墙，防御黑客的进攻。

（5）修复操作系统的漏洞。

（6）下载木马克星，对计算机进行木马查杀。

PART 9

项目九 诊断与排除计算机故障

情景导入

阿秀：小白，昨天技术部送来的计算机都维护完毕了吗?

小白：都已经维护完毕了，不过还有两台有问题。

阿秀：出现了什么故障?

小白：所有的机器都是拆卸后重新组装，并且都清理了灰尘，这些计算机拿来前都能正常工作。

阿秀：是不是哪里装错了?

小白：我一直害怕哪里装错了，都重新装过了，两台计算机都能打开，但无法进入操作系统。

阿秀：如果硬件没有问题，可能是软件的问题。今天就给你介绍诊断和排除计算机故障的相关知识吧。

小白：太好了，问题终于可以解决了。

学习目标

- 了解计算机故障的产生原因和确认方法
- 了解排除计算机故障的原则、步骤和注意事项
- 了解常见的计算机故障
- 熟练掌握常见计算机故障的排除方法

技能目标

- 加强对计算机故障的认识和理解，能够排除一些常见的计算机故障
- 掌握排除计算机故障的通用步骤
- 掌握计算机的系统故障、软件故障和硬件故障的排除方法

任务一 了解计算机故障

计算机故障是计算机在使用过程中，遇到的系统不能正常运行或运行不稳定，以及硬件损坏或出错等现象。

一、任务目标

本任务的目标是熟悉计算机故障排除的一些基本知识，主要包括计算机故障的类型、产生原因、排除原则、注意事项、诊断的常用方法等。通过本任务的学习，可以对计算机故障有一个基本的了解，并学会如何诊断计算机故障。

二、相关知识

（一）故障产生的原因

计算机故障是由各种各样的因素引起的，要排除故障应该先了解其产生的原因。

1. 硬件质量差

硬件质量低劣的主要原因是生产厂家为了节约成本，降低产品的价格，以牟取更大的利润，而使用了一些质量较差的电子元件，主要表现如下。

- **电子元件质量差**：有些厂商使用质量较差的电子元件，导致硬件达不到设计要求，产品质量低下。如图9-1所示为劣质主板，不但使用劣质电容，甚至没有散热风扇。
- **电路设计缺陷**：硬件的电路设计有缺陷，在使用过程中很容易导致故障。如图9-2所示的圈中部分，明显是由于PCB电路出现问题，只有通过飞线来掩饰。

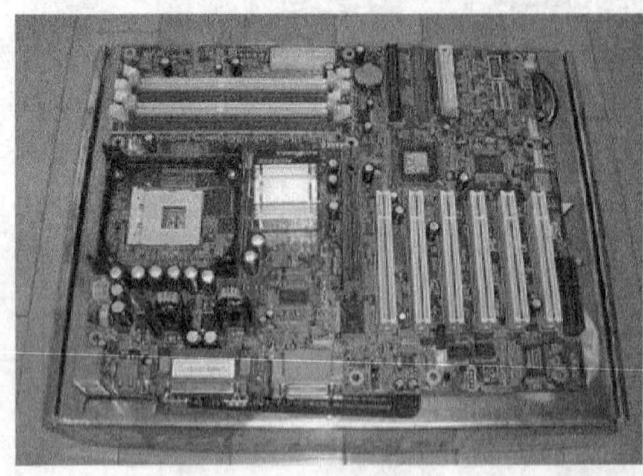

图9-1 劣质主板

图9-2 电路缺陷设置

- **假货**：假货就是不法商家为了牟取暴利，用质量很差的元件仿制品牌产品。如图9-3所示为真假U盘的内部对比，假货不但使用了质量很差的元件，而且偷工减料，如果用户购买到这种产品，轻则很容易引起计算机故障，重则直接损坏硬件。

知识补充

假货有一个很显著的特点就是价格比正常产品便宜很多，选购时一定不要贪图便宜，应该多进行对比。选购时应该注意产品的标码、防伪标记、制造工艺等。图9-4所示为具有防伪查询的内存。

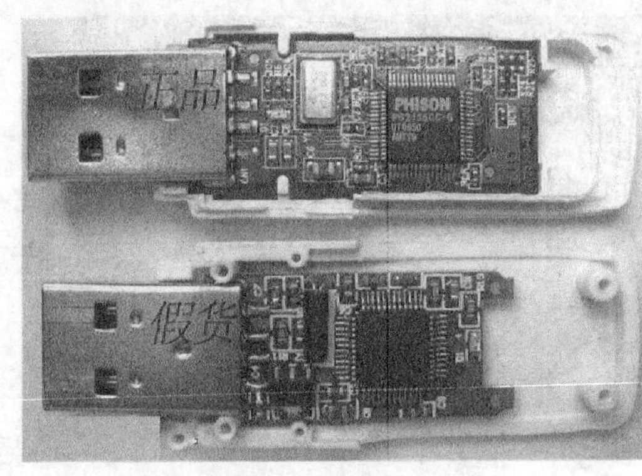

图9-3 真假U盘对比

图9-4 正品内存防伪

2. 环境因素

计算机中各部件的集成度很高，因此对环境的要求也较高，当所处的环境不符合硬件正常运行的标准时就容易引发故障。其主要因素有以下5个。

- **温度**：如果计算机的工作环境温度过高，就会影响其散热，甚至引起短路等故障的发生。特别是夏天温度太高时，一定要注意散热。另外，还要避免日光直射到计算机和显示屏上。图9-5所示为温度过高导致耦合电容烧毁，主板彻底报废。
- **电源**：交流电的正常范围为220V±10%，频率范围为50Hz±5%，并且应具有良好的接地系统。电压过低，不能供给足够的功率，数据可能被破坏；电压过高，设备的元器件又容易损坏。如果经常停电，应用UPS保护计算机，使计算机在电源中断的情况下能从容关机。图9-6所示为电压过高导致的芯片烧毁。

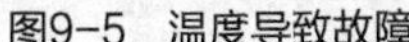
图9-5 温度导致故障

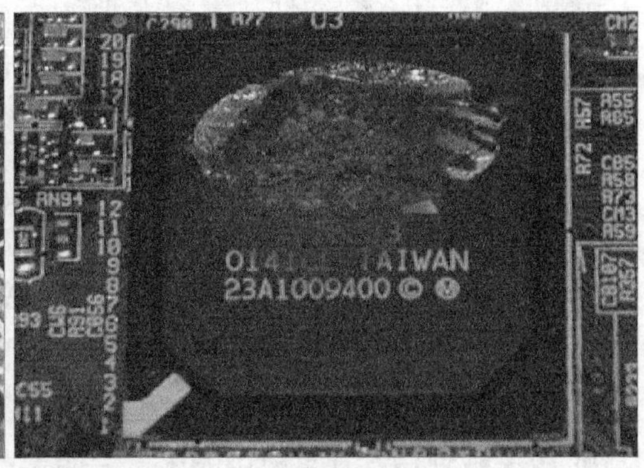

图9-6 电压导致故障

- **灰尘**：灰尘附着在计算机元件上，可使其隔热，妨碍了元件在正常工作时产生的热量的散发，加速其磨损。电路板上芯片的故障，很多都是由灰尘引起的。
- **电磁波**：计算机对电磁波的干扰较为敏感，较强的电磁波干扰可能会造成硬盘数据丢失或显示屏抖动等故障。图9-7所示为电磁波干扰下颜色失真的显示器。
- **湿度**：计算机正常工作对环境湿度有一定的规定，湿度太高会影响计算机硬件的性能发挥，甚至引起一些硬件的短路；湿度太低又易产生静电，易损坏硬件。图9-8所示为湿度过低产生静电导致电容爆浆。

图9-7　电磁波导致故障　　图9-8　湿度导致故障

3. 兼容性问题

兼容性就是硬件与硬件、软件与软件、硬件与软件之间能够相互支持并充分发挥性能的特性。计算机中的各种软件和硬件都不是由同一厂家生产的，这些厂家虽然都按照统一的标准进行生产，但仍有不少产品存在兼容性问题。如果兼容性不好，虽然也能正常工作，但是其性能却没有很好地发挥出来，还可能出现故障。主要有以下两种表现。

- **硬件兼容性**：硬件之间出现兼容性问题导致严重故障，通常这种故障在计算机组装完成后，第一次启动时就会出现如系统蓝屏，解决的方法就是更换硬件。
- **软件兼容性**：软件的兼容性问题主要是由于操作系统因为自身的某些设置，拒绝运行某些软件中的某些程序而引起的。解决的方法是下载并安装软件补丁程序即可。

4. 病毒破坏

病毒是引起大多数软件故障的主要原因，它们利用软件或硬件的缺陷控制或破坏计算机，可使系统运行缓慢、不断重启，使用户无法正常操作计算机，甚至造成硬件的损坏。

5. 使用和维护不当

有些硬件故障是由用户操作不当或维护失败造成的，主要有以下6个方面。

- **安装不当**：安装显卡或声卡等硬件时，需要将其用螺丝固定到适当位置，如果安装不当，可能导致板卡变形，最后因为接触不良导致故障。
- **安装错误**：计算机硬件在主板中都有自己固定的接口或插槽，安装错误可能因为该接口或插槽的额定电压不同而造成短路等故障。
- **板卡被划伤**：计算机中的板卡一般都是分层印制的电路板，如果将其划伤，可能将其中的电路或线路切断，导致断路故障，甚至烧毁板卡。
- **带电拔插**：除了SATA和USB接口的设备外，计算机的其他硬件都是不能在未断电时拔插的，否则很容易造成短路，将硬件烧毁。即使按照安全用电的标准，也不应该带电拔插硬件，因为这样可能对人身造成伤害。图9-9所示为带电拔插导致I/O芯片损坏。
- **带静电触摸硬件**：静电有可能造成计算机中各种芯片的损坏，在维护硬件前应当将本身的静电放掉。另外，在安装计算机时应该将机壳用导线接地，也可起到很好的防静电效果。图9-10所示为静电导致主板插槽烧毁。

图9-9　带电拔插导致I/O芯片损坏

图9-10　静电导致故障

（二）确认计算机故障

在发现计算机发生故障后，首先要做的事是确认计算机的故障类型，是否是真的计算机故障，然后再进行处理。

1. 通过报警声确认故障

在系统启动时，主板上的BIOS芯片会发出报警声，提示用户系统是否正常启动。表9-1和表9-2所示为最常见的两种BIOS报警声。

表 9-1　Phoniex-Award BIOS

报警声	功能	报警声	功能
1 短	系统正常启动	3 短 1 短 2 短	第二个 DMA 控制器或寄存器出错
3 短	POST 自检失败	3 短 1 短 3 短	主中断处理寄存器错误
1 短 1 短 2 短	主板出错	3 短 1 短 4 短	副中断处理寄存器错误
1 短 1 短 3 短	主板没电或 CMOS 错误	3 短 2 短 4 短	键盘时钟错误
1 短 1 短 4 短	BIOS 检测错误	3 短 3 短 4 短	显示内存错误
1 短 2 短 1 短	系统时钟出错	3 短 4 短 2 短	显示测试错误
1 短 2 短 2 短	DMA 通道初始化失败	3 短 4 短 3 短	未发现显卡 BIOS
1 短 2 短 3 短	DMA 通道寄存器出错	4 短 2 短 1 短	系统实时时钟错误
1 短 3 短 1 短	内存通道刷新错误	4 短 2 短 2 短	BIOS 设置不当
1 短 3 短 2 短	内存损坏或 RAS 设置有误	4 短 2 短 3 短	键盘控制器开关错误
1 短 3 短 3 短	内存损坏	4 短 2 短 4 短	保护模式中断错误
1 短 4 短 1 短	基本内存地址错误	4 短 3 短 1 短	内存错误
1 短 4 短 2 短	内存 ECC 校验错误	4 短 3 短 3 短	系统第二时钟错误
1 短 4 短 3 短	EISA 总线时序器错误	4 短 3 短 4 短	实时时钟错误

表9-2　AMI BIOS

报警声	功能	报警声	功能
1短	内存刷新失败	7短	系统实模式错误
2短	内存ECC校验错误	8短	显示内存错误
3短	640KB常规内存检查失败	9短	BIOS检测错误
4短	系统时钟出错	1长3短	内存错误
5短	CPU错误	1长8短	显示测试错误

2. 通过观察确认故障

这种确认故障的方法又称为直接观察法，是指通过用眼睛看、耳朵听、鼻子闻、手指摸等手段来判断产生故障的位置和原因。

- **看**：看就是观察，目的是为了找出故障产生的原因，其主要表现在如下5个方面：一是观察是否有杂物掉进电路板的元件之间，元件上是否有氧化或腐蚀的地方；二是观察各元件的电阻或电容引脚是否相碰、断裂、歪斜；三是观察板卡的电路板上是否有虚焊、元件短路、脱焊、断裂等现象；四是观察各板卡插头与插座的连接是否正常，是否歪斜；五是观察主板或其他板卡的表面是否有烧焦痕迹，印制电路板上的铜箔是否断裂，芯片表面是否开裂，电容是否爆开等。
- **摸**：用手触摸元件表面的温度来判断元件是否正常工作，板卡是否安装到位，以及是否出现接触不良等现象。一是在设备运行时触摸或靠近有关电子部件，如CPU、主板等的外壳（显示器、电源除外），根据温度粗略判断设备运行是否正常；二是摸板卡，看是否有松动或接触不良的情况，若有应将其固定；三是触摸芯片表面，若温度很高甚至烫手，说明该芯片可能已经损坏了。
- **听**：用耳朵听是指当计算机出现故障时，很可能会出现异常的声音。通过听电源和CPU的风扇、硬盘、显示器等设备工作时产生的声音也可以判断是否产生故障及产生的原因。另外，如果电路发生短路，也会发出异常的声音。
- **闻**：有时计算机出现故障，并且有烧焦的气味，这种情况说明某个电子元件已被烧毁，应尽快根据发出气味的地方确定故障区域并排除故障。

3. 通过软件确认故障

这种确认故障的方法又称为软件分析法，是指通过诊断测试卡、诊断测试软件、其他的一些诊断方法来确认计算机故障，使用这种方法判断计算机故障具有快速而准确的优点。

- **诊断测试卡**：诊断测试卡也叫POST卡（Power On Self Test，加电自检），其工作原理是利用主板中BIOS内部程序的检测结果，通过主板诊断卡代码一一显示出来，结合诊断卡的代码含义速查表就能很快地知道计算机故障所在。尤其在计算机不能引导操作系统、黑屏、喇叭不响时，使用这种卡更能体现其便利性，如图9-11所示。
- **诊断测试软件**：诊断测试软件很多，常用的有Windows优化大师、超级兔子、专业图形测试软件3DMark等。图9-12所示的PC Mark是由美国最大的计算机杂志PC Magazine的PC Labs公司出版的一款具有很好口碑的系统综合性测试软件。

图9-11 诊断测试卡

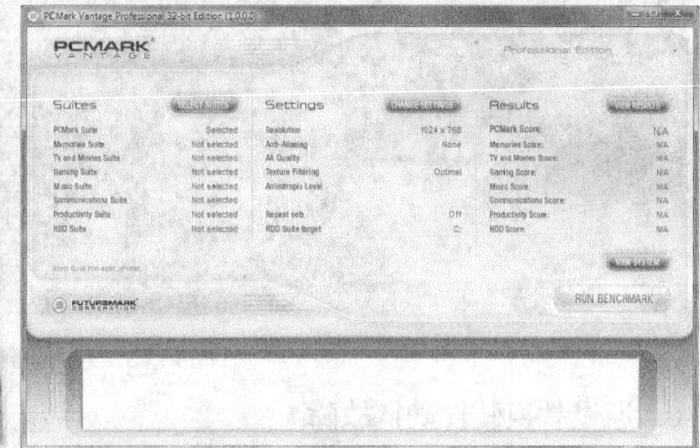

图9-12 PC Mark

4. 通过清理灰尘确认故障

这种方法又称为清洁法，因为灰尘会影响主机部件的散热和正常运行，通过对机箱内部的灰尘进行清理也可确认并清除一些故障。

- **清洁灰尘**：灰尘可能引起计算机故障，所以保持计算机的清洁，特别是机箱内部各硬件的清洁是很重要的。清洁时可用软毛刷刷掉主板上的灰尘，也可使用吹气球清除机箱内各部件上的灰尘，或使用清洁剂清洁主板和芯片等精密部件上的灰尘。
- **去除氧化**：用专业的清洁剂先擦去表面氧化层，如果没有清洁剂，用橡皮擦也可以。重新插接好后开机检查故障是否排除，如果故障依旧则证明是硬件本身出现了问题。这种方法对元件老化、接触不良、短路等故障相当有效。

5. 通过拔插硬件确认故障

拔插是一种比较常用的判断故障的方法，其主要是通过拔插板卡后观察计算机的运行状态来判断故障产生的位置和原因。如果拔出其他板卡，使用CPU、内存和显卡的最小化系统仍然不能正常工作，那么故障很有可能是由主板、CPU、内存、显卡引起的。通过拔插还能解决一些由板卡与插槽接触不良所造成的故障。

6. 通过对比确认故障

对比是指同时运行两台配置相同或类似的计算机，比较正常计算机与故障计算机在执行相同操作时的不同表现或各自的设置来判断故障产生的原因。这种方法在企业或单位计算机出现故障时比较常用，因为企业或单位的计算机很多，且可能由于是批次购买，所以配置相同，使用这种方法检测故障比较方便和快捷。

7. 通过万用表测量确认故障

在故障排除中，对电压和电阻进行测量也可以判断相应的部件是否存在故障。对电压和电阻的测量就需要使用万用表，如果测量出某个元件的电压或电阻不正常，说明该元件可能存在故障。图9-13所示为使用万用表测量计算机主板中的电子元件。

图9-13 万用表测量

8. 通过替换硬件确认故障

替换是一种通过使用相同或相近型号的板卡、电源、硬盘、显示器以及外部设备等部件替换原来的部件以分析和排除故障的方法。替换部件后如果故障消失，就表示被替换的部件存在问题。替换的方法主要有以下两种情况。

- **方法一**：将计算机硬件替换到另一台运行正常的计算机上试用，正常则说明这台计算机硬件没有问题，如果不正常，则说明这计算机硬件可能有问题。
- **方法二**：用另一个确认是正常的同型号的计算机部件替换计算机中可能出现故障的部件，如果使用正常，说明该部件有故障；如果故障依旧，问题不在该部件上。

9. 通过最小化计算机确认故障

最小化计算机是指在计算机启动时只安装最基本的部件，包括CPU、主板、显卡、内存，连接上显示器和键盘，如果计算机能够正常启动表明核心部件没有问题，然后逐步安装其他设备，这样可快速找出故障产生的部件。使用这种方法如果不能启动，可根据发出的报警声来分析和排除故障。

（三）死机故障

死机是指由于无法启动操作系统，画面“定格”无反应，鼠标或键盘无法输入，软件运行非正常中断等情况。造成死机的原因一般是硬件与软件两个方面。

1. 死机的硬件因素

由硬件引起的死机主要有以下一些原因。

- **内存故障**：主要是内存条松动、虚焊、内存芯片本身质量所致。
- **内存容量不够**：过小的内存容量使计算机不能正常处理数据，导致死机。
- **散热不良**：显示器、电源、CPU在工作中发热量非常大，工作时间太长会导致散热不畅而造成计算机死机，另外，CPU的散热不畅也容易导致计算机死机。
- **硬盘故障**：硬盘老化或由于使用不当造成坏道或坏扇区，计算机运行时就容易死机。
- **灰尘过多**：机箱内灰尘过多也会引起死机故障，如软驱磁头或光驱激光头沾染过多灰尘后，会导致读写错误，严重的会引起计算机死机。
- **劣质硬件**：少数不法商家在组装计算机时，使用质量低劣的硬件，甚至出售假冒和返修过的硬件，这样的计算机在运行时很不稳定，发生死机在所难免。

- **CPU超频**：超频提高了CPU的工作频率，同时，也可能使其性能变得不稳定，这样就会出现"异常错误"，最后导致死机。

2. 死机的软件因素

由软件引起的死机主要有以下一些原因。

- **病毒感染**：病毒可以使计算机工作效率急剧下降，造成频繁死机的现象。
- **使用盗版软件**：很多盗版软件可能隐藏着病毒，使操作系统在运行中死机。
- **软件升级不当**：升级软件后，其他程序可能不支持升级后的组件从而导致死机。
- **非法操作**：用非法格式或参数非法打开或释放有关程序，也会导致计算机死机。
- **启动的程序过多**：这种情况会使系统资源消耗殆尽，也会导致计算机死机。
- **非正常关闭计算机**：直接使用机箱中的电源按钮关机，会造成系统文件损坏或丢失，引起自动启动或者运行中死机。
- **误删系统文件**：如果系统文件遭破坏或被误删除，也会导致死机或无法启动。
- **非法卸载软件**：删除软件时不要把软件安装所在的目录直接删掉，因为这样就不能删除注册表和Windows目录中的相关文件，系统也会不稳定而引起死机。
- **BIOS设置不当**：如硬盘参数设置、模式设置、内存参数设置不当，导致计算机无法启动。如将无ECC功能的内存设置为有ECC功能，这样就会因内存错误造成死机。
- **内存冲突**：有时计算机会突然死机，重新启动后运行这些应用程序又十分正常，这是一种假死机现象，原因多是内存资源冲突。

3. 预防死机

对于系统死机的故障，可以通过以下一些方法进行处理。

- 在同一个硬盘中不要安装太多的操作系统。
- 在更换计算机硬件时一定要插好，防止接触不良引起的系统死机。
- 在运行大型应用软件时，不要在运行状态下退出之前运行的程序。
- 在应用软件未正常退出时，不要关闭电源，否则会造成系统文件损坏或丢失。
- CPU和显卡等硬件不要超频过高，要注意散热和温度。
- 最好配备稳压电源，以免电压不稳引起死机。
- 对来历不明的软件或程序，要用杀毒软件检查后再使用，以免感染病毒导致死机。

（四）蓝屏故障

计算机蓝屏又叫蓝屏死机（Blue Screen Of Death，BSOD），指的是Windows操作系统无法从一个系统错误中恢复过来时所显示的屏幕图像，是死机故障中特殊的一种。

1. 处理蓝屏

蓝屏故障产生的原因往往集中在不兼容的硬件和驱动程序、有问题的软件、病毒等，这里提供了一些常规的解决方案，在遇到蓝屏故障时，应先对照这些方案进行排除。下列内容对安装Windows Vista、Windows 7、Windows 8的用户也有帮助。

- **重新启动计算机**：蓝屏故障有时只是某程序偶然出错，重启计算机后会自动恢复。
- **检查病毒**：如“冲击波”和“振荡波”等病毒有时会导致Windows蓝屏死机，因此查杀病毒必不可少。另外，一些木马也会引发蓝屏，也最好用相关工具软件扫描。
- **新硬件**：检查新硬件是否插牢，如果确认没有问题，将其拔下，然后更换插槽，并安装最新的驱动程序，同时还应检查硬件是否与操作系统兼容。
- **运行“sfc /scannow”**：运行“sfc /scannow”检查系统文件是否被替换，然后用系统安装盘来恢复。
- **安装最新的系统补丁和Service Pack**：有些蓝屏是Windows本身存在缺陷造成的，应此可通过安装最新的系统补丁和Service Pack来解决。
- **查询停机码**：把蓝屏中的内容记录下来，到网上进入Microsoft帮助与支持网站输入停机码，找到有用的解决案例。

2. 预防蓝屏

对于系统蓝屏的故障，可以通过以下一些方法进行预防。

- 定期升级操作系统、软件、驱动程序。
- 定期对重要的注册表文件进行备份。
- 定期用杀毒软件进行全盘扫描，清除病毒。
- 尽量避免非正常关机，减少重要文件的丢失，如.dll文件等。
- 如果不是内存特别大和其管理程序非常优秀，应尽量避免大程序的同时运行。
- 定期检查优化系统文件，运行“系统文件检查器”进行文件丢失检查及版本校对。
- 减少无用软件的安装，尽量不用手工卸载或删除程序。

（五）自动重启故障

计算机的自动重启是指在没有进行任何启动计算机的操作下，计算机自动重新启动，这种情况通常也是一种故障，其诊断和处理方法如下。

1. 自动重启的软件因素

软件原因引起的自动重启比较少见，通常有以下两种。

- **病毒控制**：“冲击波”病毒发作时还会提示系统将在60秒后自动启动，并设置计算机重新启动。
- **系统文件损坏**：操作系统的系统文件被破坏，系统再启动会无法完成初始化而强迫重新启动。排除方法为覆盖安装或重装操作系统。

2. 自动重启的硬件因素

硬件原因是引起自动重启的主要因素，通常有以下几种。

- **电源因素**：使用劣质电源，由于输出功率不足、直流输出不纯、动态反应迟钝、超额输出等原因，导致计算机经常性的死机或重启。
- **内存因素**：一种是热稳定性不强，温度升高就重启；另一种是芯片轻微损坏。
- **CPU因素**：一种是由于机箱或CPU散热不良；另一种是CPU内部的一二级缓存损坏。

- **外接卡因素**：一种是做工不标准或品质不良；另一种是接触不良。
- **外设因素**：一种是外部设备本身有故障或与计算机不兼容；另一种是热插拔外部设备时，抖动过大，引起信号或电源瞬间短路。
- **RESET开关因素**：通常有3种情况，一是内RESET键损坏，开关始终处于闭合位置，系统就无法加电自检；二是当RESET开关弹性减弱，按钮按下去不易弹起时；三是机箱内的RESET开关引线短路。

3. 自动重启的其他因素

还有一些非计算机自身原因也会引起自动重启，通常有以下两种情况。

- **市电电压不稳**：一种是内部计算机的开关电源工作电压范围为170V~240V，当市电电压低于170V时，就会自动重启或关机；另一种是计算机、空调、冰箱等大功耗电器共用一个插线板，在这些电器启动时，供给计算机的电压就会受到很大的影响，往往就表现为系统重启。
- **强磁干扰**：这些干扰既有来自机箱内部CPU风扇、机箱风扇、显卡风扇、显卡、主板和硬盘的干扰，也有来自外部的动力线、变频空调甚至汽车等大型设备的干扰。

三、任务实施——使用最小化计算机检测故障

使用最小系统法检测计算机是否存在故障，主要包括保留主板、显卡、内存、CPU进行故障检测和保留主板检测两大步操作，最后逐一检测硬件。其具体操作如下。

STEP 1 将硬盘或光驱等部件取下来，然后加电启动，如果计算机不能正常运行，说明故障出在系统板本身，于是将目标集中在主板、显卡、CPU、内存上，如图9-14所示。如果计算机能启动，则将目标集中在硬盘和操作系统上。

STEP 2 将计算机拆卸为主板、喇叭、开关电源组成的系统，如果打开电源后系统有报警声，说明主板、喇叭、开关电源基本正常。

STEP 3 然后逐步加入其他部件扩大最小系统，在扩大最小系统的过程中，若发现加入某部件后的计算机运行由正常变为不正常，说明刚刚加入的计算机部件有故障，找到了故障根源后，更换该部件即可，图9-15所示为全部拆卸后的主板。

图9-14 最小系统排除计算机故障

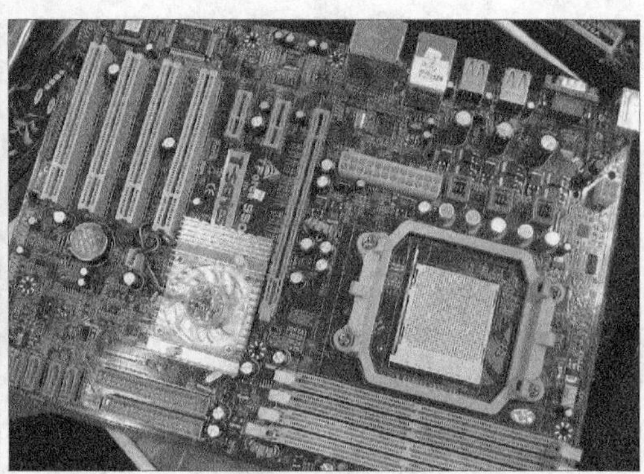

图9-15 拆卸后的主板

任务二　排除计算机故障

计算机一旦出现故障，将会影响正常的工作或学习，如果能够很快地排除故障，就能恢复正常工作，所以学习一些排除计算机故障的知识是非常重要的。

一、任务目标

本任务将通过学习排除计算机故障的原则、步骤、注意事项，并通过具体实例讲解各种常见的计算机故障的排除方法。通过本任务的学习，可以掌握排除计算机故障的基本操作。

二、相关知识

（一）排除故障的原则

排除计算机故障时，应遵循正确的处理原则，切忌盲目动手，以免造成故障的扩大化。故障处理的基本原则大致有如下几条。

- **仔细分析**：在动手处理故障之前，应先根据故障的现象分析该故障的类型，以及应选用哪种方法进行处理。切忌盲目动手，造成故障的扩大。
- **先软后硬**：计算机故障包括硬件故障和软件故障两种，而排除软件故障比硬件故障更容易，首先分析操作系统和软件是否有故障，然后再开始检查硬件的故障。
- **先外后内**：应首先检查外部设备是否正常；然后查看电源的插放或信号线的连接是否正确，再排除其他故障；最后再拆卸机箱，检查内部的主机部件是否正常。
- **多观察**：即充分了解计算机所用的操作系统和应用软件的相关知识，以及产生故障部件的工作环境、工作要求、近期所发生的变化等情况。
- **先假后真**：排除故障时应先确定该硬件是否确实存在故障，检查各硬件之间的连线是否可靠，安装是否正确，在排除假故障后才将其作为真故障处理。

（二）排除故障的步骤

在计算机出现故障时，要了解排除的步骤，按步骤来操作会提高排除故障的效率。图9-16所示为一台计算机从开机到使用的过程中判断故障所在部位的基本方法。

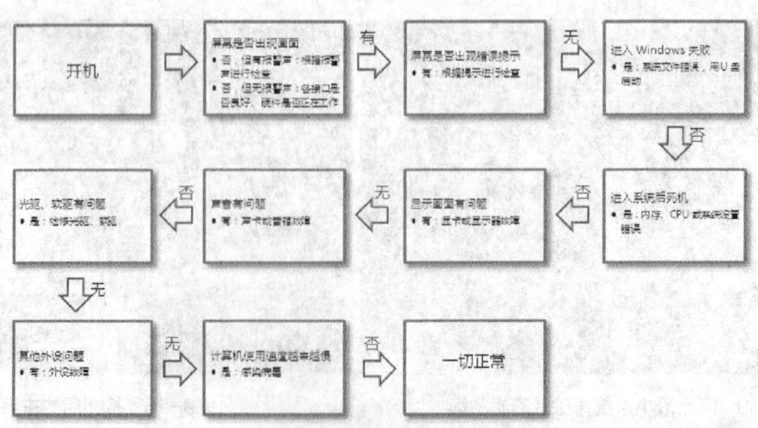

图9-16　排除故障的一般步骤

三、任务实施

（一）排除操作系统故障

1. 运行时出现关闭报告错误

在Windows XP的使用过程中总是出现关闭报告错误，这说明操作系统有问题，建议先检查操作系统中的报告信息，排除故障的方法是屏蔽这个报告错误，其具体操作如下。

STEP 1 选择【开始】/【运行】菜单命令，打开“运行”对话框，在“打开”下拉列表框中输入“msconfig”命令，单击 确定 按钮，如图9-17所示。

STEP 2 打开“系统配置实用程序”对话框，单击“服务”选项卡，在其中单击取消选中“Error Reporting Service”复选框，单击 确定 按钮，以后就再也不会出现程序因错误或兼容性不好被强行关闭后打开的报告错误对话框，如图9-18所示。

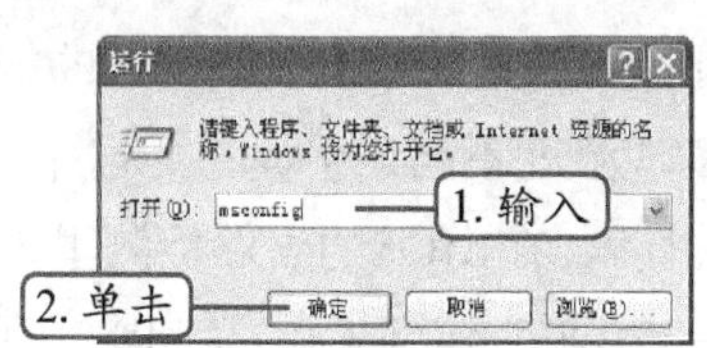

图9-17 打开“运行”对话框

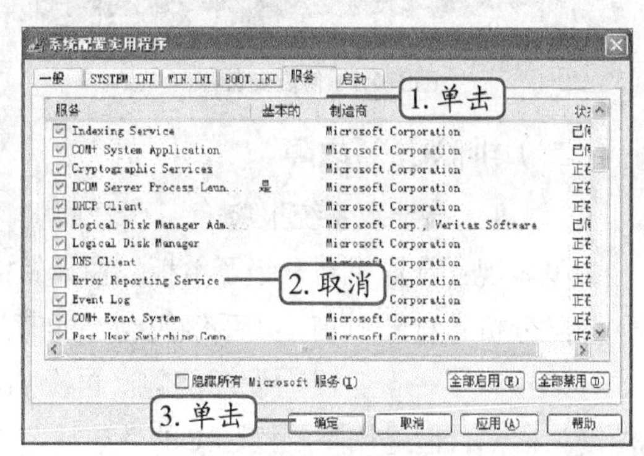

图9-18 设置命令

2. 系统文件丢失

系统文件丢失的原因很多，会导致不能进入操作系统，只能采用重新安装操作系统，或使用安装光盘修复的方法排除故障，其具体操作如下。

STEP 1 在BIOS中将计算机设置为光盘启动，使用Windows XP安装盘启动到系统安装界面，直接按【Enter】键，如图9-19所示。

STEP 2 此时系统要求用户选择安装方式，按【R】键，如图9-20所示。

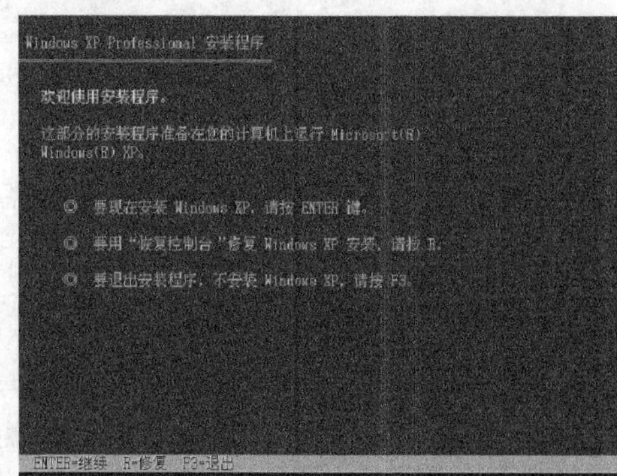

图9-19 运行安装光盘

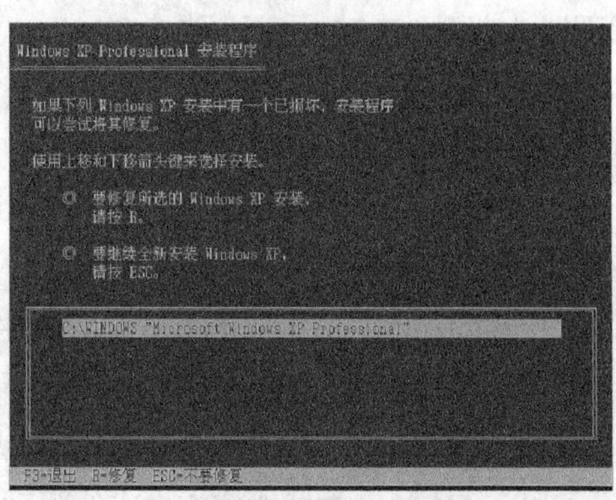

图9-20 选择安装方式

STEP 3 系统修复安装操作系统，并显示进度，如图9-21所示。

STEP 4 系统提示已经执行修复操作，按【F3】键重新启动计算机，完成系统修复安装，如图9-22所示。

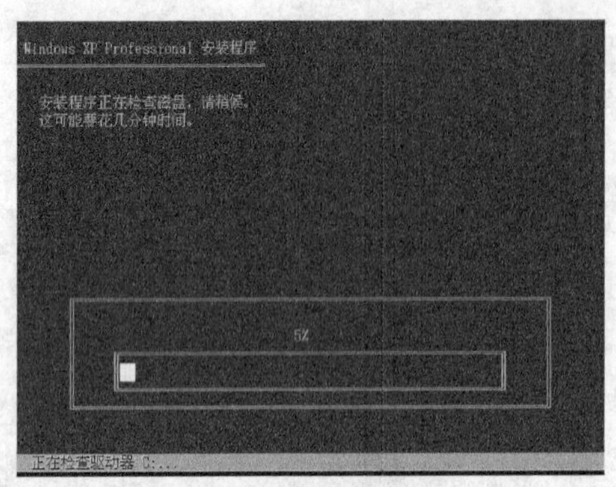

图9-21　修复安装

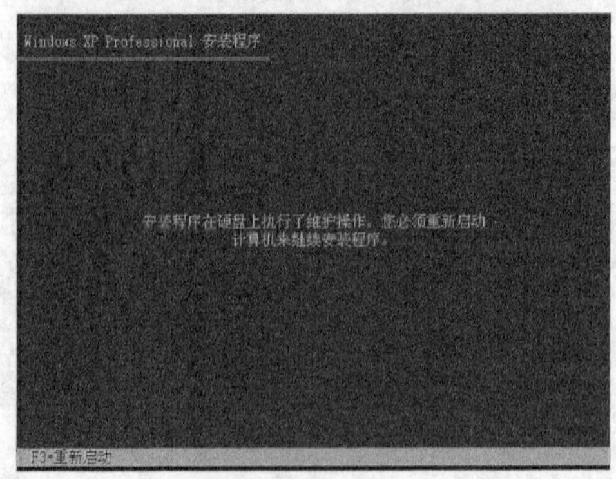

图9-22　完成修复

（二）排除CPU故障

1. 温度太高导致系统报警

故障表现：计算机新升级了主板，在开始格式化硬盘时，系统喇叭发出刺耳的报警声。

故障分析：打开机箱，用手触摸CPU的散热片，发现温度不高，主板的主芯片也只是微温。仔细检查了一遍，没有发现问题。再次启动计算机后，在BIOS的硬件检测里查看CPU的温度为95℃，但是用手触摸CPU的散热片，却没有一点温度，说明CPU有问题。通常主板测量的是CPU的内核温度，而有些没有使用原装风扇的CPU的散热片和内核接触不好，造成内核的温度很高，而散热片却是正常的温度。

故障排除：拆下CPU的散热片，发现散热片和芯片之间贴着一片像塑料的东西，清除沾在芯片上的塑料，然后涂一层薄薄的硅胶，再安装好散热片，重新插到主板上检查CPU温度，一切正常。

2. CPU使用率高达100%

故障表现：在使用Windows XP操作系统的时候，经过一段时间系统就变慢了，查看“任务管理器”发现CPU占用率达到100%。

故障分析与排除：经常出现CPU占用率达100%的情况，主要问题可能发生在下面6种原因中的某些方面。

- **防杀毒软件造成故障**：由于很多杀毒软件都加入了对网页、插件、邮件的随机监控功能，无疑增大了操作系统的负担，造成CPU占用率达到100%的情况。只能尽量使用最少的实时监控服务，或升级硬件配置，如增加内存或使用更好的CPU来排除。
- **驱动没有经过认证造成故障**：现在网络中有大量测试版的驱动程序，安装后会造成难以发现的故障原因，尤其是显卡驱动特别要注意。要排除这种故障，建议使用Microsoft认证的或由官方发布的驱动，并且严格核对型号和版本。
- **病毒或木马破坏造成故障**：如果大量的蠕虫病毒在系统内部迅速复制，很容易就造成CPU占用率居高不下的情况。解决办法是用可靠的杀毒软件彻底清理系统内存和本地硬盘，并且打开系统设置软件，查看有无异常启动的程序。

- **“svchost”进程造成故障：**“svchost．exe”是Windows操作系统的一个核心进程，一般在Windows XP中svchost.exe进程的数目为4个及4个以上，Windows 7中则更多，最多可达17个。如果该进程过多，很容易造成CPU占用率的提高。

（三）排除主板故障

1. 主板变形导致无法工作

故障表现：一块主板进行维护清洗后，发现主板电源指示灯不亮，计算机无法启动。

故障分析与排除：由于进行了清洗，所以怀疑是水没有处理干净，导致电源损坏，更换电源后，故障仍然存在。于是怀疑电源对主板供电不足，导致主板不能正常通电工作，换一个新的电源后，故障仍然没有排除。最后怀疑安装主板时螺丝拧得过紧引起主板变形，将主板拆下，仔细观察后发现主板已经发生了轻微变形。主板两端向上翘起，而中间相对下陷，这很可能就是引起故障的原因。将变形的主板矫正后，再将其装入机箱，通电后故障排除。

2. 电容故障导致无法开机

故障表现：有一块主板，使用两年多后突然点不亮了，表现为打开电源开关后，电源风扇和CPU风扇都在转，但是光驱和硬盘没有反应，等上几分钟后计算机才能加电启动，启动后一切正常。重新启动也没有问题，但是一关闭电源，再开就要像前面一样等上几分钟。

故障分析：开始以为是电源问题，替换后故障依旧，更换主板后一切正常，说明是主板有问题。从故障现象分析，主板在加电后可以正常工作，说明主板芯片是好的，问题可能出在主板的电源部分上。但是电源风扇和CPU风扇运转正常，说明总的供电正常。加电运行几分钟后断电，经闻无异味，手摸电源部分的电子元件，发现CPU旁的几个电容和电感的温度极高。因为电解电容长期在高温下工作会造成电解质变质，从而使容量发生变化，所以判断是这两个电容有问题。

故障排除：排除故障的方法是仔细地将损坏的电容焊下，将新买回来的电容重新焊上去，焊好了电容后，不要安装CPU，应该先加电测试，试了几分钟，温度正常。于是装上CPU，加电，屏幕立刻就亮了。多试几次，并注意电容的温度，这样连续开机几个小时都没有出现问题，到此故障排除。

（四）排除内存故障

1. 金手指氧化导致文件丢失

故障表现：一台计算机安装的是Windows XP操作系统，一次在启动计算机的过程中提示“pci.sys”文件损坏或丢失。

故障分析与排除：首先怀疑是操作系统损坏，准备利用Windows XP的系统故障恢复控制台来修复，可是用Windows XP的安装光盘启动进入系统故障恢复控制台后系统死机。又想到以前用Ghost给系统做过镜像，所以用Windows XP系统启动盘进入到DOS，运行Ghost将以前保存在D盘上的镜像恢复。重启后系统还是提示文件丢失。最后只能通过格式化硬盘重新安装操作系统，但是在安装过程中，频繁地出现文件不能正常复制的提示，安装不能继续。最后进入BIOS，将其设置为默认值后重启准备再次安装，但是在进行内存测试时发出报警声，内存测试没有通过。将内存取下后发现内存条上的金手指已有氧化痕迹，用橡皮擦将其擦除干净，重新插入主板的内存插槽中，启动计算机自检通过，再恢复原来的Ghost镜像文件，重新启动，顺利地进入了Windows XP操作系统。

2. 散热不良导致死机

故障表现：为了更好地散热，将CPU风扇更换为超大号的，结果经常是使用一段时间后就死机，格式化并重新安装操作系统后故障仍然存在。

故障分析：由于重新安装过操作系统，确定不是软件方面的原因，打开机箱后发现，由于CPU风扇离内存太近，其吹出的热风直接吹向内存条，造成内存工作环境温度太高，导致内存工作不稳定，以致死机。

故障排除：将内存重新插在离CPU风扇较远的插槽上，重启后死机现象消失。

（五）排除硬盘故障

1. Command.com文件损坏造成计算机无法启动

故障表现：计算机自检后引导操作系统时失败，系统提示“Bad or missing command interpreter”信息。

故障分析：此故障应该是DOS系统的“Command.com”文件丢失或出错引起的。如果该文件损坏，则不能解释相应的命令，会造成系统启动失败。

故障排除：只需用Windows系统启动盘启动计算机后，在DOS环境下运行“sys c:”命令恢复该文件即可解决故障。

2. 进行磁盘碎片整理时出错

故障表现：在对硬盘进行磁盘碎片整理时系统提示出错。

故障分析与排除：磁盘碎片整理实际上是把存储在硬盘中的文件通过移动调整位置等使操作系统在查找文件时更快速，提升系统性能。如果硬盘有坏簇或坏扇区，在进行磁盘碎片整理时就会提示出错，解决方法就是在之前对硬盘进行一次完整的磁盘扫描，以修复硬盘的逻辑错误或标明硬盘的坏道。

（六）排除显示器故障

1. 显示器无电

故障表现：开机后，显示器没反应，没有通电。

故障分析与排除：这是一个非常简单的故障，一般的液晶显示器分机内电源和机外电源两种，机外的常见一些。不论哪种电源，易损的一般是一些小元件，如保险管、输入电感、开关管、稳压二极管等。比较少见的故障是由主板CPU引起的电源不启动，这部分原理其实也比较简单，就是通过键控板到CPU，再通过CPU输出一个控制信号驱动电源变换集成电路工作。检查这些元件，找到故障原因，排除即可。

2. 显示屏出现亮线或暗线

故障分析与排除：这种问题一般是显示屏的故障。亮线故障一般是连接显示屏本体的排线出了问题，暗线一般是显示屏的本体有漏电，这两种问题基本上不用维修，因为一块显示屏的价格太高了。

（七）排除声卡故障

声卡最常见的故障就是安装不成功，如无法正常安装支持即插即用的USB声卡。

故障分析与排除：这种情况主要有以下4种方法排除故障。

- **使用最新的驱动程序**：一般来说，新版本的驱动程序都会修正旧版本的一些Bug，同时解决一些兼容性问题。但在某些情况下，新驱动的兼容性还不如旧的驱动程序好，所以驱动程序的选择要看实际情况。一般来说，使用较老的声卡时最好使用原装的驱动程序，使用新声卡时最好升级成最新的驱动程序。
- **检查声卡跳线**：某些声卡上提供了一组跳线，需要设置跳线后才能打开声卡的即插即用功能，否则Windows操作系统有可能不能识别声卡。
- **修改系统文件**：有时候Windows检测到即插即用设备，却安装了一个错误的或相近的驱动程序，但这样并不能使声卡正常工作。卸载声卡后再重新安装还会重复这个问题，并且不能使用“添加新硬件”的方法来解决。解决此问题的最好方法就是删除Windows的inf目录下有关该声卡的inf文件，也可修改注册表来解决。
- **直接安装声卡**：对于不支持即插即用功能的声卡，可设置不让操作系统自动搜索新硬件，而直接用声卡的驱动程序盘或直接选择声卡类型进行安装。

（八）排除鼠标故障

鼠标的常见故障就是在使用过程中经常会出现光标“僵死”的情况。

故障分析与排除：可能是因为死机，与主板接口接触不良，鼠标开关设置错误，在Windows中选择了错误的驱动程序，鼠标的硬件故障，驱动程序不兼容或与另一串行设备发生中断冲突等引起。在出现鼠标光标“僵死”现象时，一般可按以下步骤检查和处理。

STEP 1 检查计算机是否死机，死机则重新启动，如果没有死机，拔插鼠标与主机的接口插头，然后重新启动。

STEP 2 检查“设备管理器”中鼠标的驱动程序是否与所安装的鼠标类型相符。

STEP 3 检查鼠标底部是否有模式设置开关，如果有，试着改变其位置，重新启动系统。如果问题还没有解决，仍把开关拨回原来的位置。

STEP 4 检查鼠标的接口插头是否有故障，如果没有，可拆开鼠标底盖，检查光电接收电路系统是否有问题，并采取相应的措施。

STEP 5 检查“系统/设备管理器”中是否存在与鼠标设置及中断请求（IRQ）发生冲突的资源，如果存在冲突，则重新设置中断地址。

STEP 6 检查鼠标驱动程序与另一串行设备的驱动程序是否兼容，如不兼容，需断开另一串行设备的连接，并删除驱动程序。

STEP 7 用替换法，将另一只正常的相同型号的鼠标与主机相连，重新启动系统查看鼠标的使用情况。

STEP 8 如果以上方法仍不能解决，则怀疑主板接口电路有问题，只能更换主板或找专业维修人员维修。

（九）排除键盘故障

键盘的常见故障就是系统不能识别键盘，开机自检后系统显示“键盘没有检测到”或“没有安装键盘”的提示。

故障分析与排除：这种故障可能是由接触不良、键盘模式设置错误、键盘的硬件故障、感染病毒、主板故障等引起，可按照以下步骤逐步解决。

STEP 1 用杀毒软件对系统进行杀毒，重新启动后，检查键盘驱动程序是否完好。

STEP 2 用替换法将另一只正常的相同型号的键盘与主机连接，再开机启动查看。

STEP 3 检查键盘是否有模式设置开关，如果有，试着改变其位置，重新启动系统。若没解决问题，则把开关拨回原位。

STEP 4 拔下键盘与主机的接口插头，检查接触是否良好，然后重新启动查看。

STEP 5 拔下键盘的接口插头，换一个接口插上去，并把CMOS中对接口的设置做相应的修改，重新开机启动查看。

STEP 6 如还不能使用键盘，说明是键盘的硬件故障引起的，检查键盘的接口插头和连线有无问题。

STEP 7 再检查键盘内部的按键或无线接收电路系统有无问题。

STEP 8 重新检测或安装键盘及驱动程序后再试。

STEP 9 检查BIOS是否被修改，如被病毒修改应重新设置，然后再次开机启动试一下。

STEP 10 若经过以上检查后故障仍存在，则可能是主板线路有问题，只能找专业人员维修。

实训　检测计算机硬件设备

【实训要求】

本实训的目标是利用360硬件大师和操作系统的设备管理器，检测计算机的各种硬件，查看是否存在问题，通过本实训，进一步加深对计算机硬件的各种了解。

【实训思路】

完成本实训主要包括使用360硬件大师检测计算机中各硬件的情况，然后对比设备管理器中各硬件的情况两大步操作，其操作思路如图9-23所示。

【步骤提示】

STEP 1 下载并安装360硬件大师，启动软件，对计算机硬件进行检测，分别查看各个硬件的相关信息，包括型号、生产日期、生产厂家等。

STEP 2 单击“温度检测”选项卡，对硬件的温度进行检测，并进行温度压力测试。

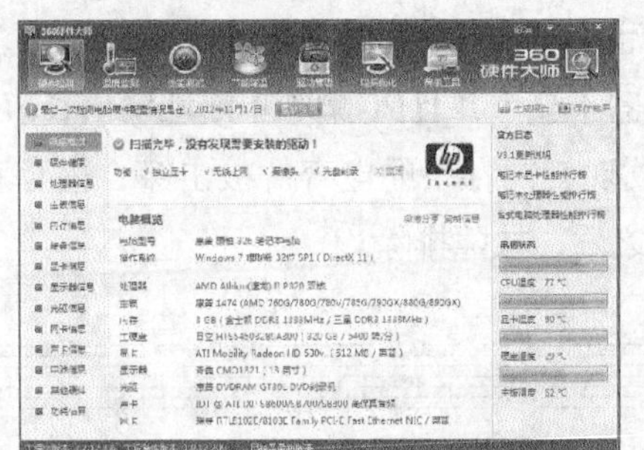
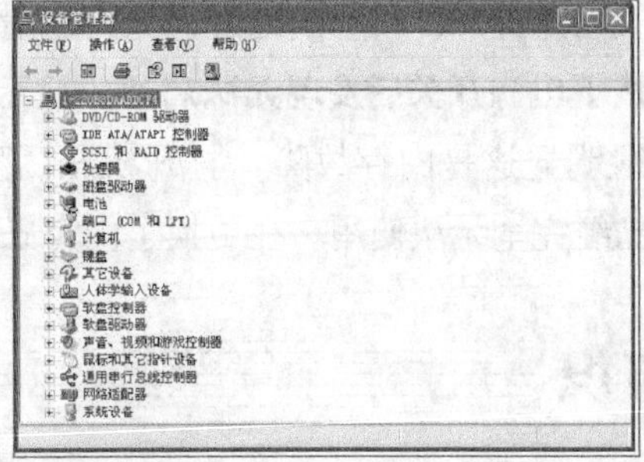

图9-23 测试计算机硬件

STEP 3 单击“性能测试”选项卡，对计算机性能进行测试，并得出分数。

STEP 4 在“我的电脑”图标上单击鼠标右键，在弹出的快捷菜单中选择“属性”命令，在打开的对话框中单击“硬件”选项卡，在“设备管理器”栏中单击 设备管理器(D) 按钮，打开“设备管理器”对话框，单击各硬件对应的选项，对比前面检测的结果。

常见疑难解析

问：在处理硬件故障时应该注意哪些问题呢？

答：在拆装零部件的过程中一定要先将电源拔去，最好不要带电插拔硬件设备，以免损坏计算机。维修时要注意静电对计算机的损坏，尤其是在干燥的冬天，手上通常都带有静电，所以在接触计算机部件前要消除静电，在开始维修前先准备各种常见的硬件工具和软件工具，否则会在维修的过程中因缺少某个必备的工具而无法继续进行。

问：怎样才能成为排除故障的高手？

答：要成为排除故障高手，首先必须掌握一定的硬件知识，随时关心计算机硬件的发展方向和趋势，可以通过各种计算机杂志或上网来获得这方面的知识。在发生故障时应做到知己知彼，熟悉故障计算机的配置，仔细观察故障发生时的现象，做到心中有数。最后还应善于归纳演绎，运用已有的知识和经验将计算机故障分类，并寻找相应的对策和方法。还要善于总结经验，每一个排除故障的高手并不全是从书中“修炼”成的，最主要的还是要多实践，多总结经验及教训，甚至可以做一个排除故障的笔记，进而不断提高维修水平。

问：在排除故障之前，还需要收集哪些计算机的资料？

答：在找到故障的根源后，就需要收集该硬件的相关资料，主要包括计算机的配置信息、主板型号、CPU型号、BIOS版本、显卡的型号、操作系统版本等，这样操作有利于判断是否是由兼容性问题或版本问题引起的故障。另外，还可以到网上收集该类故障排除的相关方法，借鉴别人的经验，以便找到更快更好的故障排除方案。

问：一台计算机的CPU风扇在转动时忽快忽慢，在进行操作时会死机，该怎么办？

答：死机是由于CPU风扇转速降低或不稳定所导致，大部分CPU风扇的滚珠与轴承之间会使用润滑油，随着润滑油的老化，其润滑效果就越来越差，导致滚珠与轴承之间的摩擦力变大，这就导致风扇转动时而正常时而缓慢，排除故障的方法是更换质量较好的风扇，或卸下原来的风扇并拆开，将里面已经老化的润滑油擦除，然后再加入新的润滑油即可。

问：按下电源开关后发现无法启动，显示器不亮，并且PC喇叭不断地发出长声响？

答：很明显这是内存故障，打开机箱后发现，内存条的电容片被击穿，内存颗粒被烧坏，内存已经完全无法使用。在更换了内存条之后，故障排除。

拓展知识

1. 如何日常维护笔记本电脑

日常维护笔记本电脑主要包括以下一些项目。

- **保持清洁度**：保持在尽可能少灰尘的环境下使用。
- **保持合适的温度**：保持笔记本电脑在建议的温度下使用。
- **注意周围的电磁干扰**：强烈的电磁干扰也将会造成对笔记本电脑的损害。
- **防止受到强烈震动**：包括跌落、冲击、拍打，以及放置在较大震动的表面上使用，系统在运行时外界的震动会使硬盘受到伤害甚至损坏。
- **使用正确的携带方法**：携带笔记本电脑时使用专用电脑包，不要与其他部件、衣服或杂物堆放一起，以避免受到挤压或刮伤。

2. 常见故障排除网站

下面推荐计算机发生故障时可以求助的网站，通过它们可以快速找到需要的信息。

- **电脑维修之家（http://www.dnwx.com/）**：电脑维修之家提供全国各地的计算机上门维修服务，以及各种计算机故障的咨询和计算机维修的各种资料下载。
- **91修网（http://www.91xiu.com/）**：91修网主要提供各种电器的上门维修服务，其中最主要的一项就是计算机维修，包括介绍维修基础知识，各种软件和硬件的维修等。
- **红警（中国）维修连锁（http://www.honjing.com/）**：红警（中国）维修连锁是集计算机硬件维修、数据恢复、维修技术培训、工具设备研发、建立全国加盟连锁店、提供IT产品全国联保服务于一体的计算机维修服务连锁机构。

课后练习

（1）按照本项目所讲解的故障排除方法，对一台计算机进行一次全面的故障诊断。

（2）找到一台出现了故障的计算机，根据本项目所学知识，判断其故障的原因。

（3）根据本项目介绍的知识，分别下载测试软件测试计算机硬件。

（4）找到一台出现了故障的计算机，判断并排除故障。

PART 10

项目十 综合实训

实训一 模拟设计不同用途的计算机配置

【实训要求】

通过实训掌握计算机各种硬件选购的相关知识，具体要求如下。

- 了解计算机的各种硬件的性能参数。
- 熟练掌握选购各种硬件的方法。
- 熟练掌握各种硬件搭配，并为某种特定用户组装计算机的方案。

【实训步骤】

STEP 1 选择硬件。通过中关村模拟在线装机中心（http://zj.zol.com.cn/）选择硬件。

STEP 2 生成报价单。拟定4套不同的装机配置方案（4套方案分别为普通办公型、游戏影音型、网吧常用型、学生经济型），并生成新的报价单。

STEP 3 参考网上方案。在中关村在线中参考各种模拟装机方案。

【实训参考效果】

本次实训中选择硬件是最主要的步骤，其参考效果如图10-1所示。

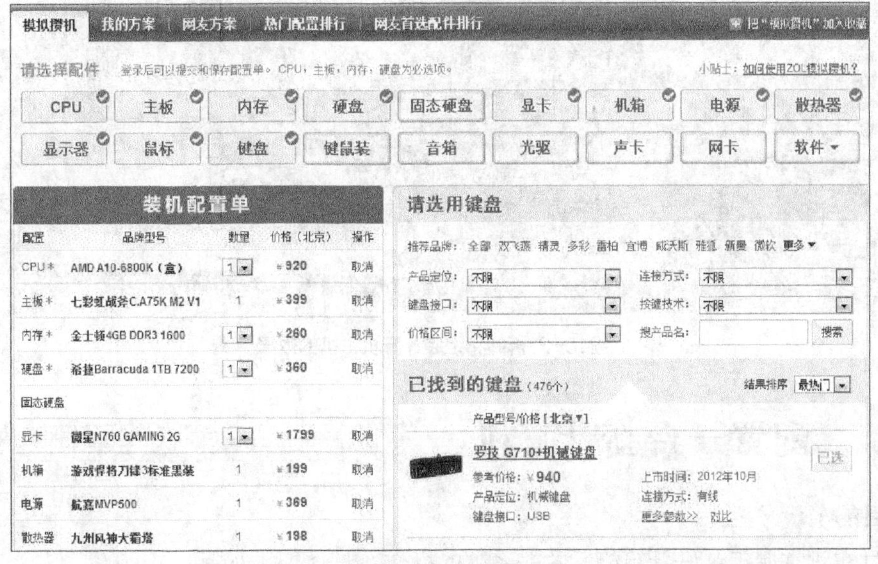

图10-1 选择硬件

实训二 拆卸并组装一台计算机

【实训要求】

通过实训掌握具体组装一台计算机的操作，具体要求如下。

- 熟练掌握拆卸和组装外部设备连接的顺序和操作。
- 熟练掌握拆卸和组装计算机主机中各设备的顺序和操作。
- 了解组装计算机操作过程中的各种注意事项。

【实训步骤】

STEP 1 断开外部连接。分别断开显示器和主机的电源开关，并拔掉显示器的电源线和数据线，拔掉连接主机的电源线、鼠标线、键盘线、音频线、网线等。

STEP 2 拆卸主机硬件。打开机箱侧面板，拆卸掉所有PCI扩展卡和显卡，拆卸光驱和硬盘的数据线及电源线，拆卸光驱和硬盘，拆卸内存条，拆卸CPU，拔掉主板上的各种信号线，最后拆卸掉主板，并将所有硬件放置在一起清理硬件灰尘。

STEP 3 组装计算机主机。将CPU、CPU风扇、内存安装到主板上，安装主板，将各种PCI扩展卡和显卡依次安装到主板上，安装光驱和硬盘，为光驱和硬盘连接数据线和电源线，为主板连接所有信号线，检查机箱内的所有连接，确认无误后安装机箱侧面板。

STEP 4 连接计算机外部设备。连接主机的鼠标线、键盘线、音频线、网线，连接主机的电源线和显示器数据线，开机测试。

【实训参考效果】

本实训拆卸和组装的计算机主机硬件的参考效果如图10-2所示。

图10-2 拆卸和组装计算机主机的效果

实训三 配置一台新计算机

【实训目的】

通过实训掌握组装好计算机后的一系列的操作，具体要求如下。

● 熟练掌握BIOS设置的相关操作。
● 熟练掌握对硬盘分区和格式化硬件的操作。
● 熟练掌握安装操作系统、驱动程序和应用软件的操作。

【实训步骤】

STEP 1 设置BIOS。进入BIOS，设置系统日期和时间，设置系统的启动顺序，启动BIOS的病毒防护，设置CPU的报警温度和保护温度，设置BIOS用户密码，最后保存所有设置并退出。

STEP 2 硬盘分区。使用U盘启动计算机，通过U盘启动PartitionMagic，将硬盘分为4个分区，即1个主分区，3个逻辑分区。

STEP 3 格式化硬盘。继续使用PartitionMagic格式化硬盘分区。

STEP 4 安装操作系统。将安装光盘放入光驱，通过光驱启动计算机，安装操作系统。

STEP 5 安装驱动程序。安装主板驱动程序，安装显卡驱动程序，安装声卡驱动程序，安装网卡驱动程序，安装打印机驱动程序。

STEP 6 安装各种软件。安装Office办公软件，安装360杀毒和360安全卫士，安装WinRAR压缩软件，安装QQ实时通讯软件。

【实训参考效果】

本实训的操作较多，其各个步骤的参考效果如图10-3所示。

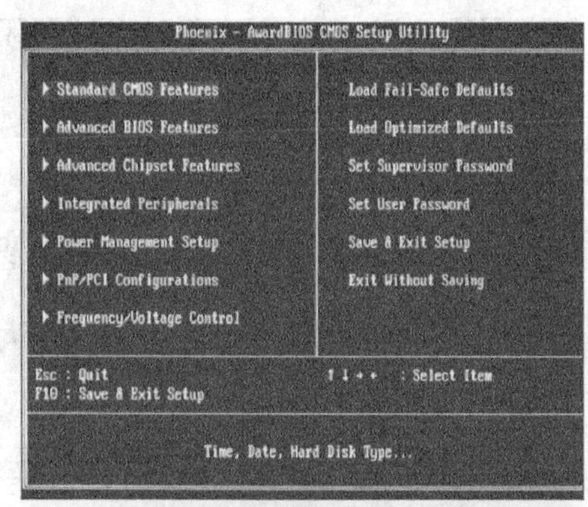

①设置BIOS

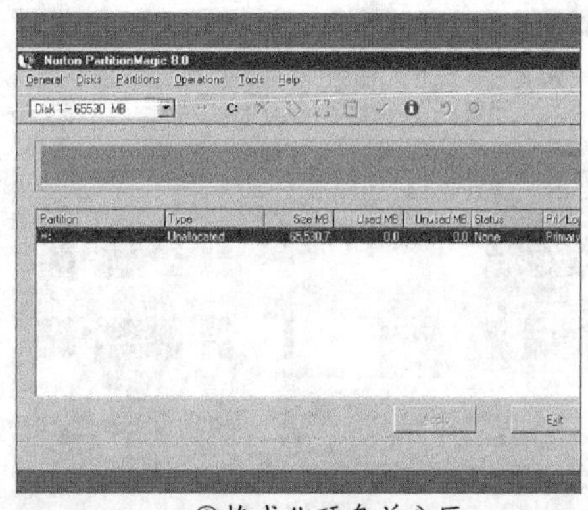

②格式化硬盘并分区

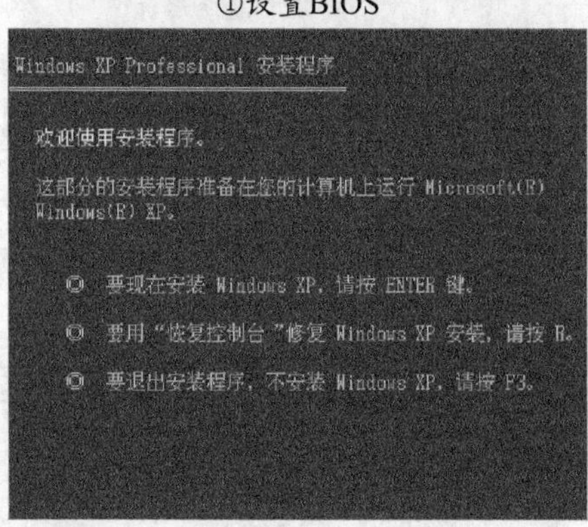

③安装操作系统

④安装驱动程序

图10-3 配置计算机的步骤效果

实训四 安全维护计算机

【实训要求】

通过实训要求使用软件对计算机进行安全维护，具体要求如下。

- 了解计算机安装维护的重要性和相关知识。
- 熟练掌握计算机优化与备份的相关操作。
- 熟练掌握利用360安全卫士和360杀毒维护计算机的操作。

【实训步骤】

STEP 1 操作系统优化。主要是在“系统配置实用程序”对话框中取消多余的启动项，然后对磁盘进行清理和碎片整理。

STEP 2 Ghost备份操作系统。使用U盘启动计算机，使用其中的Ghost软件备份系统盘。

STEP 3 Ghost还原操作系统。用Ghost软件根据前面创建的镜像文件还原操作系统。

STEP 4 360安全卫士维护操作系统。先设置木马防火墙和查杀计算机中的木马，然后修复操作系统的漏洞，接着进行系统修复和垃圾文件的清理操作。

STEP 5 360杀毒维护操作系统。先升级病毒库，然后对计算机进行一次全盘病毒查杀。

【实训参考效果】

本实训的操作较多，其各个步骤的参考效果如图10-4所示。

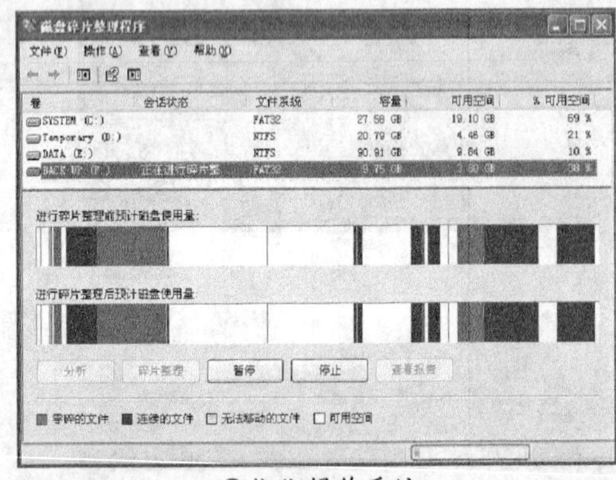

①优化操作系统

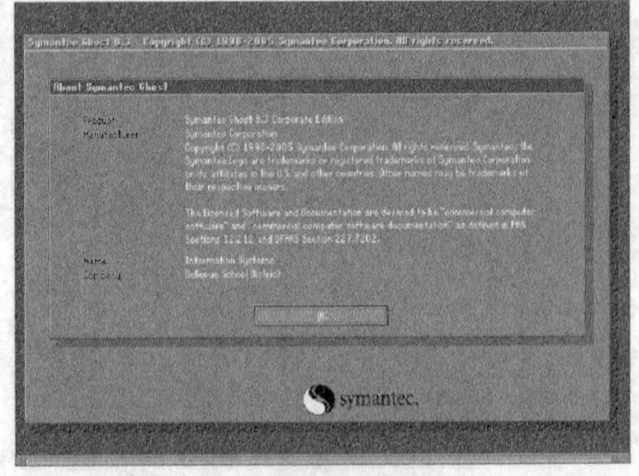

②备份操作系统

③安全维护

④查杀病毒

图10-4 维护计算机安全的步骤效果